普通高等学校风景园林与园林专业规划教材

风景园林规划设计

第2版

汪 辉　汪松陵　◉主编

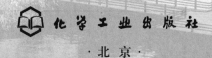
化学工业出版社
·北京·

内 容 简 介

《风景园林规划设计》（第2版）全书共8章，分为总论与各论两部分，其中前5章为总论部分，后3章为各论部分。第1章阐述了风景园林的概念，介绍了风景园林规划设计的内容、范围、专业分工、相关法规与图集、工作特点与学习方法等内容，并推荐了风景园林规划设计的相关学习资料；第2章从规划设计前期阶段、规划设计阶段以及后期服务三个方面介绍了风景园林规划设计的程序；第3章介绍了风景园林方案规划设计的方法；第4章介绍了风景园林规划设计的地形、水体、植物、园林建筑小品四个构成要素；第5章从园林空间、园林审美与造景、可持续发展与生态设计、人性化设计四个方面阐述了风景园林规划设计的基本原理；第6～8章分别介绍了建筑外部环境、城市公共空间园林、城乡郊野园林的规划设计。全书对相关标准、案例进行了更新。

《风景园林规划设计》（第2版）既可供高等院校风景园林、园林、环境艺术设计、景观设计及相关专业教学用书，也可供从事园林、环境艺术设计、旅游规划、城市规划等相关专业工作者学习和参考。

图书在版编目（CIP）数据

风景园林规划设计/汪辉，汪松陵主编．—2版．—北京：化学工业出版社，2021.10（2025.1重印）

普通高等学校风景园林与园林专业规划教材

ISBN 978-7-122-39832-1

Ⅰ.①风… Ⅱ.①汪…②汪… Ⅲ.①园林设计-高等学校-教材 Ⅳ.①TU986.2

中国版本图书馆 CIP 数据核字（2021）第 177102 号

责任编辑：尤彩霞　　　　　　　　装帧设计：韩　飞
责任校对：王　静

出版发行：化学工业出版社（北京市东城区青年湖南街13号　邮政编码100011）
印　　刷：三河市航远印刷有限公司
装　　订：三河市宇新装订厂
787mm×1092mm　1/16　印张 21¼　字数 552 千字　2025 年 1 月北京第 2 版第 3 次印刷

购书咨询：010-64518888　　　　　　售后服务：010-64518899
网　　址：http://www.cip.com.cn
凡购买本书，如有缺损质量问题，本社销售中心负责调换。

定　　价：79.00 元　　　　　　　　　　　　　　　　版权所有　违者必究

普通高等学校风景园林与园林专业规划教材
《风景园林规划设计》编写人员

主　编：汪　辉　南京林业大学风景园林学院

　　　　汪松陵　南京农业大学园艺学院

副主编（按姓氏拼音排序）：

　　　　李晓颖　南京林业大学风景园林学院

　　　　刘纯青　江西农业大学园林与艺术学院

　　　　吕康芝　南京盖亚景观规划设计有限公司

　　　　孙丽娟　金陵科技学院园艺学院

　　　　王　欢　金陵科技学院园艺学院

　　　　吴　涛　扬州大学园艺与植物保护学院

其他编写人员：范美琳　洪辉铭　黄姝姝　孔令娜

　　　　　　　欧阳秋　钦小蔚　施　楠　许飞强

　　　　　　　徐银龙

序

园林在中国有着悠久的历史，中国园林在世界园林大家庭中也有着举足轻重的地位。而今，在中国社会、经济事业全面快速发展的情况下，我国风景园林事业的发展正面临着巨大的挑战和机遇。

2011年国务院学位委员会、教育部将"风景园林学"纳入到一级学科中，这正体现了国家在大环境下的高瞻远瞩，是对风景园林事业发展的高度重视。风景园林是综合利用科学和艺术手段营造人类美好的室外生活境域的一门学科，其学科综合性较高，并且还担负着自然环境和人工环境的建设与发展、人类生活质量的提高、中华民族优秀传统文化的传承和弘扬的重任。

《风景园林规划设计》（第2版）借此机会进行编写，顺应时代发展的潮流，把握风景园林未来发展的大方向，为园林学习者和工作者提供一个良好的参考。全书分为总论与各论两大部分，总论阐述了园林规划设计的基本原理与方法，各论把各类园林归纳为建筑外部环境、城市公共空间园林、城乡郊野园林三大类进行规划设计介绍，编排过程中较好地结合了园林规划设计的实际工作需要与当前风景园林新形势的发展。本书中包含了大量实际的案例，多方位、多角度地去解读风景园林规划设计的方法，希望通过对大量具体问题的探讨和解决，为风景园林规划设计提供有益的参考与帮助。

作为教育工作者和园林工作者，我们应该抓住发展的机遇，以"固本、凝聚、开放"为指导思想，为国家培养更多的风景园林应用型、创新型、复合型、专业化、高层次的人才，为我国的社会主义建设事业做出贡献。

最后预祝本书出版顺利！祝愿我国的园林事业蒸蒸日上！

住房和城乡建设部风景园林专家
国家湿地科学技术专家
中国风景园林学会常务理事
中国林学会森林公园分会副理事长
全国风景园林专业指导委员会委员
全国自然保护与环境生态类专业指导委员会委员
国务院学位委员会风景园林硕士专业学位指导委员会委员

王浩

南京林业大学

前　言

《风景园林规划设计》（第 2 版）教材自出版以来，深受广大师生和业内人士好评，并获得 2014 年度中国石油和化学工业优秀教材奖。由于风景园林学科的发展与相关标准的不断更新，本次修订我们对本教材的内容进行了补充和更改，以满足目前教学和研究的需要。主要修改内容如下。

1. 教材书名更新。由于国务院学位委员会、教育部公布的《学位授予和人才培养学科目录》中显示："风景园林学"正式成为一级学科，所以应使用"风景园林"代替"园林"。因此，本次修编将原书名《园林规划设计》更新为《风景园林规划设计》，并对教材中的相关内容进行了修改。

2. 根据最新规范对本教材部分章节内容进行调整。本教材自 2012 年出版以来，风景园林行业许多规范都进行较大更新，因此本教材与时俱进，对相应章节内容进行了调整。例如，根据最新的《城市绿地分类标准》，对本教材第 1 章第 2 节中的绿地类型内容进行修改，把第 7 章第 3 节中街旁绿地调整为游园。

3. 增加实践案例介绍。风景园林是一门注重实际应用的学科，学生规划设计能力的提高需要有大量实践作为支撑，因此本教材针对不同类型的绿地，增加了实际案例的介绍，以使学生在学习规划设计理论的同时，更好地做到理论与实践相结合。

本教材编写人员分工同第 1 版，具体分工如下：汪松陵（第 7 章的 7.6 节、7.7 节）、吴涛（第 7 章的 7.2 节）、孙丽娟（第 7 章的 7.3 节）、王欢（第 6 章的 6.2 节）、李晓颖（第 8 章的 8.4 节）、吕康芝（第 6 章的 6.3～6.7 节）、刘纯青（第 8 章的 8.2 节），其余章节由汪辉编写。汪辉、汪松陵负责全书统稿。黄姝姝、范美琳参与了第 2 版全书的文字和图片的整理工作。感谢洪辉铭、孔令娜、欧阳秋、钦小蔚、施楠、许飞强、徐银龙对本书第 1版的相关整理工作。

由于编者水平有限，疏漏之处在所难免，敬请读者批评指正。

编者

2021 年 4 月

第1版前言

风景园林规划设计是风景园林专业核心课程之一，是学习、研究和掌握园林规划设计基本理论、技能和方法的一门应用学科。该课程以园林植物、生态学、美学、绘画、制图、园林建筑和园林工程等理论与技术为基础并加以综合应用，是集工程、艺术、技术于一体的课程，要求学生规划设计的学习既要有科学性，又要有艺术的创新。通过本课程的学习，使学生学会从功能、技术、形式、环境诸方面综合考虑不同类型的园林设计，培养学生在设计过程中的综合分析、解决问题的能力，并能正确表达和表现设计内容，提高绘图技能、技巧。

本书在编写中注重以下特色：

1. 本书根据园林规模及规划设计手法的差异，对各种园林的规划设计大致分为三类加以介绍。第一类为建筑外部环境类，主要的园林类型有庭园、居住建筑环境及各类单位建筑环境等。这一部分园林依附于建筑，受建筑制约较多。需要说明的是，对于居住建筑环境和单位建筑环境园林，本书中没有按照以往同类教材而命名为"居住绿地"和"单位附属绿地"。因为在这两类园林规划设计的实际工作中，所需要处理的为用地红线范围内，除建筑占地之外所有的场地规划设计，往往会超出附属绿地的范畴。第二类为城市公共空间园林类，主要的园林类型有道路绿地、街旁绿地、城市广场、综合公园等。这部分园林不依附于建筑，空间相对独立，处于城市公共空间内。第三类是城乡郊野园林类，主要的园林类型有森林公园、湿地公园、农业观光园等。这部分园林地处城市郊野与乡村，一般说来，用地规模较大，以绿色自然基质为主，人工构筑物较少。

2. 本书在编写中注重结合园林规划设计的实际工作需要，注重理论结合实际。例如本书对园林规划设计相关法规进行了梳理，使学生明白设计不是天马行空，而是有法规制约的；本书对相关设计标准图集加以介绍，使学生在详细设计时有了规范参考；对园林规划设计后期服务阶段工作的介绍让学生明白图纸工作结束并不代表设计工作的结束；对园林规划设计的相关专业杂志及网站进行介绍使学生能定期了解行业最新动态，以使自己的设计理念与手法不断更新等。

3. 针对初学者，各论部分在不同园林类型规划设计内容的安排上，按照由小到大、由浅入深、由易到难、循序渐进的原则，从小庭园的设计介绍开始到较为复杂的郊野园林规划介绍结束。

4. 注重实践，以应用和技能为主线，各论中每个章节都配有典型实例分析。

本书的第一主编为园林规划设计国家级精品课程主讲教师、风景园林规划设计课程群国家级优秀教学团队成员，其他编者也都是来自于园林规划设计教学与实践工作的第一线，积累了大量经验，本书正是对这些多年经验的梳理和总结。本书各章节编撰分工如下：汪松陵（第 7 章的 7.6 节、7.7 节）、吴涛（第 7 章的 7.2 节）、孙丽娟（第 7 章的 7.3 节）、王欢（第 6 章的 6.2 节）、李晓颖（第 8 章的 8.4 节）、吕康芝（第 6 章的 6.3~6.7 节）、刘纯青（第 8 章的 8.2 节），其余章节由汪辉编写，汪辉、汪松陵负责全书统稿。

南京林业大学的洪辉铭、施楠、钦小蔚、孔令娜、欧阳秋、徐银龙、许飞强同学参加了编写过程中的文字与图片资料整理工作，在此向参与工作的各位同学及编者一并致以深深的谢意！

由于时间仓促，加之作者水平有限，书中不妥之处，希望广大读者和同行指正。

编者

2012 年 8 月

目 录

总 论 篇

各 论 篇

总 论 篇

第1章 绪 论

1.1 风景园林的概念

根据《风景园林基本术语标准》(CJJ/T 91—2017) 中的规定，风景园林是通过保护和利用人文与自然环境资源保留和创造出的各种优美境域的统称。

风景园林通过综合运用生物科学、工程技术和美学理论，保护和利用、管理土地资源、自然环境与人文资源，协调环境与人类经济和社会发展，从而创造出生态健全、景观优美、具有文化内涵、适应现代社会休闲游览和可持续发展的人居环境。随着风景园林学科的发展，其外延扩大到风景名胜区、自然保护区的游览区、文化遗址保护绿地、旅游度假休闲胜地、休养胜地等范围。

风景园林具有以下主要特征：

① 空间特征 风景园林是一种空间，是运用不同的自然与人工素材所组成的空间形态。

② 自然特征 自然元素构成风景园林的主要素材，通过组合自然元素来创造风景园林空间，需要遵循大自然的固有规律，如生态学方面、自然地理学方面的规律。

③ 人工特征 风景园林是为人服务的，一切人的需求是风景园林营建的出发点与归宿点。建筑、小品等人工元素也是构成风景园林必不可少的素材，风景园林空间的创造也是通过人工的工程技术手段加以完成的。

④ 场所特征 风景园林既是一种物质空间，也是一种精神空间。营造风景园林除了满足人们的游憩等功能需求外，还体现了人们的精神诉求。

⑤ 艺术特征 风景园林是一种立体空间综合艺术品，是通过人工构筑手段加以组合的具有树木、山水、建筑结构和多种功能的空间艺术实体。

1.2 风景园林规划设计的内容、范围与专业分工

1.2.1 风景园林规划设计的内容

风景园林规划设计指综合确定风景园林建设项目的性质、规模、发展方向、主要内容、空间综合布局、建设分期、投资估算以及对组成风景园林建设项目整体的山形、水系、植物、建筑、基础设施等要素进行具体安排的活动。

风景园林规划设计一般包括方案规划设计（总体规划设计）、初步设计（扩初设计）和施工图设计三个阶段。方案规划设计指对风景园林整体的立意构思、风格造型和建设投资估算；初步设计是方案规划设计的进一步深化，并需要提供建设投资概算；施工图设计则要提供满足施工要求的设计图纸、说明书、材料标准和施工概（预）算。

1.2.2 风景园林规划设计的范围

《城市绿地分类标准》(CJJ/T 85—2017) 所列出的所有绿地类型都是风景园林规划设计的

对象范围，另外一些不属于绿地范畴的风景园林，如屋顶绿化、垂直绿化和室内中庭绿化也属风景园林规划设计范围。风景名胜区的规划设计因有另外专门课程论述，本书不再讨论。

从该标准对城市绿地的分类来看（表1-1、表1-2），城市绿地类型众多，各类绿地用地规模大小不等，其相应的规划设计方法亦有所差别。本书根据风景园林规划设计的实际工作需要，并结合该标准的绿地分类情况，对风景园林绿地的规划设计大致分为三大类加以介绍。

第一类为建筑外部环境类，主要的风景园林类型有小型庭园、居住建筑环境和单位建筑环境等。这一部分园林依附于建筑，受建筑制约较多。需要说明的是，对于居住建筑环境和单位建筑环境两类风景园林，本书中没有按照以往同类教材而命名为"居住绿地"和"单位附属绿地"。因为，在园林规划设计的实际工作中，这两类所需要处理的为用地红线范围内，除建筑占地之外所有的场地规划设计，往往会超出附属绿地的范畴。

第二类为城市公共空间园林类，主要的园林类型有道路绿地、游园、城市广场、综合公园、专类公园等。这部分园林不依附于建筑，空间相对独立，处于城市公共空间内。

第三类为城乡郊野园林类，主要的园林类型有森林公园、湿地公园、农业观光园等。这部分园林地处城市郊野与乡村，一般说来，用地规模较大，以绿色自然基质为主，人工构筑物较少。

风景名胜区、生产绿地等其余风景园林绿地类型因在其他相关专业教材中有较为翔实的介绍，本书中不再阐述。

表1-1　城市建设用地内的绿地分类和代码
（资料来源：《城市绿地分类标准》CJJ/T 85—2017）

类别代码			类别名称	内容	备注
大类	中类	小类			
G1			公园绿地	向公众开放，以游憩为主要功能，兼具生态、景观、文教和应急避险等功能，有一定游憩和服务设施的绿地	—
	G11		综合公园	内容丰富，适合开展各类户外活动，具有完善的游憩和配套管理服务设施的绿地	规模宜大于10hm²
	G12		社区公园	用地独立，具有基本的游憩和服务设施，主要为一定社区范围内居民就近开展日常休闲活动服务的绿地	规模宜大于1hm²
	G13		专类公园	具有特定内容或形式，有相应的游憩和服务设施的绿地	—
		G131	动物园	在人工饲养条件下，移地保护野生动物，进行动物饲养、繁殖等科学研究，并供科普、观赏、游憩等活动，具有良好设施和解说标识系统的绿地	
		G132	植物园	进行植物科学研究、引种驯化、植物保护，并供观赏、游憩及科普等活动，具有良好设施和解说标识系统的绿地	
		G133	历史名园	体现一定历史时期代表性的造园艺术，需要特别保护的园林	
		G134	遗址公园	以重要遗址及其背景环境为主形成的，在遗址保护和展示等方面具有示范意义，并具有文化、游憩等功能的绿地	
		G135	游乐公园	单独设置，具有大型游乐设施，生态环境较好的绿地	绿化占地比例应大于或等于65%
		G139	其他专类公园	除以上各种专类公园外，具有特定主题内容的绿地。主要包括儿童公园、体育健身公园、滨水公园、纪念性公园、雕塑公园以及位于城市建设用地内的风景名胜公园、城市湿地公园和森林公园等	绿化占地比例宜大于或等于65%
	G14		游园	除以上各种公园绿地外，用地独立，规模较小或形状多样，方便居民就近进入，具有一定游憩功能的绿地	带状游园的宽度宜大于12m；绿化占地比例应大于或等于65%

类别代码			类别名称	内容	备注
大类	中类	小类			
G2			防护绿地	用地独立,具有卫生、隔离、安全、生态防护功能,游人不宜进入的绿地。主要包括卫生隔离防护绿地、道路及铁路防护绿地、高压走廊防护绿地、公用设施防护绿地等	—
G3			广场用地	以游憩、纪念、集会和避险等功能为主的城市公共活动场地	绿化占地比例宜大于或等于35%;绿化占地比例大于或等于65%的广场用地计入公园绿地
XG			附属绿地	附属于各类城市建设用地(除"绿地与广场用地")的绿化用地。包括居住用地、公共管理与公共服务设施用地、商业服务业设施用地、工业用地、物流仓储用地、道路与交通设施用地、公用设施用地等用地中的绿地	不再重复参与城市建设用地平衡
	RG		居住用地附属绿地	居住用地内的配建绿地	
	AG		公共管理与公共服务设施用地附属绿地	公共管理与公共服务设施用地内的绿地	
	BG		商业服务业设施用地附属绿地	商业服务业设施用地内的绿地	—
	MG		工业用地附属绿地	工业用地内的绿地	—
	WG		物流仓储用地附属绿地	物流仓储用地内的绿地	—
	SG		道路与交通设施用地附属绿地	道路与交通设施用地内的绿地	—
	UG		公用设施用地附属绿地	公用设施用地内的绿地	—

表 1-2 城市建设用地外的绿地分类和代码

类别代码			类别名称	内容	备注
大类	中类	小类			
EG			区域绿地	位于城市建设用地之外,具有城乡生态环境及自然资源和文化资源保护、游憩健身、安全防护隔离、物种保护、园林苗木生产等功能的绿地	不参与建设用地汇总,不包括耕地
	EG1		风景游憩绿地	自然环境良好,向公众开放,以休闲游憩、旅游观光、娱乐健身、科学考察等为主要功能,具备游憩和服务设施的绿地	—
		EG11	风景名胜区	经相关主管部门批准设立,具有观赏、文化或者科学价值,自然景观、人文景观比较集中,环境优美,可供人们游览或者进行科学、文化活动的区域	—
		EG12	森林公园	具有一定规模,且自然风景优美的森林地域,可供人们进行游憩或科学、文化、教育活动的绿地	—
		EG13	湿地公园	以良好的湿地生态环境和多样化的湿地景观资源为基础,具有生态保护、科普教育、湿地研究、生态休闲等多种功能,具备游憩和服务设施的绿地	—
		EG14	郊野公园	位于城区边缘,有一定规模、以郊野自然景观为主,具有亲近自然、游憩休闲、科普教育等功能,具备必要服务设施的绿地	—
		EG19	其他风景游憩绿地	除上述外的风景游憩绿地,主要包括野生动植物园、遗址公园、地质公园等	—

类别代码			类别	内容	备注
大类	中类	小类	名称		
EG	EG2		生态保育绿地	为保障城乡生态安全、改善景观质量而进行保护、恢复和资源培育的绿色空间，主要包括自然保护区、水源保护区、湿地保护区、公益林、水体防护林、生态修复地、生物物种栖息地等各类以生态保育功能为主的绿地	—
	EG3		区域设施防护绿地	区域交通设施、区域公用设施等周边具有安全、防护、卫生、隔离作用的绿地，主要包括各级公路、铁路、输变电设施、环卫设施等周边的防护隔离绿化用地	区域设施指城市建设用地外的设施
	EG4		生产绿地	为城乡绿化美化生产、培育、引种试验各类苗木、花草、种子的苗圃、花圃、草圃等圃地	—

1.2.3 风景园林规划设计的专业分工

风景园林规划设计是一个综合性很强的工作，项目的完成往往需要多专业规划设计人员的共同配合。

一般来说，从总体规划设计的层面上看，完成一个风景园林规划设计项目除了风景园林专业外，根据项目的具体情况，还需要项目策划、城市规划、地理、GIS、生态、动植物、给排水、供电等多专业的规划人员配合。风景园林规划设计师的工作重点为：分析建设条件，研究存在问题，确定风景园林方案的构思与立意，确定风景园林主要职能和建设规模，控制开发的方式和强度，进行平面布局与交通组织、植物规划等。从扩初设计与施工图设计的层面上看，一个风景园林设计的项目需要风景园林、结构、给排水、供电等多个专业的设计人员共同配合才能完成，另外根据不同项目的要求，有些项目还需要增加建筑、道桥、雕塑、设备等其他专业的设计人员。风景园林规划设计师的工作主要是负责各类园林小品、构筑物、园路铺装、构造节点设计以及植物配置等方面的问题。

风景园林规划设计涉及各专业的工作内容，各专业的协同工作不可避免地会形成各种具体矛盾。这些矛盾既需要各专业相互了解、相互配合，又需要有人专门负责它们之间的协调统一。由于上述风景园林规划设计师的工作内容与特点，风景园林规划设计中的各种矛盾往往集中体现在风景园林专业的工作中，所以，一般情况下，这种协调统一工作是由风景园林规划设计师来主持的。

风景园林规划设计工作中，风景园林专业的这种特点对风景园林规划设计师提出了很高的要求，一个称职的风景园林规划设计师首先需要关心社会，了解人民的生活与需要，树立为人民服务的观点。在业务方面，不但要掌握本专业的知识技能，同时还应具有较广泛的文化知识和艺术修养。为了与其他专业协作，还要了解一定的其他各个专业的知识，并在这样的基础上不断提高分析问题和解决问题的能力，善于解决规划设计工作中的各种错综复杂的矛盾，才能和各专业一起，密切配合，协同工作，优质高效地完成整个规划设计任务。

1.3 风景园林规划设计相关法规及标准图集

1.3.1 相关法规

风景园林建设的相关法规包括法律、规章、标准、制度及各类规范性文件等，是风景园林规划设计的依据，作为风景园林规划设计师必须了解、掌握并遵照执行。经过对这些相关法规的法律效力和适用范围的梳理，可大致分为如下三类。

（1）国家法律、法规和国家标准等，如《中华人民共和国城乡规划法》《中华人民共和国环境保护法》《中华人民共和国建筑法》《中华人民共和国森林法》《中华人民共和国土地管理法》《中华人民共和国文物保护法》《城市绿化条例》《风景名胜区条例》《中华人民共和国自然保护区条例》《历史文化名城名镇名村保护条例》《城市绿地设计规范》（GB 50420—2007）2016 年修订版、《风景名胜区总体规划标准》（GB 50298—2018）、《公园设计规范》（GB 51192—2016）、《城市居住区规划设计标准》（GB 50180—2018）、《历史文化名城保护规划标准》（GB 50357—2018）等。

（2）部门类规章、规范和行业标准等，如《城市绿线管理办法》《城市紫线管理办法》《城市蓝线管理办法》《城市道路绿化规划与设计规范》（CJJ 75—1997）、《公路环境保护设计规范》（JTJ B04—2010）、《城市湿地公园规划设计导则》（2017 年版）、《森林公园总体设计规范》（LY/T 5132—1995）、《风景园林基本术语标准》（CJJ/T 91—2017）、《风景园林制图标准》（CJJ 67—2015）、《风景名胜区分类标准》（CJJ/T 121—2008）、《城市绿地分类标准》（CJJ/T 85—2017）等。

（3）全国各省（自治区、直辖市）、市、县（区）的地方性法规、规章、地方标准及政府规范性文件，以北京为例，有《北京市城市绿化条例》《北京市公园条例》《居住区绿地设计规范》（DB 11T214—2016）、《园林设计文件内容及深度》（DB 11T335—2006）、《公园无障碍设施设置规范》（DB13 T2068—2014）、《北京市级湿地公园建设规范》（DB 11T768—2010）、《北京市级湿地公园评估标准》（DB 11T769—2010）、《公园绿地应急避难功能设计规范》（DB 11T794—2011）等。

1.3.2 相关标准图集

风景园林规划设计相关的标准图集提供了代表性、示范性的工程做法及图示方法，是风景园林规划设计师必备参阅的工具书，其包括全国性标准图集及地区性标准图集两类。

比较常用的标准图集有《建筑场地园林景观设计深度及图样》（06SJ805）、《环境景观——室外工程》（02J003）、《环境景观——室外工程细部构造》（03J012-1）、《环境景观——绿化种植设计》（03J012-2）、《环境景观——亭廊架之一》（04J012-3）、《环境景观——滨水工程》（10J012-4）、《围墙大门》（03J001）、《庭院与绿化（一）》（93SJ012）、《挡土墙（重力式 衡重式 悬臂式）》（04J008）、中南地区图集《园林绿化工程附属设施》（05ZJ902）、浙江省图集《99 浙 J27 园林桌凳标准图集》、江苏省图集《室外工程》（苏 J08—2006）、《施工说明》（苏 J01—2005）等。

1.4 风景园林规划设计的工作特点与学习方法

做好风景园林规划设计的工作要注意以下几个方面。

① 丰富的想象力、原创性及激情是学好风景园林规划设计的重要因素。通过创造

性的思维才会激发出灵感，才能规划设计出新颖的园林作品。风景园林设计也是一门艺术，因此在设计时需要有激情。一个方案只有先感动自己，然后才能感动客户，最终被客户接受。

② 善于理解客户需求，善于沟通，学会表达自己，学会说服客户接受自己的规划设计成果。风景园林规划设计是服务性工作，是与人打交道的工作，因此需要与相关人员建立良好的人际关系。

③ 风景园林规划设计需要较强的综合性、协调性，规划设计师需要协调不同的专业人员共同完成设计成果。

④ 风景园林规划设计涉及众多学科，如城市规划、建筑学、行为心理学、社会学、生态学、植物学、地理学等，因此风景园林规划设计师需要拓宽思路，多了解各方面的知识。风景园林规划设计师仅仅单纯地从风景园林角度来理解风景园林规划设计是不够的，更应从城市开放空间、城市设计、景观生态等更广泛的领域来理解风景园林规划设计。

⑤ 通过看书和现场考察而多学习他人的优秀风景园林作品，能够博闻强识，对于规划设计师来说非常重要。在学习时需要善于观察、善于分析，"处处留心皆学问"。在看书时，切勿只看图片不看文字、只看设计作品的外表不看设计作品的由来，要理解图片上的风景园林作品是如何设计出来的。在现场考察时，要多思考，要反复研究这样设计的优点是什么，缺点是什么。

⑥ 多描图。每天描一个项目，积累到 100 多个景观的项目时自然会融会贯通，自己就可以设计。但是这些都是解决"头脑里没东西"的问题，虽然很多东西都是现成的经验摆在那里的，关键是需要多学习。

⑦ 从模仿做起。刚开始的设计要先学会"抄"，抄大师的作品，领悟大师的精髓，抄得多了，熟能生巧，由"抄"到"超"，然后才能创作。

⑧ 风景园林规划设计也是一种空间形态的规划设计，把心中所想的设计能够通过图面表达出来是风景园林规划设计师的基本技能。因此，风景园林规划设计师需要多画、勤练手上功夫，从而提高自己的图面表现水平及空间思维能力。

⑨ 风景园林规划设计是实践性很强的工作，光说不练不能够理解和解决实际问题，因此多参加规划设计项目实践，通过项目实践将学到的规划设计理论得以实际运用，从而理论联系实际，这是提高规划设计能力的唯一途径。

1.5　学习资料的收集

1.5.1　书籍与杂志

有关风景园林规划设计的书籍非常多，新书也不断涌现，本书不再赘述。直接与风景园林规划设计相关的杂志国内主要有《中园园林》《广东园林》《风景园林》《园林》《景观设计》《景观设计学》等，另外还有一些如《城市规划》《规划师》《建筑学报》《世界建筑》《城市环境设计》等杂志也会刊登风景园林规划设计方面的论文。国外的风景园林规划设计相关杂志常见的有《Landscape Architecture》《Landscape and Urban Planning》《Landscape Planning》《Landscape Journal》《Garden Design》等。

1.5.2　网站

有关风景园林规划设计的网站很多，大致可以分如下几类。

① 期刊网及数字图书馆，其中最有代表的是中国知网、超星图书馆，可以下载包括风景园林专业在内的各类专业论文与电子书籍。

② 风景园林行业协会组织网站，如中国风景园林学会、国际风景园林师联合会、美国风景园林师协会等。

③ 风景园林规划设计机构的网站，如美国 EDSA 环境景观规划设计事务所、SWA 景观设计公司、贝尔高林园林设计有限公司、北京土人景观规划设计研究院等。

④ 其它专门或含有风景园林规划设计内容的网站与论坛，如建筑 abbs 论坛、景观中国论坛、中国风景园林网、景观设计网、园林学习网等。

第2章 风景园林规划设计的程序

一般来说，风景园林规划设计程序可以分为规划设计前期阶段、规划设计阶段、后期服务阶段三个阶段。

2.1 规划设计前期阶段

2.1.1 接受任务书

一般情况下，建设项目的业主（俗称"甲方"）通过直接委托或招标的方式来确定设计单位（俗称"乙方"）。乙方在接受委托或招标之后，必须仔细研究甲方制定的规划设计任务书，并与甲方人员尤其是甲方的项目主要负责人多交流、沟通，以尽可能地了解甲方的需求与意图。

设计任务书是确定建设任务的初步设想，主要包括以下内容：

① 项目的作用和任务、服务半径、使用要求；

② 项目用地的范围、面积、位置、游人容量；

③ 项目用地内拟建的政治、文化、宗教、娱乐、体育活动等大型设施项目的内容；

④ 建筑物的面积、朝向、材料及造型要求；

⑤ 项目用地在布局风格上的特点；

⑥ 项目建设近、远期的投资计划及经费；

⑦ 地貌处理和种植设计要求；

⑧ 项目用地分期实施的程序；

⑨ 完成日程和进度。

2.1.2 收集资料

在进行风景园林规划设计之前对项目情况进行全面、系统的调查与资料收集，可为规划设计者提供细致、可靠的规划设计依据。

（1）项目用地图纸资料

① 地形图　根据面积大小，提供1：5000、1：2000、1：1000、1：500等不同比例的基地范围内总平面地形图。一般来说，基地面积大的规划类项目需要大比例的地形图，反之，基地面积小的设计类项目需要小比例的地形图。图纸应明确显示以下内容：设计范围（红线范围、坐标数字）；基地范围内的地形、标高及现状物（现有建筑物、构筑物、山体、植物、道路、水系，还有水系的进口、出口、电源等）的位置。现状物中，要求保留、利用、改造和拆迁等情况要分别注明。四周环境情况：与市政交通联系的主要道路名称、宽度、标高点数值以及走向和道路、排水方向；周围机关、单位、居住区、村落的名称、范围以及今后发展状况（图2-1）。

② 遥感影像地图　遥感影像地图一般按获取渠道不同分为航空相片（飞机拍摄）和卫

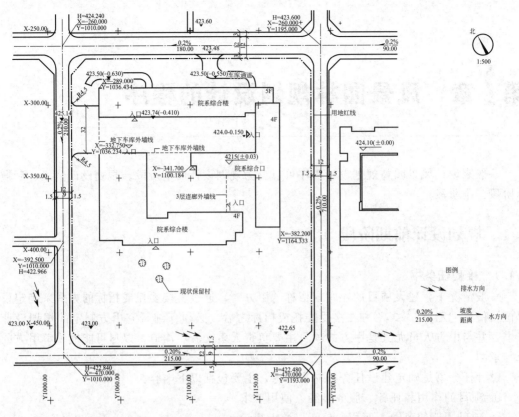

图 2-1 地形图（中国建筑标准设计研究院等编，《建筑场地园林景观设计深度及图样》）

星相片（卫星拍摄）。一般情况下，在对基地面积大的项目如森林公园、湿地公园等进行规划设计时必须借助遥感影像地图完成各种现状分析（图 2-2）。

③ 局部放大图（1：200） 主要为局部单项设计用。该图纸要满足建筑单体设计及其周围山体、水系、植被、园林小品及园路的详细布局。

④ 要保留使用的主要建筑物的平、立面图 平面面位置注明室内外标高，立面图要标明建筑物的尺寸、色彩、建筑使用情况等内容。

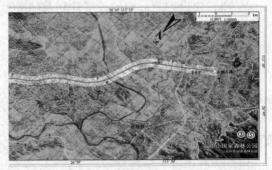

图 2-2 云阳山国家森林公园遥感影像图

⑤ 树木分布位置现状图（1：500，1：200） 主要标明要保留树木的位置，并注明种类、胸径、生长状况和观赏价值等。有较高观赏价值的树木最好附有彩色照片。

⑥ 地下管线图（1：500，1：200） 一般要求与施工图比例相同。图内应包括要保留和拟建的上水、雨水、污水、化粪池、电信、电力、暖气沟、煤气、热力等管线位置及井位等。除平面图外，还要有剖面图，并需要注明管径的大小、管底或管顶标高、压力及坡度等。

（2）其它资料

① 项目所在地区的相关资料 自然资源，如地形地貌、水系、气象、动物、植物种类

及生态群落组成等；社会经济条件，如人口、经济、政治、金融、商业、旅游、交通等；人文资源，如历史沿革、地方文化、历史名胜、地方建筑等。

② 项目用地周边的环境资料　周围的用地性质、城市景观、建筑形式、建筑的体量色彩、周围交通联系、人流集散方向、市政设施、周围居民类型与社会结构等。

③ 项目用地内的环境资料　自然资源，如地形地貌、土壤、水位及地下水位、植被分布、日照条件、温度、风、降雨、小气候等；人工条件，如现有建筑、道路交通、市政设施、污染状况等；人文资源，如文物古迹、历史典故等。

④ 上位规划设计资料　在规划设计前，要收集项目所在区域的上一级规划、城市绿地系统规划等相关资料，了解项目用地规划设计的控制要求，包括用地性质以及对于用地范围内构筑物高度的限定、绿地率要求等。

⑤ 相关的法规资料　风景园林规划设计中涉及的一些规范是为了保障园林建设的质量水平而制定的，在规划设计中要遵守与项目相关的法律规范。

⑥ 同类案例资料　规划设计前，有时需要选择性质相同、内容相近、规模相当、方便实施的同类典型案例进行资料收集。内容包括一般技术性了解（对设计构思、总体布局、平面组织和空间组织的基本了解）和使用管理情况收集两部分。最终资料收集的成果应以图文形式表达出来。对同类案例的调研可以为基地下一步规划设计提供很好的参考。

⑦ 其它资料　如项目所在地区内有无其它同类项目；建设者所能提供用于建设的实际经济条件与可行的技术水平；项目建设所需主要材料的来源与施工情况，如苗木、山石、建材等。

2.1.3　勘察现场

无论现场面积大小、设计项目的难易，设计者都必须到现场进行认真踏察。一方面核对、补充所收集的图纸资料，如现状的建筑、树木等情况，水文、地质、地形等自然条件；另一方面，设计者到现场，可以根据周围环境条件，进入艺术构思阶段。“俗则屏之，嘉则收之”，发现可利用、可借景的景物和不利或影响景观的物体，在规划过程中分别加以适当处理。必要的时候，踏察工作要进行多次。现场踏察的同时，要拍摄一定的环境现状照片，以供规划设计时参考。

以上的任务内容繁多，在具体的规划设计中，或许只用到其中的一部分工作成果。但是设计师要想获得关键性的资料，必须认真细致地对全部内容进行深入系统地调查、分析和整理。

2.2　规划设计阶段

2.2.1　方案规划设计

方案设计的要求如下：应满足编制初步设计文件的需要；应能据以编制工程估算；应满足项目审批的需要。方案设计包括设计说明与设计图纸两部分内容。

（1）设计说明

① 项目概述　概述区域环境和设计场地的自然条件、交通条件以及市政公用设施等工程条件；简述工程范围和工程规模、场地地形地貌、水体、道路、现状建构筑物和植物的分布状况等。

② 现状分析　对项目的区位条件、工程范围、自然环境条件、历史文化条件和交通条件进行分析。

③ 设计依据　列出与设计有关的依据性文件。

④ 设计指导思想和设计原则　概述设计指导思想和设计遵循的各项原则。

⑤ 总体构思和布局　说明设计理念、设计构思、功能分区和景观分区，概述空间组织和园林特色。

⑥ 专项设计说明　具体包括竖向设计、园路设计与交通分析、绿化设计、园林建筑与小品设计、结构设计、给水排水设计、电气设计。

⑦ 技术经济指标　计算各类用地的面积，列出用地平衡表和各项技术经济指标。

⑧ 投资估算　按工程内容进行分类，分别进行估算。

（2）设计图纸

① 区位图　标明用地在城市的位置和周边地区的关系。

② 用地现状图　标明用地边界、周边道路、现状地形等高线、道路、有保留价值的植物、建筑物和构筑物、水体边缘线等。

③ 现状分析图　对用地现状做出各种分析图纸。

④ 总平面图　标明用地边界、周边道路、出入口位置、设计地形等高线、设计植物、设计园路铺装场地；标明保留的原有园路、植物和各类水体的边缘线、各类建筑物和构筑物、停车场位置及范围；标明用地平衡表、比例尺、指北针、图例及注释。

⑤ 功能分区图或景观分区图　用地功能或景区的划分及名称。

⑥ 园路设计与交通分析图　标明各级道路、人流集散广场和停车场布局；分析道路功能与交通组织。

⑦ 竖向设计图　标明设计地形等高线与原地形等高线；标明主要控制点高程；标明水体的常水位、最高水位与最低水位、水底标高；绘制地形剖面图。

⑧ 绿化设计图　标明植物分区、各区的主要或特色植物（含乔木、灌木）；标明保留或利用的现状植物；标明乔木和灌木的平面布局。

⑨ 主要景点设计图　包括主要景点的平、立、剖面图及效果图等以及其它必要的图纸。

2.2.2　初步设计

初步设计的要求如下：应满足编制施工图设计文件的需要；应满足各专业设计的平衡与协调；应能据以编制工程概算；提供申报有关部门审批的必要文件。设计文件包括以下内容。

（1）设计总说明

设计总说明包括设计依据、设计规范、工程概况、工程特征、设计范围、设计指导思想、设计原则、设计构思或特点、各专业设计说明、在初步设计文件审批时需解决和确定的问题等内容。

（2）总平面图

总平面图比例一般采用1：500、1：1000。内容包括基地周围环境情况、工程坐标网、用地范围线的位置、地形设计的大致状况和坡向、保留与新建的建筑和小品位置、道路与水体的位置、绿化种植的区域、必要的控制尺寸和控制高程等。

（3）道路、地坪、景观小品及园林建筑设计图

比例一般采用1：50、1：100、1：200。内容包括：

① 道路、广场应有总平面布置图，图中应标注出道路等级、排水坡度等要求；

② 道路、广场主要铺面要求和广场、道路断面图；

③ 景观小品及园林建筑的主要平面、立面、剖面图等。

（4）种植设计图。内容包括：

① 种植平面图，比例一般采用1：200、1：500，图中标出应保留的树木及新栽的植物；

② 主要植物材料表，表中分类列出主要植物的规格、数量，其深度需满足概（预）算需要；

③ 其他图纸，根据设计需要可绘制整体或局部种植立面图、剖面图和效果图。

（5）结构设计文件

① 设计说明书，包括设计依据和设计内容的说明；

② 设计图纸，比例一般采用 1：50、1：100、1：200，包括结构平面布置图、结构剖面图等。

（6）给排水设计文件

① 设计说明书：a. 设计依据、范围的说明；b. 给水设计，包括水源、用水量、给水系统、浇灌系统等方面说明；c. 排水设计，包括工程周边现有排水条件简介、排水制度和排水出路、排水量、各种管材和接口的选择及敷设方式等方面说明。

② 设计图纸：给水排水总平面图，图纸比例一般采用 1：300、1：500、1：1000。

③ 主要设备表。

（7）电气设计文件

① 设计说明书，包括设计依据、设计范围、供配电系统、照明系统、防雷及接地保护、弱电系统等方面的说明。

② 设计图纸，包括电气总平面图、配电系统图等内容。

③ 主要设备表。

（8）设计概（预）算文件，由封面、扉页、概（预）算编制说明、总概（预）算书及各单项工程概（预）算书等组成，可单列成册。

2.2.3 施工图设计

施工图设计应满足施工、安装及植物种植需要；满足施工材料采购、非标准设备制作和施工的需要。设计文件包括目录、设计说明、设计图纸、施工详图、套用图纸和通用图、工程概（预）算书等内容。只有经设计单位审核和加盖施工图出图章的设计文件才能作为正式设计文件交付使用。风景园林规划设计师应经常深入施工现场，一方面解决现场的各类工程问题，另一方面也是通过现场经验的积累，提高自己施工图设计的能力与水平。

（1）设计总说明

① 设计依据：政府主管部门批准文件和技术要求；建设单位设计任务书和技术资料；其他相关资料。

② 应遵循的主要国家现行规范、规程、规定和技术标准。

③ 简述工程规模和设计范围。

④ 阐述工程概况和工程特征。

⑤ 各专业设计说明，可单列专业篇。

（2）总平面图

比例一般采用 1：300、1：500、1：1000，包括各定位总平面、索引总平面、竖向总平面、道路铺装总平面等内容。

① 定位总平面　可以采用坐标标注、尺寸标注、坐标网格等方法对建筑、景观小品、道路铺装、水体等各项工程进行平面定位。

② 索引总平面　对各项工程的内容进行图纸及分区索引。

③ 竖向总平面　内容包括：标明人工地形（包括山体和水体）的等高线或等深线（或用标高点进行设计）；标明基地内各项工程平面位置的详细标高，如建筑物、园路、广场等标高，并要标明其排水方向；标明水体的常水位、最高水位与最低水位、水底标高；标明进行土方工程施工地段内的原标高，计算出挖方和填方的工程量与土石方平衡表等。

④ 道路铺装总平面　标明道路的等级、道路铺装材料及铺装样式等。

⑤ 根据工程不同具体情况的其他相关内容总平面。

工程简单时，上述图纸可以合并绘制。

（3）道路、地坪、景观小品及建筑设计

道路、地坪、景观小品及建筑设计应逐项分列，宜以单项为单位，分别组成设计文件。设计文件的内容应包括施工图设计说明和设计图纸。施工图设计说明可注于图上。施工图设计说明的内容包括设计依据、设计要求、引用通用图集及对施工的要求。单项施工图纸的比例要求不限，以表达清晰为主。施工详图的常用比例1：10、1：20、1：50、1：100。单项施工图设计应包括平、立、剖面图等。标注尺寸和材料应满足施工选材和施工工艺要求。单项施工图详图设计应有放大平面、剖面图和节点大样图，标注的尺寸、材料应满足施工需求。标准段节点和通用图应诠释应用范围并加以索引标注。

（4）种植设计

种植设计图应包括设计说明、设计图纸和植物材料表。

① 设计说明　种植设计的原则、景观和生态要求；对栽植土壤的规定和建议；规定树木与建筑物、构筑物、管线之间的间距要求；对树穴、种植土、介质土、树木支撑等作必要的要求；应对植物材料提出设计的要求。

② 设计图纸　a.种植设计平面图比例一般采用1：200、1：300、1：500；b.设计坐标应与总图的坐标网一致；c.应标出场地范围内拟保留的植物，如果是古树名木应单独标出；d.应分别标出不同植物类别、位置、范围；e.应标出图中每种植物的名称和数量，一般乔木用株数表示，灌木、竹类、地被、草坪用每平方米的数量（株）表示；f.种植设计图，根据设计需要分别绘制上木图和下木图；g.选用的树木图例应简明易懂，不同树种应采用不同的图例；h.同一植物规格不同时，应按比例绘制，并有相应标示（图2-3、图2-4）；i.应标出场地范围内拟保留的植物，如果是古树名木应单独标出。

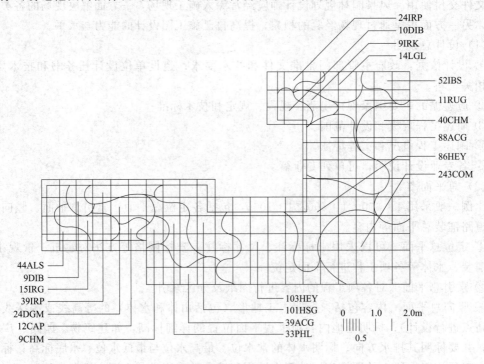

（a）花坛种植设计平面图

代号	种名	数量	花期	花色	株距/mm	植株高度/mm
ACG	蓍草	127	7~8月份	黄	200	900
ALS	庭荠	44	4~5月份	黄	150	300
CAP	桃叶风铃草	12	6~8月份	白	200~250	600
CHM	大滨菊	49	7~8月份	白	300	
COM	铃兰	243	5~7月份	—	150	—
DIB	荷苞牡丹	19	4~6月份	粉红	250	500
DGM	多榔菊	24	7~8月份	黄	200	370
HEY	萱草	189	5~7月份	橘红	450	700
HSG	玉簪	101	8~10月份	白	150	450
IBS	常青屈曲花	52	5月份	白	150	300
IRG	德国鸢尾	15	5~6月份	蓝	300	600~900
IRK	鸢尾	9	6~7月份	白	250	900
IRP	榆叶鸢尾	63	4~5月份	白	150	—

（b）花坛种植的植物名录一览表

图 2-3　花坛种植设计平面图及植物名录

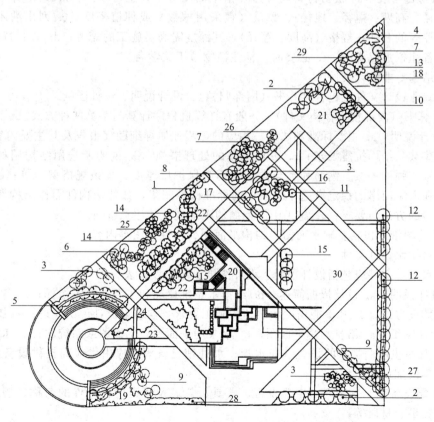

（a）公园种植设计平面图

图 2-4

编号	植物名称	规格	数量/株	编号	植物名称	规格	数量/株
1	樱花	2.5m 高	31	16	圆柏	3.1m 高	11
2	香樟	干径约 100mm	26	17	七叶树	3.5m 高	7
3	雪松	4.0m 高	27	18	含笑	1.0m 高大苗	4
4	水杉	2.5m 高	58	19	铺地柏		41
5	广玉兰	3.0m 高	26	20	凤尾兰		50
6	晚樱	2.5m 高	11	21	毛鹃	30cm 高	250
7	柳杉	2.5m 高	12	22	杜鹃		130
8	榉树	3.9m 高	12	23	迎春		85
9	白玉兰	2.0m 高	5	24	金丝桃		80
10	银杏	干径>80mm	10	25	蜡梅		8
11	红枫	2.0m 高	7	26	金钟花		20
12	鹅掌楸	3.5m 高	31	27	麻叶绣球		30
13	桂花	2.0m 高	15	28	大叶黄杨	60cm 高	120
14	鸡爪槭	2.5m 高	6	29	龙柏	3m 以上	16
15	国槐	3.0m 高	10	30	草坪		2514m²

(b)公园种植植物名录

图 2-4 公园种植设计平面图及植物名录

种植图的比例应根据其复杂程度而定，较简单的可选小比例，较复杂的可选大比例，面积过大的种植地段宜分区作种植平面图，详图不标比例时应以所标注的尺寸为准。在较复杂的种植平面图中，最好根据参照点或参照线作网格，网格的大小应以能相对准确表示种植的内容为准。

③ 植物材料表 a. 植物材料表可与种植平面图合一，也可单列；b. 列出乔木的名称、规格（胸径、高度、冠径、地径）、数量（宜采用株数）或种植密度；c. 列出灌木、竹类、地被、草坪等的名称、规格（高度、蓬径），其深度需满足施工的需要；d. 对有特殊要求的植物应在备注栏加以说明；e. 必要时，标注植物拉丁文学名。

（5）结构专业设计文件

结构专业设计文件应包含计算书（内部归档）、设计说明、设计图纸。

① 计算书（内部技术存档文件） 一般有计算机程序计算与手算两种方式。

② 设计说明 a. 主要标准和法规，相应的工程地质详细勘察报告及其主要内容；b. 采用的设计荷载、结构抗震要求；c. 不良地基的处理措施；d. 说明所选用结构用材的品种、规格、型号、强度等级、钢筋种类与类别、钢筋保护层厚度、焊条规格型号等；e. 地形的堆筑要求和人工河岸的稳定措施；f. 采用的标准构件图集，如特殊构件需作结构性能检验，应说明检验的方法与要求；g. 施工中应遵循的施工规范和注意事项。

③ 设计图纸 包括基础平面图、结构平面图、构件详图等内容。

（6）给排水设计文件

给排水设计文件应包括设计说明、设计图纸、主要设备表。

① 设计说明 a. 设计依据简述；b. 给排水系统概况和主要的技术指标；c. 各种管材的选择及其敷设方式；d. 凡不能用图示表达的施工要求，均应以设计说明表述；e. 图例。

② 设计图纸 a. 给排水总平面图；b. 水泵房平面图、剖面图或系统图；c. 水池配管及详图；d. 凡由供应商提供的设备（如水景、水处理设备等）应由供应商提供设备施工安装图，设计单位加以确定。

③ 主要设备表 分别列出主要设备、器具、仪表及管道附件配件的名称、型号、规格（参数）、数量、材质等。

（7）电气设计文件

电气设计文件包括设计说明、设计图纸、主要设备材料表。

① 设计说明　a. 设计依据；b. 各系统的施工要求和注意事项（包括布线和设备安装等）；c. 设备订货要求；d. 图例。

② 设计图纸　a. 电气干线总平面图（仅大型工程出此图）；b. 电气照明总平面图，包括照明配电箱及各类灯具的位置、各类灯具的控制方式及地点、特殊灯具和配电（控制）箱的安装详图等内容；c. 配电系统图（用单线图绘制）。

③ 主要设备材料表　应包括高低压开关柜、配电箱、电缆及桥架、灯具、插座、开关等，应标明型号规格、数量，简单的材料如导线、保护管等可不列。

（8）预算文件

预算文件内容应包含封面、扉页、预算编制说明、总预算书（或综合预算书）、单位工程预算书等，应单列成册。封面应有项目名称、编制单位、编制日期等内容。扉页有项目名称、编制单位、项目负责人和主要编制人及校对人员的署名，加盖编制人注册章。

2.3　后期服务阶段

后期服务是风景园林规划设计工作内容中极其重要的环节。首先，风景园林规划设计师应为甲方做好服务工作，协调相关矛盾，与施工单位、监理单位共同完成工程项目；其次，一些风景园林规划设计的成果如地形、假山、种植的设计，在施工过程中可变性极强，设计师只有经常深入现场不断把控，才能保证项目的建成效果充分体现设计意图。最后，由于图纸与现实总有实际的偏差，因此，有时设计师在施工现场中需要对原设计进行合理的调整才能达到更好的建成效果。

2.3.1　施工前期服务

施工前需要对施工图进行交底。甲方拿到施工设计图纸后，会联系监理方、施工方对施工图进行看图和读图。看图属于总体上的把握，读图属于具体设计节点、详图的理解。之后，由甲方牵头，组织设计方、监理方、施工方进行施工图设计交底会。在交底会上，甲方、监理、施工各方提出看图后所发现的各专业方面的问题，各专业设计人员将对口进行答疑，一般情况下，甲方的问题大多涉及总体上的协调、衔接；监理方、施工方的问题常提及设计节点、大样的具体实施。双方侧重点不同。由于上述三方是有备而来，并且有些问题往往是施工中关键节点，因而设计方在交底会前要充分准备，会上要尽量结合设计图纸当场答复，现场不能回答的，回去考虑后尽快做出答复。另外，施工前设计师还要对硬质工程材料样品以及对绿化工程中备选植物进行确认。

2.3.2　施工期间服务

施工期间，设计师应定期或不定期地深入施工现场解决施工单位提出的问题。能现场解决的，现场解决；无法现场解决的，回去要根据施工进度需要协调各专业设计后尽快出设计变更图解决。同时，也应进行工地现场监督，以确保工程按图施工。参加施工期间的阶段性工程验收，如基槽、隐蔽工程的验收。

2.3.3　施工后期服务

施工结束后，设计师还需要参加工程竣工验收，以签发竣工证明书。另外，有时在工程维护阶段，甲方要求设计师到现场勘察，并提供相应的报告叙述维护期的缺点及问题。

第3章　风景园林方案规划设计的方法

一般说来，方案规划设计的主要过程如下：首先对项目现状的具体条件进行调查与分析，然后再结合相应的规划设计原则得出方案的立意与构思，即设计的预期，进而进行具体的风景园林分区、布局与主要景点设计，最后完成交通、游线、竖向、植物、服务设施等各方面的专项设计。所有的后续技术、研究措施的核心目的是设计预期的实现。

设计就是按照设计预期对场地的改变，为此要分析需求，包括形态的需求、精神方面的需求、经济的需求。需要明确场地诸多要素中什么要改变，改变的目的是什么，现场的情况是什么样，场地对设计预期有什么制约，对场地与设计预期进行反复的讨论与分析，最终选出优化的改变策略与方案。

3.1　设计任务分析

设计任务分析作为风景园林设计的第一阶段，其目的就是通过对设计委托方的具体要求、地段环境因素和相关规范资料等重要内容作出系统、全面的分析研究，为方案设计确立科学依据。

3.1.1　设计要求的分析

设计要求包括功能要求和形式特点要求两个方面。

（1）功能要求分析

风景园林用地的性质不同，其组成内容也不同，有的内容简单，功能单一；有的内容多，功能关系复杂。合理的功能关系能保证各种不同性质的活动、内容的完整性和整体秩序性。各功能空间是相互密切关联的，常见的有主次、序列、并列或混合关系，它们互相作用共同构成一个有机整体。具体表现为串联、分枝、混合、中心、网络环绕等组织形式（图3-1）。

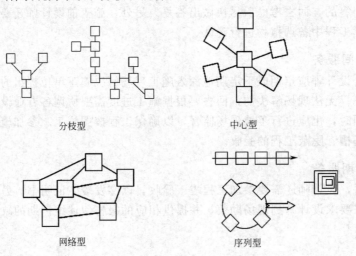

分枝型　　　　　　　　　　　　中心型

网络型　　　　　　　　　　　　序列型

图 3-1　几种常见的平面结构关系（王晓俊，2009）

我们常常用框图法来表述这一关系。框图法是风景园林设计中一种十分有用的方法，能帮助快速记录构思，解决平面内容的位置、大小、属性、关系和序列等问题（图3-2）。

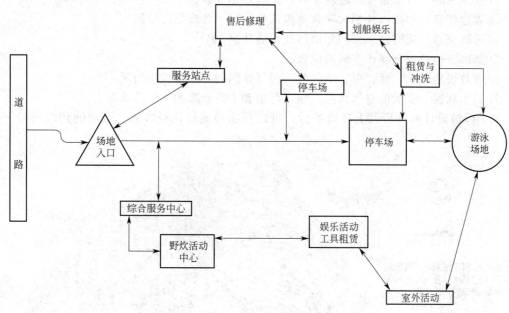

图 3-2　常见功能关系图解

（2）形式特点要求

① 各种类型风景园林的特点　不同类型的风景园林绿地有着不同的景观特点。纪念性园林给人的印象应该是庄重、肃穆的；而居住区内的中心绿地应该是亲切、活泼和舒适宜人的。因此设计师首先必须准确把握绿地类型的特点，然后才能在此基础上进行深一步的设计创作。

② 使用者的特点　一切的规划设计都是由于人们的需求而产生，风景园林的规划设计也是如此，例如美国纽约中央公园的设计很好地满足了城市中人们接近大自然的休闲娱乐需求，得到了公众的赞赏。因此，需求是一切规划设计的动因，一个好的规划设计就应该是合理满足人们各方面的需求，包括物质上的、精神上的需求。

在不同类型的风景园林规划设计中，需要对使用者的需求进行具体的分析。例如设计公园，就要考虑游人娱乐、参观、观赏、休息等方面的需求；设计居住小区风景园林环境，就要考虑居民游戏、健身、休憩、交谈等方面需求。另外，在公园与小区风景园林环境中，不同年龄层次的人们需求也有所不同，因此，可以针对如老年人、年轻人以及儿童等设置相应的设施与场所。在设计某一商业购物环境景观时，就要考虑购物者短暂休憩的需求；设计校园环境，就要考虑师生课间活动、工作、体育锻炼、教育等方面的需求。

规划设计具有明确的目的性，而这一目的终极来源就是需求。整个设计过程就是分析需求、解决因需求而产生的矛盾问题的过程，而这一需求最终是以人的需求为目的。所以，设计必须以人为本，这是风景园林设计的核心理念。只有对人的需求进行全面认识和把握，并分清主次，理清重点，才能做出合理、切实可行的优秀设计。

3.1.2　环境条件的调查分析

在进行风景园林设计之前对环境条件进行全面、系统的调查和分析，可为设计者提供细致、可靠的设计依据。具体的调查研究包括地段环境、人文环境和城市规划设计条件三个方面。

（1）地段环境

① 基地自然条件　地形、地貌、水体、土壤、地质构造、植被。

② 气象资料　日照条件、温度、风、降雨、小气候。

③ 周边建筑　地段内外相关建筑及构筑物状况（含规划的建筑）。

④ 道路交通　现有及未来规划道路及交通状况。

⑤ 城市方位　位于城市空间的位置。

⑥ 市政设施　水、暖、电、讯、气、污等管网的分布及供应情况。

⑦ 污染状况　相关的空气污染、噪声污染和不良景观的方位及状况。

风景园林设计师分析以上环境条件，可以得出该地段比较客观、全面的环境质量评价（图3-3）。

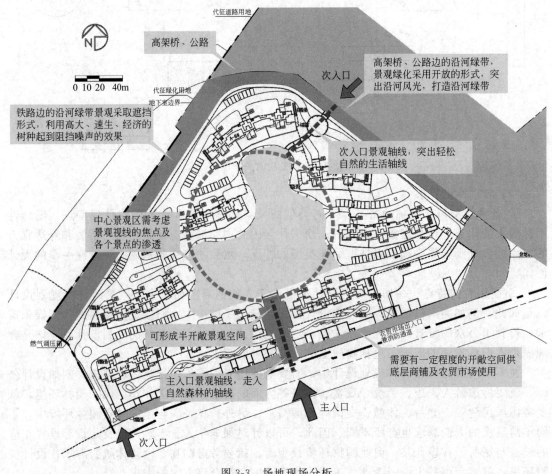

图3-3　场地现场分析

（2）人文环境

① 城市性质　确认城市是政治、文化、金融、商业、旅游、交通、工业还是科技城市；是特大、大型、中型还是小型城市。

② 地方文化风貌特色　包括和城市相关的文化风格、历史名胜、地方建筑。独特的人文环境可以创造出富有个性特色的空间造型。

③ 城市规划设计条件　该条件是由城市管理职能部门依据法定的城市总体发展规划提出的，其目的是从城市宏观角度对具体的建设项目提出若干控制性限定要求，以确保城市整

体环境的良性运行与发展。

在设计前，要了解用地范围、面积、性质以及对于基地范围内构筑物高度的限定、绿地率要求等。

a. 经济技术因素分析：经济技术因素是指建设者所能提供用于建设的实际经济条件与可行的技术水平，它决定着园林建设的材料应用、规模等，是除功能、形式之外影响风景园林设计的另一个重要因素。

b. 相关资料的调研与搜集：学会搜集并使用相关资料，对于做好风景园林设计是非常重要的，资料的搜集调研可以在第一阶段一次性完成，也可以穿插于设计之中。

ⅰ. 实例调研：调研实例的选择应本着性质相同、内容相近、规模相当、方便实施并体现多样性的原则，调研的内容包括一般技术性了解（对设计构思、总体布局、平面组织和空间组织的基本了解）和使用管理情况调查两部分。最终调研的成果应以图、文形式表达出来。

ⅱ. 资料搜集：相关资料的搜集包括规范性资料和优秀设计图文资料两个方面。

风景园林设计中涉及的一些规范是为了保障园林建设的质量水平而制定的，风景园林设计师在设计中要做到熟悉掌握并严格遵守设计规范。

优秀设计图、文资料的搜集有助于优化设计的总体布局、平面组织、空间组织等。

在具体的设计方案中，或许只用到现场调研工作成果的一部分。规划中风景园林设计师必须对现场的规划要素予以全面、认真细致的调查、分析和整理，在全面掌握现状资料的基础上，再根据项目要求，对关键要素予以重点关注。

3.2 立意与构思

方案设计总的原则就是因地制宜、以人为本、切实可行，并具有特色性与创新性。

3.2.1 方案构思

所谓基本构思，就是从设计开始阶段，在头脑中要进行一定的酝酿，对方案总的发展方向有一个明确的意图，这和绘画创作中的"立意"或"意在笔先"的意思是一样的。构思是整个设计工作的基础。和所有设计构思一样，构思过程中要"先放后收"，即构思初期要求思路奔放、任意驰骋而不受羁绊，从各种不同角度进行探讨，这样会有助于产生灵感和多个思路。构思后期，则是多方案比较，比较各个思路，确定一个方案进行深入设计并对之完善。

在风景园林设计中，基本构思的好坏对整个设计的成败有着极大的影响，特别是一些复杂的设计，面临的矛盾和各种影响因素很多，如果在一开始就没有一个总的设计意图，那么，在以后的工作中就很难主动掌握全局。如果开头的基本构思妥善合理，局部的缺点就很容易克服。相反，一开始就在大方向上失策，则很难在后来的局部措施上加以补救，甚至会造成整个设计的返工和失败。因此，从设计开始，就要有意识地注意这方面的锻炼，这是十分必要的。

① 好的设计在构思立意方面具有独到和巧妙之处。例如，扬州个园以石为构思线索，以春夏秋冬四季景色来寻求意境，结合画理"春山淡冶而如笑，夏山苍翠而如滴，秋山明净而如妆，冬山惨淡而如睡"拾掇园林。由于构思立意不落俗套而能在众多优秀的古典宅第园林中占有一席之地。"结合画理，创造意境"是我国很多讲究诗情画意的古典园林里较常用的一种创作手法。

② 直接从大自然中汲取养分，获得设计素材和灵感也是提高方案构思能力、创造新的风景园林境界的方法之一。美国著名的风景园林设计师劳伦斯·哈普林（Lawrence Halprin，1916—2019）同保罗·克利（Paul Klee，1879—1940）等许多现代主义设计师一样，都以大自

然作为设计构思的创作源泉，并创造出优秀的作品，但是，在他的作品中既没有照搬，也没有刻意地去模仿，而是将这些自然现象及变化过程加以抽象，并且艺术地再现出来。例如，波特兰大市政厅前中心广场水景的设计就是成功地、艺术地再现了水的自然过程（图3-4）。

图 3-4　波特兰大市凯勒喷泉广场水景

③ 对设计的构思立意还应善于发掘与设计有关的题材或素材，并用联想、类比、隐喻等手法加以艺术地表现。例如，玛莎·舒沃兹（Martha Schwartz）设计的某研究中心的屋顶花园就是巧妙地利用该研究中心从事基因研究的线索，将两种不同风格的风景园林形式融为一体，一半是法国规则式的整形树篱园，另一半为日本式的枯山水，它们分别代表着东西方园林的基因，隐喻它们可以像基因重组一样结合起来，并创造出新的形式，因此该屋顶花园又称为拼合园（图3-5）。

图 3-5　玛莎·舒沃兹设计的拼合图

现以两个简单的题目为例说明基本构思的产生。

a. 某教学主楼的前庭绿化：

功能——衬托主楼建筑，美化环境，疏散人流、车流；

位置——正对大门入口的台地上；

布局——因周围的建筑布局为规则式，故可考虑以规则式为主；

要求——形成开朗、明快、整洁的环境气氛；

设计——可考虑以大片草地为主，配以花坛、水池、喷泉等。

b. 两住宅间的绿化：

功能——供居民休息、娱乐和集中活动；

布局——以自然式为主，可打破周围建筑呆板的布局及单一的色彩、线条等；

要求——形成一个可供人们（主要是老人和儿童）休息、娱乐的轻松、活泼的园林环境；

设计——可考虑以植物景观为主，配以水面、亭、桥、棚架、花坛、桌椅等。

从上面这两个例子可以看到：第一，基本构思不是凭空产生的，它是以对题目的全面了解和对风景园林特点的准确分析为基础的；第二，基本构思的内容除了考虑风景园林绿地的功能，以及建筑、植物、山石、水体、道路的全面布局之外，还要考虑工程和艺术的规律，以及建设单位的人力、物力、财力的负担能力；第三，基本构思的体现需要相应的技巧，即构图与表现能力。有些初学者片面地理解方案构思的重要性，却忽视了设计技巧的艰苦训练。设计之初有很多想法，却没有足够的技巧将它们表现出来，最后再好的构思也将落空。因此，风景园林设计者决不可忽视设计技巧的训练。

3.2.2 方案设计

3.2.2.1 方案草图绘制

徒手绘草图，在风景园林规划设计中一般有两种形式，即铅笔草图和彩色水笔草图。

① 铅笔草图　徒手绘制铅笔草图，是学习风景园林设计必须掌握的一项基本功。一些初学者常常以为徒手画图缺乏准确性或因不习惯而不能坚持，这是不对的。其实，绘制风景园林草图，并不是单纯地制图。在这个过程中，设计者一面动手画图，一面思考设计中的问题，手、眼、脑并用，它们之间要求具有最敏捷的联系，使用铅笔徒手绘图，就有这种好处。用软铅笔（B、2B）徒手画出的线条，要远比使用硬铅笔和尺画出的线条富于灵活性和伸缩性，而且可以通过对软铅笔的轻重、虚实的控制进行推敲和改动，这样就可以使设计者在较短的时间内最有效地把设计的主要意图表现出来。

② 彩色水笔草图　彩色水笔因其色鲜醒目、书写流利而逐渐被用作方案草图。其优点是美观、醒目、画图快，但画错后影响整体效果。因此，下笔需准确。在实际工作中常常用于画正式草图。

在彩色水笔草图中，为了醒目地区分风景园林各要素，可采用不同的颜色来表示，如：红色表示建筑物、构筑物、建筑小品等；绿色表示植物；天蓝色表示水面；棕色表示道路、广场、山石、等高线等；深蓝色表示边界等。

无论是用铅笔，还是用彩色水笔作方案时，都要使用半透明的草图纸（又叫拷贝纸）。因为任何一种方案构思的开始阶段，总难免有所欠缺，且不可将其轻易否定，也不应在同一张草图纸上做过多的修改或者擦掉重画，而应用草图纸逐张地蒙在原图上修改，不但可使设计的思路得以连贯的发展，而且有利于设计工作由粗到细地逐步深入下去。

另外，由于计算机 CAD 制图软件的普及，在实际工作中，熟练的设计师常常可以直接利用 CAD 制图软件绘制方案草图。

3.2.2.2　方案过程

方案过程阶段对设计者来说，付出的心血最多，但所得的喜悦也最大。此时的任务主要是通过绘制大量的草图，把自己的基本构思表现出来，并根据手中掌握的资料，将设计不断地深入下去，直至最后作出自己认为较为满意的基本设计方案，具体做法如下。

① 由平面图开始　设计草图一般可由平面图开始，因为风景园林绿地的基本功能要求在其平面图里反映得最为具体，如：功能分区、道路系统以及景区、景点，各景物之间的联系等，这些都是规划设计中将要遇到和考虑的问题。有经验的设计者在画平面图的同时，对其立面、剖面及总的景观已有相应的设想；对初学者来说，由于还缺少锻炼，空间和立体的概念不强，难以做到这一点。因此，可在开始动手的一段时间内先把主要力量放在平面图研究上。

② 画第一张草图　用半透明的草图纸蒙在所设计的风景园林现状图（或地形图）上，根据基本构思的情况，在草图纸上按照大致的尺寸和风景园林平面图的图例，徒手描画。通过描画，即可产生第一张平面草图，这第一张草图势必有不少的毛病，甚至称不上一个方案，但无论如何，它已经开始把设计者的思维活动第一次变成了具体的图纸形象。

③ 分析描绘　通过对第一张草图的分析，找出不足（如：道路坡度太大、水池形状太简单等），便可很快地用草图纸蒙在它上面进行改进，绘出第二张、第三张、第四张草图，每一张草图又有 A、B 的不同比较。通过描画比较，将好的方案继续做下去，使设计工作从思维到形象，又从形象到思维，不断往复深入下去。

④ 平、立、剖配合　风景园林设计的平面不是孤立存在的，每一种平面的考虑实际上都反映着立面或剖面的关系。因此，对平面做过初步的考虑后，还应从平、立、剖三方面来考虑所设计的方案。同时，还可以试着画一些鸟瞰图或透视图，或做些简单的模型，这对初学者学习如何从平、立、剖整体去考虑问题很有帮助。

⑤ 方案比较　画过一遍平、立、剖面图后，表示设计者已经初步接触到了风景园林绿地各方面的问题，对各种关系有了比较全面的了解，这时应集中力量做更多的方案尝试，探讨各种可能性。最后可将所做方案归纳为几类，进行全面比较，与当初进行目的探讨时的设想对照，明确方案的基本构思，选出自己认为满意的方案。

总之，风景园林设计是一门综合性很强的工作，它涉及的知识面很广，即使是同一类型的公园绿地，也会因各种具体的变化而有所不同。因此，在设计过程中应广泛听取各方面的意见（主管部门、当地居民等），有时，设计师自己也要作为一名当事人，经常到所设计的地段去走走，了解一下人们的心理需求，这样设计出来的方案就比较切合实际。

3.2.3　方案选择

根据特定的基地条件和设置内容多做些方案，并加以比较也是提高方案设计能力的一种方法。方案必须要有创造性，各个方案应各有特点和新意且不能雷同。

（1）充分利用基地条件

基地分析是园林用地规划和方案设计中的重要内容，我们将以实际例子来说明基地条件分析在方案设计中的重要性。方案设计中的基地分析包括基地自身条件（地形、日照、小气候）、视线条件（基地内外景观的利用、视线和视廊）和交通状况（人流方向、强度）等现状内容。例如，现预在某两面临街、一侧为商店专用的停车场的小块空地上建一街头休憩空间，其中打算设置座凳、饮水装置、废物箱，栽种些树木以及做一些铺装地。要求能符合行人路线，为购物候车者提供坐憩的空间。基地周围的交通、视线条件及基地内的地形、树木和行走路线等现状情况分析见图3-6。

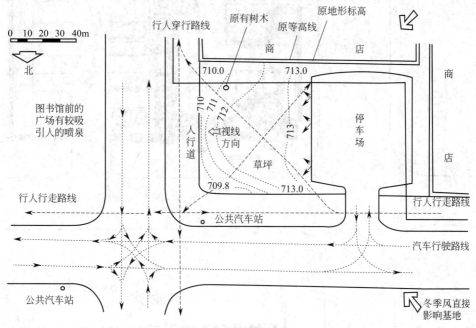

图3-6 基地现状条件分析图（王晓俊，2009）

根据上述条件所示的基地分析图可做出如图3-7所示的两个设计方案。

根据基地分析图对两个设计方案进行比较，结果如表3-1所示，其中正号表示该方案设计符合要求，负号则表明不正确或存在不足之处。

表3-1 两个设计方案进行比较

内　容	方案一	方案二
1.设置的内容是否与任务书要求的内容相一致（如座凳、饮水装置、种植、铺装等）	＋	＋
2.候车区是否设置了供坐憩的座凳	＋	－
3.是否利用了基地外的环境景色,如街对面的广场喷泉	＋	－
4.台阶入口位置的确定是否考虑到了行人的现状穿行路线	＋	－
5.停车场地、商店是否便利地与该休憩地相连接	＋	－
6.供休息的座凳是否有遮阳	＋	－
7.饮水装置、废物箱位置是否选在人流线附近方便的地方	＋	－

从表3-1中比较结果来看，方案一明显优于方案二，如果抛开设计形式、材料等不谈，只是从利用基地现状条件和分析结果来看，方案二就存在着众多的不足之处，如候车区不设条凳，基地外有景而不借，无视行人的行为习惯，商店和停车场地不能很方便地利用该休憩区，条凳设置没考虑夏季要遮阳，饮水装置和废物箱设在远离休息和行走的地方等。从这两个方案的比较中可以发现，设计师在动手做设计之前应仔细地分析基地条件，充分利用基地现状条件，只有这样才能做到有目的地设计和解决问题。

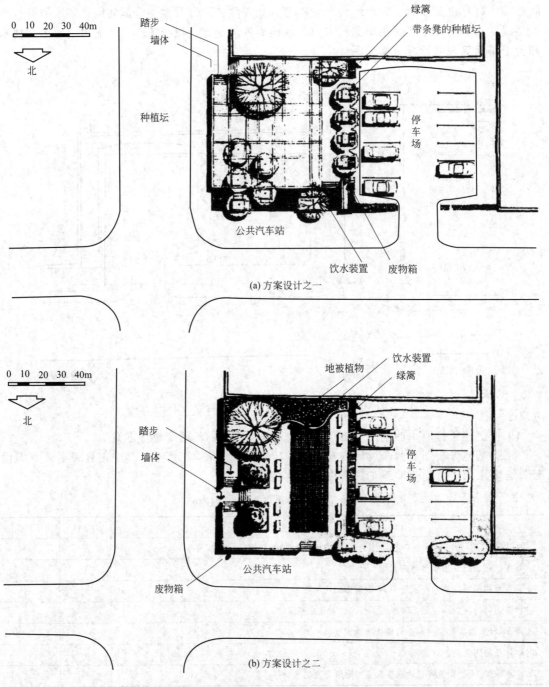

图 3-7　两个不同的设计方案（王晓俊，2009）

（2）多方面着手，综合权衡

在做方案设计时，应尽可能地在权衡诸方案构思的前提下定出最终的合理方案，该方案可以以某个方案为主，兼收其它方案的长处；也可以将几个方案在处理不同方面的优点综合起来，统筹考虑。

在具体的方案设计中，可以同时从功能、环境、经济、结构等多个方面进行构思，或者是在不同的设计构思阶段选择不同的侧重点，这样才能保证方案构思的完善和深入。

3.3 功能布局与结构

平面设计的开始就在于功能布局，可以先用功能分析图将各部分的功能表达出来，然后再用不同的图例将各个功能连接起来，通过这一步骤的梳理，已经大体上明确了功能之间的关系（图3-8），再逐个对具体场地的功能构造关系进行分析（图3-9），此时的比例尺是次要的，其目的在于弄清楚功能区划的大体关系。接着就是基地关系功能图，它是在功能空间的实际比例尺寸上，依据基地的性质、各关系图解，划分出更详细具体的功能区域以及各种不同的使用空间（图3-10）。

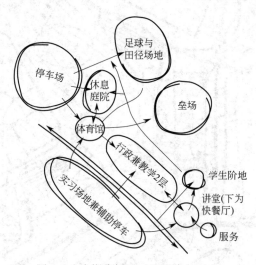

图 3-8　功能分析图（王晓俊，2009）

3.4 快速设计的方法

通常，一项工程的设计，设计师总要经过相当长的时间对设计方案进行反复推敲、修改、完善，以便尽可能把设计矛盾解决在图纸上。同时，设计过程还要遵循固有的程序，将初步设计方案向建设方征求意见，如此反复多次，最终还要求得到主管部门或审批部门的认可。这样，方案设计周期就会拖得更长。因此，方案设计周期视规模、性质及各种错综复杂的外因而少则一两个月，多则一年半载。但是，在某些情况下，却没有足够的时间让设计师不慌不忙地进行方案的深入研究。况且，有时也不必要一开始就拿出完善设计方案，而是需要设计师在很短的时间内，拿出一个方案设想。因此，设计师要打破设计常规，高速优质地在较短时间内，草拟一个可供发展的设计方案。这种工作方法就是快速设计。

3.4.1 快速设计的重要意义

（1）快速设计是实际工作中应急的需要

在工程实践中，设计师有时会遇到意想不到的紧急设计任务，如要求在很短的期限内应急拿出一个优秀方案，供上级有关领导决策。在这种情况下，设计师只能运用快速设计的工

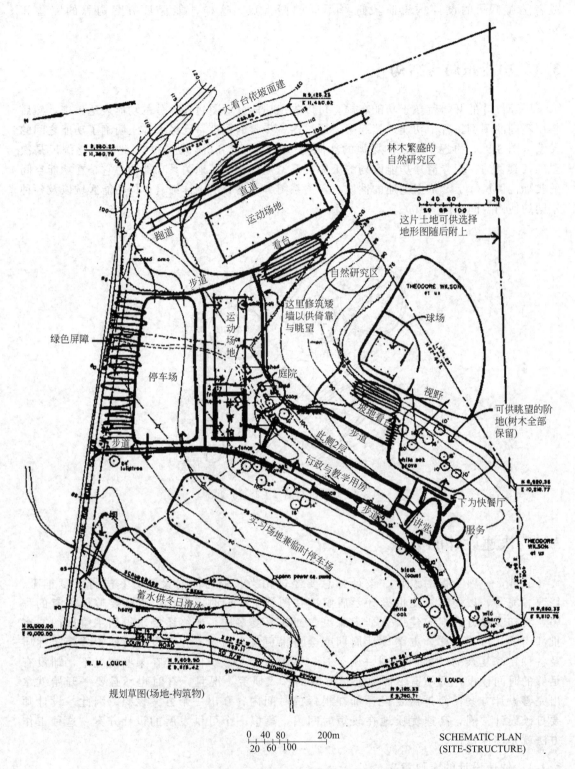

大看台依坡面建

林木繁盛的
自然研究区

这片土地可供选择
地形图随后附上

直道

运动场地

跑道

看台

自然研究区

这里修筑矮
墙以供倚靠
与眺望

球场

绿色屏障

运动场地

停车场

庭院

坡地看台

视野

步道

此侧2层

可供眺望的阶
地(树木全部
保留)

步道

行政与教学用房

步道

下为快餐厅

实习场地兼临时停车场

讲堂

服务

蓄水供冬日滑冰

规划草图(场地-构筑物)

0 40 80   200m
  20 60 100

SCHEMATIC PLAN
(SITE-STRUCTURE)

图 3-9 规划草图（王晓俊，2009）

作方法完成任务。

在当前蓬勃发展的风景园林行业中，大量应急的设计任务不断涌现，设计师们往往对此

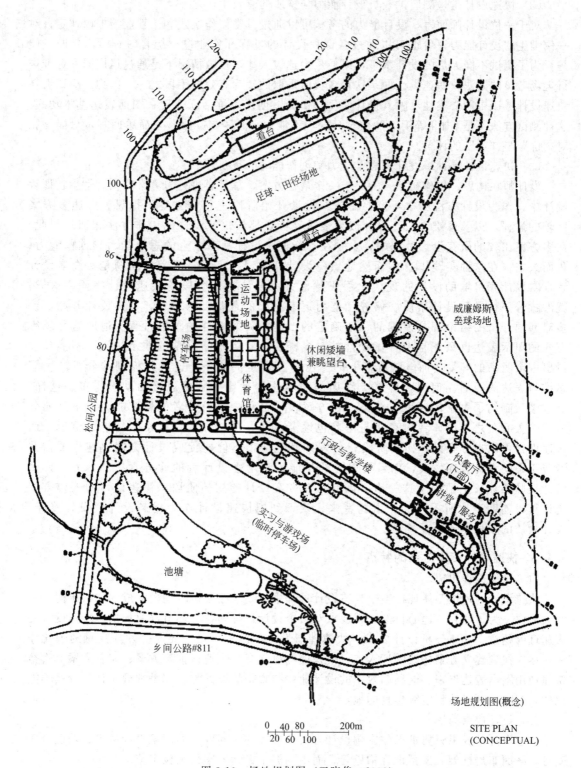

图中标注文字：

120 110 110 100
120
110
110
100
100
86
80

看台

足球、田径场地

看台

运动场地

停车场

威廉姆斯
垒球场地

休闲矮墙
兼眺望台

体育馆

100.0

松岗公园

行政与教学楼

快餐厅
(下部)

讲堂

服务

实习与游戏场
(临时停车场)

池塘

乡间公路#811

0 40 80   200m
  20 60 100

场地规划图(概念)

SITE PLAN
(CONCEPTUAL)

图 3-10 场地规划图（王晓俊，2009）

应接不暇。尽管目前设计市场还有一个发育完善的过程，但面对现状，设计师也要以快速设计的工作方法去适应社会的需要。

（2）快速设计是检测应试人员设计能力与素质的有效手段之一

对于一位设计师而言，设计能力的考核可以通过日常创作实践和工程业绩加以评定；对一位学生的设计能力评价也可以通过各课程设计的过程和作业进行综合考查得出判断。但是，为了测试不同人员的设计水平，以便从中选拔人才，多数情况下是通过运用同一标准进行现场考核的办法，快速设计便是这种考核所采取的较为有效的手段之一。因为，应试者在快速设计考试中能真实地反映其设计素质与潜力、创作思维活跃程度、图面表达基本功底。这种测试方法不是1加1等于2的数学公式，不能用"对"与"错"来简单回答，只能是相对"优"与"劣"的评价。

（3）快速设计是训练设计师思维能力和创作能力的重要环节

设计师在构思、创作初始，为寻求一个最佳方案，总是要进行多方案比较。学生在课程设计中，作为设计方法的学习也要在方案设计开始阶段进行多方案的探讨。上述多方案比较的过程，以及思维方法、设计成果表达等特点都与快速设计的工作方法相似。因此，在多方案比较的研究设计过程中，也是在不断训练设计师和学生的思维能力和创作能力。久而久之，在这种实践中自然而然地熏陶设计修养，提高设计素养。问题是，许多设计者常常以计算机辅助设计的现代化手段替代方案设计初始阶段的快速设计手段。这样，就潜藏着一种导致设计素质、修养和能力逐渐退化的危险。殊不知，方案设计开始，许多对问题分析的结论都是模糊的、不确定的，是一种探索性的求解过程。适应这种思维方式的图示表达也只能是一种试探性的、模糊的，有待不断完善的演示过程，不能马上得出一个明晰的答复。而电脑屏幕上的图示却是肯定的线条，这就与模糊的分析产生了思维与表达的矛盾。何况，屏幕上线条的演示速度远比头脑的思维活动慢得多。这样，反过来又制约了思维的速度。结果，在方案设计过程中，设计者的思维能力得不到充分训练。久而久之，设计者的素质与修养也逐渐下降，最终导致设计水平与能力倒退。而快速设计可以在方案设计初始阶段充分发挥其优势，不但能促成设计方案迅速生成，并沿着正确的设计方向发展，而且更重要的是能不断增强设计者的业务素质和修养。许多设计大师的成长正证明了这一点。因此，在方案设计的初始阶段，快速设计的工作方法是计算机辅助设计所不及的。由此看来，认识到把快速设计作为提高设计者设计修养、设计素质的手段是十分重要的。

3.4.2 快速设计工作方法的特点

（1）设计过程快速

快速设计的"快"体现在整个方案设计过程中，要求在较短时间内完成，如八小时、一两天之内。为了达到快速的目的，就要求对整个设计过程各个环节都要加快运行速度。要快速理解题意、快速分析设计要求、快速理清设计的内外矛盾，要充分发挥灵感的催化作用，尽快找到建立方案框架的切入点，要快速构思立意、快速地推敲方案、完善方案，直至快速地用图示表达出来。这种高效率的设计速度与紧张的设计强度都是常规设计过程所不能比的，有时真可以达到废寝忘食的地步。

（2）设计成果简练

快速设计的成果只要求抓住影响设计方案全局性的大问题，如环境设计考虑、功能分区安排、平面布局框架、造型设计构思等，而不拘泥于设计方案的细枝末节。

（3）设计思维敏捷

由于设计时间短，速度快，设计思维活动与设计模型的运行就不能稳步推进，而要充分调动创作情绪，捕捉打开创作思路的灵感，搜索脑海中的信息，快速分析设计矛盾，果断决策方案建构出路，这一系列思维过程是相当敏捷、高度紧张的。很多对矛盾的分析、综合考虑都是在脑海中同步思考的，甚至是一闪念。很多对方案的比较与决策也是要求闪电般地进行。可以说，在快速设计过程中思想高度集中，动作紧张进行。

（4）设计表现奔放

鉴于上述快速设计在设计目标、设计过程、设计思考方面的特点，相应在设计表现方面不可能，也没有必要像常规建筑表现图那样表达得非常精致准确，甚至逼真。相反，图面表现力可以奔放不羁、不拘一格，整个画面犹如大手笔之作。

3.4.3　快速设计的方法

① 对快速设计的题意理解是展开快速设计的第一步，也是决定设计方向的关键性一步。理解对了，可以把设计路子引向正确方向；理解偏了，则导致设计路线步入歧途。题意要从任务书的要求包括命题上细细琢磨，每一个字、句都要留心，不可粗心大意。

② 从快速设计任务书中进行理解题意之后，就要对设计条件进行分析了。其目的就是为下一步展开设计提供依据。条件分析可以从外部条件和内部条件两方面进行。

③ 理解了题意，分析了设计的内外条件，并不意味着马上就开始着手设计工作。风景园林设计既然是一种创作活动，它就要符合创作的规律。这就是要进行立意与构思。所谓"意在笔先"就是要在动手设计之前，充分发挥想象力，在设计者原有知识与经验的基础上，结合题意理解、条件分析，从中捕捉创作灵感，再运用个人的相关哲学思想，发挥想象，对所要表达的创作意图进行抉择。

有了创作想象而无法得到实现这种想法的思考方式也是不全面的。所谓一个好的构思，绝不是为玩弄手法的胡思乱想，它是紧扣立意，以独特的、富有表现力的风景园林语言达到设计新颖而展开的发挥想象力的过程，而且，这个思考过程必须贯彻始终。

对于风景园林创作来说，立意与构思是相辅相成的多维方式，立意是目标思维，构思是手段思维，如果没有准确的立意，那么构思手段也发挥不了作用。有一个好的立意，却没有好的构思，也实现不了立意目标。两者必须在设计初始阶段共同发挥作用。

因此，好的立意与构思可以开拓风景园林创作之路，对于推动整个设计过程以及实现设计目标和提高设计质量起着重要作用。

④ 通过前一阶段题意理解、条件分析以及立意构思等一系列逻辑思维的过程，设计者对设计目标有了一个初步的认识，此时，可以着手进入方案设计阶段了。

方案设计的起步是观察设计场地。因为，任何一个快速设计都有特定的地形条件，如何在这一用地上进行合理的方案设计，必须首先对场地进行考虑，这是进行方案设计的前提条件。接下来就是平面设计，表现出风景园林各部分的功能关系和空间关系，然后再不断地细化、深入，直到完成。

3.4.4　应试快速设计

应试快速设计越来越受到关注，高校的专业考试、研究生入学考试都会选择快速设计，因此应试技巧的提高势在必行。

快速设计是一场高度紧张且持续时间相当长的过程，少则 3 小时（研究生考试），多则 6 小时（注册建筑师考试）。要想做到遇事不慌、忙而不乱、井井有条地开展快速设计，首先要在心理上战胜自己，只有以平常心去面对快速设计，才能在临场时正常发挥个人应有的设计水平。实际上，快速设计命题的内容基本是设计者过去熟悉或训练过的，只不过是要求在短时间内完成而已。既然如此，就没有必要面对快速设计而心生胆怯。

实际上，临场心理坦然是以设计者的实力为后盾的，只要设计者具备了很强的设计能力，就会胸有成竹地进入应试状态，无需紧张。其次，把时间分配好，做到设计进程心中有数，也是稳定心理的重要方面。

快速设计表现除了需要丁字尺、三角板、比例尺等常规绘图工具外，关键是选择合适的笔。快速设计常用的笔有铅笔、炭笔、钢笔以及马克笔、彩色铅笔等。至于哪一种笔更合适，完全要看表现的目的和设计者个人擅长的工具。一般来说，做方案过程最好用稍软的铅笔（如B、2B等），因为粗线条可以不拘泥于方案的细部考虑，从而帮助设计者加速思维流动。一旦方案确定，可以用H型铅笔画出方案定稿，以备最后表现图用。

第4章 风景园林规划设计构成要素

构成要素包括自然要素（地形、水、植物）和人工要素（园林建筑、园林小品）两方面。风景园林规划设计不是对相关要素进行简单的叠加，而是对它们进行有机整合之后创造出的艺术整体。

4.1 地形

4.1.1 地形的类型

地形可通过各种方面来加以归类和评估，这些方面包括地形的规模、特征、坡度、地质构造以及形态。其中的形态对于风景园林设计师来说，是涉及土地的视觉和功能特性的最重要的设计因素之一。从形态的角度来看，地形可以分为平地形、凸地形、凹地形三类。

① 平地形　平地形指的是那些总的看来是"水平"的地面，即使它们有微小的坡度或轻微起伏，也都包括在内（一般平地的坡度为1%～5%）。平地是较为开敞的地形，视野开阔，可促进通风、增强空气流动，生态景观良好，是人们集体活动较为频繁的地段，也方便人流疏散，可创造开阔的景观环境，方便人们欣赏景色和游览休息（图4-1）。

② 凸地形　地形比周围环境的地形高，视线开阔，具有延伸性，空间呈发散状，此类地形称凸地形。它一方面可组织成为观景

图 4-1　宽阔平坦的地形

之地，另一方面因地形高处的景物往往突出、明显，又可组织成为造景之地。例如，北京北海公园的白塔由于处于琼华岛的制高点而成了全园许多景点中入画的景物，为该园明显的主题标志景观之一（图4-2）；颐和园万寿山山腰上的佛香阁在广阔的昆明湖的衬托之下形成的控制感象征了所谓的至高无上的封建皇权（图4-3）。

③ 凹地形　地形比周围环境的地形低，视线通常较为封闭，且封闭程度决定于凹地的绝对标高、脊线范围、坡面角、树木和建筑高度等，空间呈聚集性，此类地形称凹地形。凹地形的低凹处能聚集视线，可精心布置景物。凹地形坡面既可观景也可布置景物（图4-4）。

4.1.2 地形的功能和作用

地形在风景园林中的功能作用是多方面的，概括起来，一般有骨架作用、景观作用、改善小气候和解决排水问题等几个主要方面。

图 4-2 北海公园琼华岛的白塔   图 4-3 颐和园中的佛香阁

图 4-4 低凹处景物对视线的吸引

（1）骨架作用

地形是构成风景园林景观的骨架，是风景园林中所有景观元素与设施的载体，它为风景园林中其它景观要素提供了赖以存在的基面。作为各种造园要素的依托基础，地形对其它各种造园要素的安排与设置有着较大的影响和限制。例如，地形坡面的朝向、坡度的大小往往决定了建筑选址及朝向。因此，在风景园林设计中，要根据地形合理布置建筑、配置树木等。地形对水体的布置亦有较大的影响，风景园林设计中可结合地形营造出瀑布、溪流、河湖等各种水体形式。地形对园林道路的选线亦有重要影响，一般来说，在坡度较大的地形上，道路应沿着等高线布置。

（2）景观作用

① 形成背景 作为造园诸要素的底界面，地形还承担了背景角色，例如一块平地上草坪、树木、道路、建筑、小品形成地形上的一个个景点，而整个平地形构成此园林空间诸景点要素的共同背景（图 4-5）。

② 造景 地形还具有许多潜在的视觉特性，对地形可以改造和组合成形式不同的形状以产生不同的视觉效果。近年来，一些设计师尝试像一个雕塑家捏塑雕塑一样，在户外环境中，通过地形造型而创造出多样的大地景观艺术作品，一般称之为"大地艺术"。

③ 塑造空间 地形具有构成不同形状、不同特点的园林空间的作用。园林空间的形成，

图 4-5　地形的背景作用

是由地形因素直接制约着的。地块的平面形状如何，园林空间在水平方向上的形状也如何。地块在竖向上有什么变化，空间的立面形式也就会发生相应的变化。例如，在狭长地块上形成的空间必定是狭长空间；在平坦宽阔的地形上的空间一般是开敞空间；而山谷地形中的空间则必定是围合空间。这些情况都说明：地形对园林空间的形状也有决定作用。

　　此外，在造园中，利用地形的高低变化可以有效地、自然地划分空间，使之形成不同功能或景观特点的区域。在此基础上若再借助于植物，则能增加划分的效果和气势。利用地形划分空间应从功能、现状地形条件和造景几方面考虑，这不仅是分隔空间的手段，而且还能获得空间大小对比产生的艺术效果，如拙政园绣绮亭所在的假山分隔了湖面与海棠春坞庭院一大一小两个空间（图 4-6）。

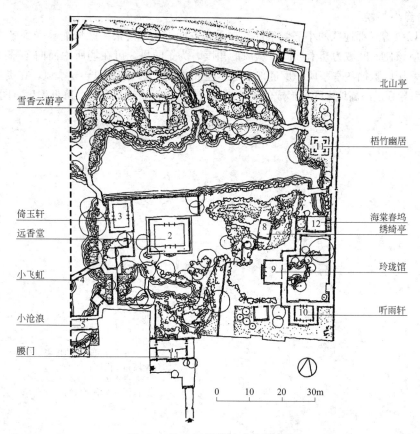

图 4-6　拙政园利用地形分隔空间

④ 控制视线　地形可用来控制人的视线、行为等，但必须达到一定的体量，具体可采用挡和引的方式。地形的挡与引应尽量利用现状地形，若现状地形不具备这种条件则需权衡经济和造景的重要性后采取措施。引导视线离不开阻挡，引导既可以是自然的，也可以是强加的（图4-7）。

图 4-7　地形的挡与引

（3）改善小气候

地形可以改善局部地区的小气候条件。在采光方面，为了使某一区域能够受到冬季阳光的直接照射，就应该使该区域为朝南坡向；从风的角度，为了防风，可在场所中面向冬季寒风的那一边堆积土方，用以阻挡冬季寒风。反过来，地形也可以被用来汇集和引导夏季风，在炎热地区，夏季风可以被引导穿过两高地之间所形成的谷地或洼地等，以改善通风条件，降低温度（图4-8）。

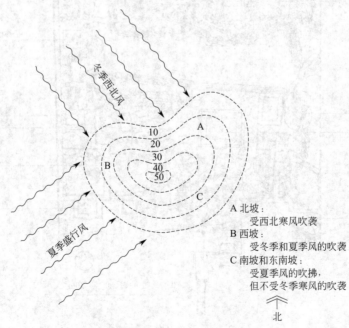

(a) 在温带地区坡向受风的吹拂效果图

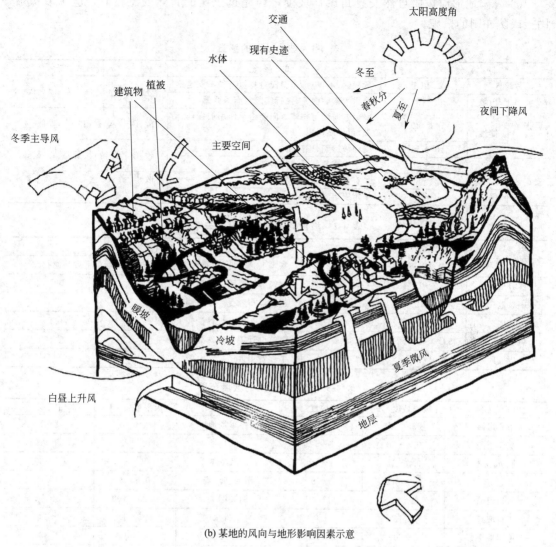

太阳高度角

交通

现有史迹

水体

冬至

建筑物 植被

主要空间

春秋分

夏至

夜间下降风

冬季主导风

暖坡

冷坡

夏季微风

白昼上升风

地层

(b) 某地的风向与地形影响因素示意

图 4-8 地形与风的流向

（4）解决排水问题

地形对于地表排水有着十分重要的意义。由于地表的径流量、径流方向和径流速度都与地形有关，因而地形过于平坦时就不利于排水，容易积涝。而当地形坡度太陡时，径流量就比较大，径流速度也太快，从而引起地面冲刷和水土流失。因此，创造一定的地形起伏，合理安排地形的分水和汇水线，使地形具有较好的自然排水条件，是充分发挥地形排水工程作用的有效措施。

4.1.3 坡度

在地形设计中，坡度不仅关系到地表面的排水、坡面的稳定，还关系到人的活动、车辆的行驶及工程的建设（表 4-1～表 4-3）。

高程和坡度设计要点如下。

① 地形高程设计应以总体设计所确定的各控制点的高程为依据。

② 绿化用地宜做微地形起伏，应有利于雨水收集，以增加雨水的滞蓄和渗透。

③ 公园地形应按照自然安息角设计坡度，当超过土壤的自然安息角时，应采取护坡、固土或防冲刷的措施。

表 4-1 坡度给人的感觉

倾斜分类		人的感觉	人的活动
危险区	24°以上	危险区,不仅对人,斜面自身也有种不安定感	登山、攀岩
紧张区	山坡 20°~24°	受重力影响明显,强行爬蹬具有紧张感	
	陡坡 14°~20°	斜面方向性与物体方向能给予作用加强,除活动外,可作眺望用	滑、读书、观看,利用率很低
	10°~14°	受斜坡影响,感应很大	睡、滑、滚、游戏、玩耍、跳、跳舞
安定区	缓坡 6°~10°	对于动或静的运用均有效果	散步、游戏、羽毛球、跳舞、棒球、足球
	2°~6°	虽有斜度却无倾斜感	
	平坡 0°~2°	平坦安定感	

表 4-2 坡度与工程性建设的关系

类别	坡度值	度数	设计要求
平坡地	3%以下	0°~1°43′	基本上是平地,建筑和道路可以自由布置,但需要注意排水
缓坡地	3%~10%	1°43′~5°43′	建筑群布置不受地形的约束
中坡地	10%~25%	5°43′~14°02′	建筑群布置受一定限制
陡坡地	25%~50%	14°02′~26°34′	建筑群布置与设计受较大的限制
急坡地	50%~100%	26°34′~45°	建筑设计需作特殊处理
悬崖坡地	100%以上	45°以上	工程费用大

表 4-3 极限和常用的坡度范围

内容	极限坡度/%	常用坡度/%	内容	极限坡度/%	常用坡度/%
主要道路	0.5~10	1~8	停车场地	0.5~8	1~5
次要道路	0.5~20	1~12	运动场地	0.5~2	0.5~1.5
服务车道	0.5~15	1~10	游戏场地	1~5	2~3
边道	0.5~12	1~8	平台和广场	0.5~3	1~2
入口道路	0.5~8	1~4	铺装明沟	0.25~100	1~50
步行坡道	≤12	≤8	自然排水沟	0.5~15	2~10
停车坡道	≤20	≤15	嵌草坡面	≤50	≤33
台阶	25~50	33~50	种植坡面	≤100	≤50

④ 构筑地形应同时考虑园林景观和地表水排放，各类地表排水坡度宜符合表 4-4 的规定。

表 4-4 各类地表排水坡度

地表类型	最小坡度/%	地表类型	最小坡度/%
草地	1.0	栽植地表	0.5
运动草地	0.5	铺装场地	0.3

⑤ 游憩绿地适宜坡度宜为 5.0%~20.0%（来源：《公园设计规范》GB 51192—2016）。

4.2 水体

4.2.1 水体的类型

风景园林中的水体，多数是将天然水体进行人工改造或挖池后形成的，所创造的水体水景形式多样，归纳起来可按以下不同的形式来分。

（1）按水体的形式分类

① 自然式水体 自然式水体是保持天然的或模仿天然的水体形式，如河、湖、溪、涧、瀑布等。自然式水体在园林中随地形而变化，有聚有散，有直有曲，有高有低，有动有静。

② 规则式水体 规则式水体是人工开凿的几何形状的水体形式，如水渠、运河、几何形水池、水井、方潭以及几何的喷泉、叠水、水阶梯、瀑布、壁泉等，常与山石、雕塑、花坛、花架、铺地、路灯等园林小品组合成景。

③ 混合式水体 是规则式和自然式水体的综合运用，两者互相穿插或相互使用。

（2）按水体的状态分类

① 静水 不流动的、平静的水，如园林中的海、湖、池、沼、潭、井等。粼粼的微波，给人以明洁、恬静、开阔、幽深或扑朔迷离的感受。

② 动水 如溪、瀑布、喷泉、涌泉、水阶梯、曲水流觞等，给人以清新明快、变幻莫测、激动、兴奋的感觉。动水在园林设计中有很多用途，最适合用于引人注目的视线焦点上（图4-9）。

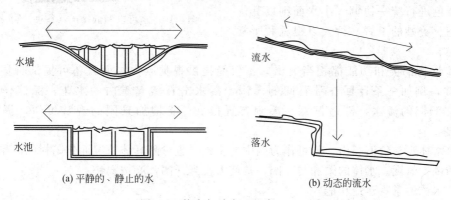

图 4-9 静水与动水（谷康，2003）

（3）按使用功能分类

按使用功能可分为纯观赏性的水体和开展水上活动的水体。

① 供观赏的水体 可以较小，主要为构景之用，水面有波光倒影，又能成为风景透视线。水体可设岛、堤、桥、点石、雕塑、喷泉、水生植物等，岸边可作不同处理，构成不同景色。

② 开展水上活动的水体 一般水面较大，有适当的水深，水质好，可以将活动与观赏相结合。

4.2.2 水体的功能与作用

水在室外空间的设计和布局中至关重要，自古就有"园不离水""无水难成园"的说法，园林中应尽可能布置一些水景。水的功能是多种多样的，有些属于实用上的需求，有些用途则与设计中的视觉感受有关，能直接提高人的审美情趣。

（1）水体的实用功能

① 提供能耗 水可供人和动物消耗。某些运动场地、野营地、公园中都需要消耗大量的水，所以如何合理地安排水源、水的运输方法和使用手段，提高水的使用价值，便成了水体设计的关键。

② 供灌溉用 水常具有的实用功能是灌溉风景园林绿地，也可将肥料溶于水中，借助灌溉系统来施肥，这种方法既方便又节省时间和费用。

③ 调节气候 大面积的水域能影响其周围环境的空气温度和湿度。在夏季，由水面吹来的微风具有降温作用；而在冬天，水面的风能保持附近地区温暖。这就使同一地区有水面与无水面的地方出现不同的温差。较小水面也有着同样的效果，水面上水的蒸发，使水面附近的空气温度降低。如果有风刮到人们活动的场所，水体也能带来增湿效果。

④ 控制噪声 水能使室外空间减弱噪声，特别是在城市中有较多的汽车、工厂的嘈杂声，可经常用水来隔离噪声，例如可以利用瀑布或流水的声响来减少噪声干扰，造成相对宁静的气氛（图4-10）。

⑤ 提供娱乐 在景观中，水的另一作用是提供娱乐场所，可用以开发游泳、划艇、滑水和溜冰等活动。

（2）水体的美学观赏功能

水除了以上较为一般的使用功能外，还有许多美化环境的作用。大面积的水面，能以其宏伟的气势，影响人们的视线，并能将周围的景色进行统一协调。小水面则以其优美的形态、美妙的声音，给人以视觉和听觉上的享受。

图 4-10　水可以降低噪声（谷康，2003）

水体景物的美和功能都相当突出，不仅能提供视觉欣赏，而且还可提供听觉欣赏和触觉欣赏，例如一条迂回在乱石间的溪涧，溪水击石溅起雪白的水花，淙淙作响，触摸一下那汩汩的流水，舒适惬意。溪涧布置得好，将增加景园的观赏价值，提高它的享用程度。

如果水体观赏价值突出，就可作为园中的主景，也可随具体情况而作陪衬的副景，体现其特有的倒影景观。水体的柔和与广阔，常使人视野开阔，心情畅快。

（3）水体的景观建造功能

① 基底作用 大面积的水面视域开阔、坦荡，有托浮岸畔和水中景观的基底作用。当水面不大，但在整个空间中仍具有面的感觉时，水面仍可作为岸畔或水中景物的基底，产生倒影，扩大和丰富空间（图4-11）。

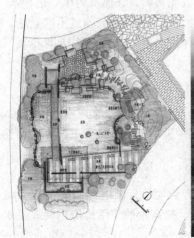

图 4-11　水体的基底作用

② 系带作用　水面具有将不同的园林空间、景点连接起来产生整体感的作用；将水作为一种关联因素又具有使散落的景点统一起来的作用，前者称为线型系带作用，后者称为面型系带作用（图 4-12）。当众多零散的景物均以水面为构图要素时，水面就会起到统一的作用，如扬州瘦西湖。另外，有的设计并没有大的水面，而只是在不同的空间中重复安排水这一主题，以加强各空间之间的联系。水还具有将不同平面形状和大小的水面统一在一个整体之中的能力。无论是动态的水还是静态的水，当其经过不同形状和大小、位置错落的容器时，由于它们都含有水这一共同而又唯一的元素而产生了整体的统一。如图 4-13，园区由水元素串联起了喷泉、叠水、汀步、木平台、自然式与规则式驳岸等不同要素。

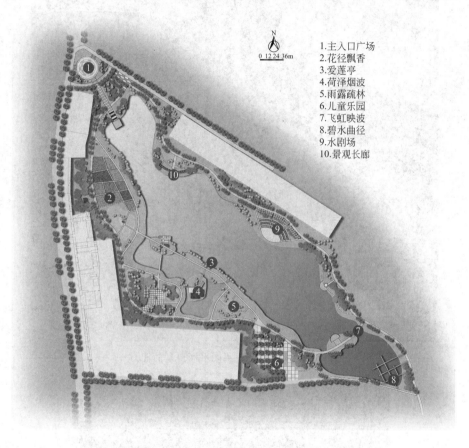

图 4-12　唐山北寺公园的水面系带作用

③ 焦点作用　喷涌的喷泉、跌落的瀑布等动态水体的形态和声响能引起人们的注意，吸引住人们的视线（图 4-14）。在设计中除了处理好它们与环境的尺度和比例关系外，还应考虑它们所处的位置。通常将水景安排在向心空间的中心上、轴线的交点上、空间的醒目处或视线容易集中的地方，使其突出并成为焦点。可以作为焦点水景布置的水景设计形式有喷泉、瀑布、水帘、水墙、壁泉等。

④ 整体水环境设计　这是一种以水景贯穿整个设计环境，将各种水景形式融为一体的水景设计手法。它与以往所采用的水景设计手法不同，这种从整体水环境出发的设计手法，将形与色、动与静、秩序与自由、限定和引导等水的特征和作用发挥得淋漓尽致，并且开创了一种能改善城市气候、丰富城市景观和提供多种目的于一体的水景类型（图 4-15）。

图 4-13　水具有统一不同平面要素的能力

图 4-14　水景作为焦点

4.2.3 水体的设计

水体有大小、主次之分,规划设计时应做到创造出大湖面、水池、沼、潭、港、湾、滩、渚、溪等不同的水体形式,并构成完整的体系。

水有平静的、流动的、跌落的和喷涌的四种基本形式,反映了从源头(喷涌状)到过渡(流动状或跌落状)再到终结运动(平静状)的一般趋势。在水景设计中也可利用这种运动过程创造水景系列。在水景创作中往往不止使用一种形式,可以一种形式为主,其它形式为辅;或以几种形式相结合的方法来实现。以下分述风景园林中常见的水景形式。

(1)湖

风景园林中的静态湖面多设置堤、岛、桥、洲等,目的是划分水面,增加水面的层次与景深,扩大空间感,或者是为了增添园林的景致与趣味。城市中的大小园林也多采用划分水面的手法,且多运用自然式,只有在极小的园林中才采用规则几何式,如建筑厅堂的小水池或寺观中的放生池等。

在我国古典园林和现代园林中,湖常作为园林构图中心,如北京的颐和园,苏州的网师园、留园,上海的长风公园等,都设有中心湖水,其周围设有园林建筑等。这种风景园林布局艺术手法可较好地组织园内的景点,互为对景,产生小中见大的风景园林艺术妙趣(图4-16)。湖水岸曲折起伏,沿岸因境设景。湖除了具有一定的水型外,还需有相应的岸型规划设计,协调的岸型可更好地表现水景在园林中的作用和特色。园林中的岸型多以模拟自然取胜,包括洲、岛、堤、矶、岸等形式,不同水型,应采取不同的岸型。

图4-15 爱悦广场水景鸟瞰图

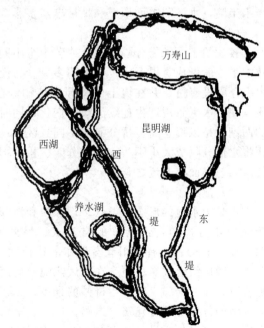

图4-16 颐和园的湖、山及长堤(曹洪虎,2007)

(2)岛

水中设岛可划分和丰富水域空间,增加景观层次的变化,并与水面产生竖向对比,打破水面的单调感,同时起到障景作用。从水岸观岛,岛是水中的一个景点;在岛上远眺四周开阔的园林空间,它又是一个绝好的观赏点。可见水中设岛也是增添园林景观的一个重要手段。设计时应注意驳岸护坡的处理,以保证安全。水中设岛的类型很多,主要有山岛、平岛、半岛等（图4-17）。

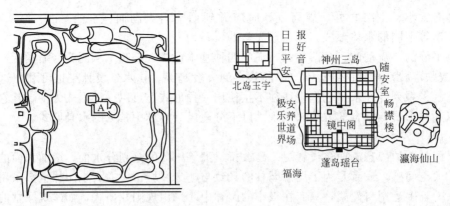

图4-17　圆明园福海"一池三山"（黄东兵，2003）

① 山岛　山岛突出水面，有土山岛和石山岛之分。石山岛较土山岛高出水面许多，可形成险峻之势；土山岛上可广植树木。山岛上可点缀建筑，配以植物，它们常成为园林中的主景。

② 平岛　平岛地形低缓，岸线漫曲，水陆之间非常接近，给人以亲近之感。平岛景观多以植物和建筑表现，岛上种植耐水湿植物，临水点缀建筑，水边还可配置芦苇之类的水生植物，形成生动的自然景观。另外，岛中可设体量相宜的点景建筑、植物、山石，取得小中见大的艺术效果。

③ 半岛　半岛是指用地部分伸入水体，部分与陆地相连，一般是三面被水包围，因其半水半陆，水、陆界面形态和植被丰富多彩，是造景的重要手法。

（3）堤

较大的水面常需分隔成两个或若干个不同意境的水域空间，一般用堤的形式来分隔。园林中堤一般做成直堤形式，曲堤不多见。为便于形成各个水区的通道及丰富堤的立面造型，堤上还常设有桥，并在堤上配置园林植物，在园林构图上形成水平与垂直方向上的起伏对比，使得水堤景观产生连续韵律的变化，同时也增加了不同的水域空间的分隔效果。如杭州的西湖就是以堤、岛、桥分隔成不同景区的。堤在水面上布局，宜偏于一侧，不宜居中，以便将水面分隔成大小不一、主次分明、景观不同的小水区，同时堤身设计应较贴近水面，以使游人与水面有亲近之感。

（4）池

水景中水池的形态种类众多，深浅和池壁、池底材料也各不相同。按其形态可分为规则严谨的几何式和自由活泼的自然式；另外还有浅盆式（水深≤600mm）与深水式（水深≥1000mm）；还有运用节奏韵律的错位式、半岛式与岛式、错落式、池中池、多边形组合式、圆形组合式等；更有在池底或池壁运用嵌画、隐雕、水下彩灯等手法，使水景在工程配合下，在白天和夜间产生奇妙的景象。

池的位置可结合建筑、道路、广场、平台、花坛、雕塑、假山石、起伏的地形及平地等布置。池可以作为景区局部构图中心的主景或副景，还可以结合地面排水系统，成为积水池。自然式水池在园林中常依地形而建，是扩展空间的良好方法。

（5）溪涧

溪流是自然山涧中的一种水流形式，泉水由山上断口处集水而下，至平地时流淌而前，形成溪涧水景，溪浅而阔，涧狭而深。在园林中，小溪两岸砌石嶙峋，溪水中疏密有致地置大小石块，水流激石，涓涓而流，在两岸土石之间，栽植一些耐水湿的蔓木和花草，可构成极具自然野趣的溪流（图4-18）。

(a) 网师园水涧(刘敦桢，2005)

(b) 溪涧示意图(曹洪虎，2007)

图 4-18　溪涧

在狭长形的园林用地中，一般采用溪流的理水方式比较合适。在平面设计上，应蜿蜒曲折，有分有合，有收有放，构成大小不同的水面或宽窄各异的水流；在竖向设计上，应随地形变化，形成跌水或瀑布，落水处还可构成深潭幽谷。

（6）瀑布、跌水、落水

瀑布是根据水势高差形成的一种优美的动态水景观，一般瀑布可分为挂瀑、帘瀑、叠瀑、飞瀑等形式。最基本的瀑布由五个部分构成：上游水流、落水口、瀑身、水潭、下游泄水。落水可分直落、分落、断落、滑落等。天然的大瀑布气势磅礴，艺术感染力强，如贵州的黄果树大瀑布、庐山香炉峰大瀑布等。园林中，在经济条件和地貌条件许可的情况下，可以结合假山创造人工小瀑布，以模拟自然界中壮观的瀑布意境（图4-19），一般主要欣赏瀑身的景色。瀑布景观前应留有一定的观赏视距，其旁的植物配置起着点缀烘托瀑布的作用，而不应喧宾夺主。

（7）泉

泉是地下水的自然露出，因水温不同而分为冷泉和温泉，又因表现形态不同而分为喷泉、涌泉、溢泉、间歇泉等。喷泉又叫喷水，是理水的重要手法之一，常用于城市广场、公园、公共建筑（宾馆、商业中心等），或作为建筑、园林的小品，广泛应用于室内外空间。它常与水池、雕塑同时设计，结合为一体，起装饰和点缀园景的作用（图4-20）。喷泉在现代园林中应用非常广泛，常为局部构图中心，其形式有涌泉形、直射形、雪松形、牵牛花形、扶桑花形、蒲公英形、雕塑形等。另外，喷泉又可分为一般喷泉、时控喷泉、声控喷泉、灯光喷泉等。

图4-19　南京玄武湖情侣园瀑布

图4-20　喷泉

4.3　植物

风景园林植物是指人工栽培的观赏植物，是提供观赏、改善和美化环境、增添情趣的这一类植物的总称，也指在风景园林建设中所需要的一切植物材料，包括木本植物和草本植物。

4.3.1　植物的分类

园林植物的分类方法很多，从方便风景园林规划和种植设计的角度，常依其外部形态分为乔木、灌木、藤本植物、竹类、花卉和草坪植物六类。

① 乔木　乔木是园林中的骨干植物，无论在功能上或艺术处理上都能起主导作用。诸如界定空间、提供绿荫、防止眩光、调节气候等。其中多数乔木在色彩、线条、质地和树形方面随叶片的生长与凋落可形成丰富的季节性变化，即使冬季落叶后也可展现出枝干的线条美。

② 灌木　灌木主要作高大乔木下木、植篱或基础种植。灌木能提供亲切的空间，屏蔽不良景观，或作为乔木和草坪之间的过渡，同时它对控制风速、噪声、眩光、辐射热、土壤侵蚀等也有很大的作用。灌木的线条、色彩、质地、形状和花是主要的视觉欣赏特征，其中以开花灌木观赏价值最高、用途最广，多用于重点美化地区。

③ 藤本植物　它可以美化无装饰的墙面，并提供季节性的叶色、花、果和光影图案等；功能上还可以提供绿荫，屏蔽视线，净化空气，减少眩光和辐射热，并防止水土流失等。

④ 竹类　竹类大者可高达 30m，用于营造经济林或创造优美的空间环境；小者可作盆栽观赏或作地被植物，亦有用作绿篱者，它是一种观赏价值和经济价值都极高的植物类群。

⑤ 花卉　指姿态优美、花色艳丽、花卉馥郁和具有观赏价值的草本和木本植物，通常多指草本植物。根据花卉生长期的长短及根部形态和生态条件的要求可分为：一年生花卉、二年生花卉、多年生花卉（宿根花卉）、球根花卉和水生花卉五类。草本花卉是园林绿地建设中的重要材料，可用于布置花坛、花境、花缘、切花瓶插、扎结花篮、花束、盆栽观赏或作地被植物使用，而且具有防尘、吸收雨水、减少地表径流、防止水土流失等多种功能。

⑥ 草坪植物　草坪植物在园林植物中，属于植株最小、质感最细的一类。用草坪植物建立的活动空间，是园林中最具有吸引力的活动场所，它既清洁又优雅，既平坦又广阔，游人可在其上散步、休息、娱乐等。草坪还有助于减少地表径流，降低辐射热和眩光，防止尘土飞扬，并柔化生硬的人工地面。草坪是所有园林植物中持续时间最长且养护费用最大的一种，因此，在用地和草种选择上必须考虑适地适草和便于管理养护的原则。

4.3.2　植物的功能与作用

一般植物在室外环境中能发挥四种主要功能：环境功能、美学功能、生产功能及造景功能。

（1）环境功能

① 改善环境的作用　园林植物对环境起着多方面的改善作用，表现在：改善空气质量（平衡碳氧、减菌效益、吸收有毒气体、阻滞尘埃）、蒸腾吸热（遮阳降温）、净化水质、降低噪声等。

② 保护环境的作用　园林植物对环境的保护作用主要表现在：涵养水源、保持水土、防风固沙，其他防护作用有防止火灾蔓延、净化放射性污染、防雪、防浪等；还能监测大气污染，能反映出二氧化硫、氟化氢、氯化氢、光化学气体及其他有毒物质的污染状况。

（2）造景功能

对植物造景功能的整体把握和对各类植物景观功能的深刻领会是营造植物景观的基础和前提。园林植物的造景功能分为以下几个方面。

① 形成空间变化　植物是风景园林景观营造中组成空间结构的主要成分。植物像建筑、山水一样，具有构成空间、分隔空间、引起空间变化的功能。造园中运用植物组合来划分空间，形成不同的景区和景点。设计者往往根据空间的大小、树木的种类、姿态、株数多少及配置方式来组织空间景观（图 4-21）。

(a) 阵列空间

(b) 焦点

(c) 背景

(d) 林下空间

图 4-21　植物空间的形成

　　② 形成主景、背景，创造观赏景点　不同的园林植物形态各异，变化万千，既可孤植以展示个体之美，又能按照一定的构图方式配置，表现植物的群体美；还可以根据各自生态习性，合理安排，巧妙搭配，营造出乔、灌、草结合的群落景观（图 4-22）。

图 4-22　植物的群落景观（范美琳　摄）

　　③ 形成季相景观及地域景观　园林植物随着季节的变化表现出不同的季相特征。利用园林植物表现时序景观，必须对植物材料的生长发育规律和四季的景观表现有深入的了解，根据植物材料在不同季节中的不同状态来创造园林景色，供人欣赏、体验和感受（图 4-23）。

(a) 春景

(b) 夏景

(c) 秋景

(d) 冬景

图 4-23　园林植物表现时序景观

　　不同地域环境形成不同的植物景观，可以根据环境气候条件选择适合生长的植物种类，营造具有地方特色的景观，并与当地的文化融为一体（图 4-24）。

(a) 广西桂林龙脊梯田(王林雯　摄)

(b) 阳朔风景(喀斯特地貌)(王林雯　摄)

图 4-24　浓烈的地域风景

　　④ 创造意境　中国植物栽培历史悠久，文化灿烂，很多诗、词、歌、赋和民风民俗都留下了歌咏植物的优美篇章，并对各种植物赋予了人格化内容，从欣赏植物的形态美升华到欣赏植物的意境美，达到了天人合一的理想境界（图 4-25）。

　　⑤ 对建筑、雕塑的烘托与软化作用　植物材料除了具有上述作用外，还具有丰富空间、增加尺度感、丰富建筑物立面、软化过于生硬的建筑物轮廓等作用。风景园林中经常用柔质

图4-25 古典园林植物造景（范美琳 摄）

的植物材料来软化生硬的几何式建筑形体。植物材料常用的烘托方式有：

    a. 纪念性场所，如墓地、陵园等，用常绿树烘托庄严气氛（图4-26）；

    b. 大型标志性建筑物，以草坪、灌木等烘托建筑物的雄伟壮观；

    c. 雕塑，以绿篱、树丛作背景，既有对比，又有烘托（图4-27）。

图4-26 南京中山陵风景区（钟山风景名胜区）   图4-27 植物作为雕塑的背景（范美琳 摄）

    （3）生产功能

    很多园林植物具有生产丰富物质、创造经济价值的作用。园林植物的全株或是一部分，如叶、根、茎、花、果、种子以及其所分泌的乳胶、汁液等，许多是可以入药、食用或是作工业原料用。因此，有时在园林建设中，可以结合园林植物的生产功能，为游人提供采摘等多种娱乐服务，增加经济收入。

4.3.3 种植设计的一般原则

    （1）符合绿地的性质和功能要求

    园林植物种植设计，首先要从风景园林绿地的性质和主要功能出发。不同性质的绿地，其功能也不相同。具体到某一绿地，总有其具体的主要功能。如综合性公园，从其多种功能出发，有集体活动的广场或大草坪，有遮阳的乔木，有安静休息需要的密林、疏林等。工厂绿地的主要功能是防护，工厂厂前区、办公室周围应以美化环境为主，远离车间的绿地主要是供休息之用。

（2）选择适合的植物种类，满足植物生态要求

园林植物的选择，一方面要满足植物的生态要求，使植物正常生长，即因地制宜，适地适树；另一方面就是为植物正常生长创造适合的生态条件。不同功能的绿地对植物的要求各不相同。如街道绿化要选择易活、对环境因子要求不高、抗性强、生长迅速的树种作行道树；山上绿化要选择耐旱植物，并有利于衬托山景；水边绿化要选择耐水湿的植物，并要与水景协调。

德国植物社会学家蒂克逊（Tixen）的理论要点是用地带性的、潜在的植物种，按"顶极群落"原理建成生态绿地。他的学生，日本横滨国立大学教授、著名植被生态学和环境保护学家宫胁昭（Akira Miyawaki）教授用 20 余年时间在全世界 900 个点实践该理论并取得了成功。用这种方法建成的生态绿地具有"低成本、快速度、高效益"的优点，国际上称它为"宫胁昭方法"。例如，宫胁昭教授用一些当地的特别是潜在的优势树种，通过播种育苗，经过 1.5～2 年育成 30～50cm 高粗的壮苗，直接与组成"顶极群落"中具有高 1～1.5m 的伴生树种一起栽种在生态绿地上。经过 3 年精心养护，在日本横滨、大阪一带，壳斗科的常绿树种就能长到 2m 高，以后不用人工养护，靠自然力平衡每年可长高 1m，6～8 年后就能成林，形成了近似自然的植物群落。

（3）要有合理的搭配和种植密度

园林植物种植设计时的密度是否合适，直接影响绿化功能、美化效果。种植过密会影响植物的通风采光，如植物的营养面积不足，会造成植物病虫害的发生及植株的矮小、生长不良等后果。种植设计时是根据植物的成年冠幅来决定种植距离。若要取得短期绿化效果，种植距离可近些。树种搭配应根据不同的目的和具体条件考虑常绿树种与落叶树种、乔木与灌木、观叶与观花树种、花卉、草坪、地被等植物之间的比例合理配置。

（4）考虑园林艺术的需要

① 总体艺术布局上要协调　园林布局的形式有规则式、自然式之分，在植物种植设计时要注意种植形式的选择应与绿地的布局形式相协调。规则式园林植物种植多用对植、列植的形式。自然式园林植物种植多采用不对称的种植，充分表现植物材料的自然姿态。

② 考虑四季景色的变化　为了突出景区或景点的季相特色，植物造景要综合考虑时间、环境、植物种类及其生态条件的不同。在植物种植设计时可分区、分级配置，使每个分区或地段突出一个季节的植物景观主题，同时，应点缀其他季节的植物，避免单调的感觉，在统一中求变化。要注意在游人集中的重点地段造景，使四季皆有景可赏。

③ 全面考虑植物在观形、赏色、闻味、听声上的效果　在植物种植设计时应根据园林植物本身具有的特点，全面考虑各种观赏效果，合理配置。植物的可观赏性是多方面的，有"形"，包括树形、叶形、花形、果形等；有"色"，包括花色、叶色、果色、枝干颜色等；有"味"，包括花香、叶香、果香等；有"声"，如雨打芭蕉、松涛等。在设计上，以观赏整体效果的布置距游人远一点，以观赏个体效果（花形、叶形、花香等）的布置距游人近一点，还可以与建筑、地形等结合，丰富风景园林景观。

④ 从整体着眼园林植物种植设计　在平面上要注意种植的疏密和轮廓线，在竖向上要注意树冠线，开辟透景线，重视植物的景观层次、远近观赏效果。还要考虑种植方式，要处理好与建筑、山水、道路等之间的关系等。

4.3.4　种植设计的过程

诺曼·K. 布恩（Norman K. Booth）针对小庭院的植物种植，提出了种植设计的程序，在此引用其中的某些案例，将植物种植设计分为 5 个程序来介绍。

（1）功能分析

通过对园址的分析，确定设计中需要考虑的因素和功能，以及需要解决的困难和问题。风景园林师通常要准备一张用抽象方式描述设计要素和功能的工作原理图，粗略地描绘一些图、表、符号，来表示这样一些项目，如空间、围墙、屏障、景物以及道路。一般不考虑任何植物的使用，或者各单株植物的具体分布和配置。此时，设计师所关心的仅是植物区域的位置和相对面积，而不是在该区域内的植物分布。为了预算和选择最佳设计方案，往往需要拟出几种不同的、可供选择的功能分区草图（图 4-28）。

（2）种植规划构思

只有对功能分区图作出优先的考虑和确定，并使分区图自身变得更加完善、合理时才能考虑加入更多的细节和细部设计。在这一阶段中应该考虑种植区域内部的初步布局。此时，风景园林师应将种植区域划分成更小的、象征各种植物类型、大小和形态的区域。此外，在这一设计阶段，也应该分析植物色彩和质地间的关系。不过无需费时费力地去安排单株植物，或者确定确切的植物种类。这样能使风景园林师用基本的方法，在不同的植物观赏特性之间勾画出理想的关系图（图 4-29）。

（3）植物立面组合

在分析一个种植区域时，最好的方法是做出立面的组合图，目的就是用概括的方法分析不同植物区域的相对高度。这种立面组合图或者投影分析图可使设计师看出实际高度，并能够判断出它们之间的关系，这比仅在平面上去推测它们的高度更有效。考虑到不同方向和视点，应尽可能画出更多的立面组合图。这样，有了一个全面、可从所有角度进行观察的立体布置，这个种植设计无疑会令人非常满意（图 4-30）。

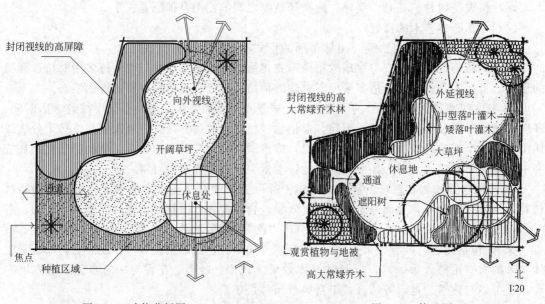

图 4-28 功能分析图　　　　　　图 4-29 构思图

（4）植物平面布局

整个设计中，完成了植物全体的初步组合后，风景园林师方能进行种植设计程序的下一步。在这一步骤中，依据植物的高矮，将植物分为高大常绿乔木、中型落叶乔木、低矮落叶灌木、遮阳树、观赏植物与地被、大草坪，在该精度下考虑种植区域各部分的基本规划，并在其间排列单株植物。当然，此时的植物仍以群体为主，并将其排列，来填满基本规划的各

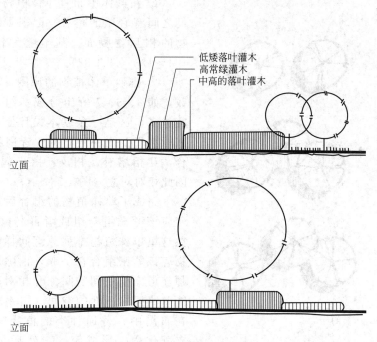

图 4-30 植物立面组合

个部分（图 4-31）。

在布置单株植物时应注意以下几个方面。

① 在群体中的单株植物，其成熟度应在 75%～100%。风景园林师是根据植物的成熟外观来设计的，而不是局限于眼前的幼苗来设计。

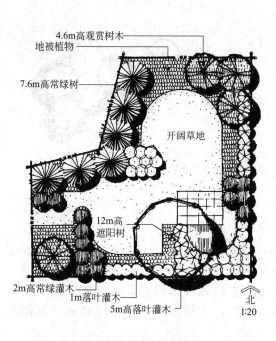

图 4-31　总体平面图

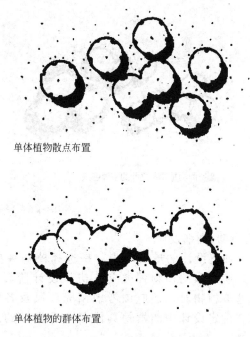

图 4-32　单体植物的群体布置

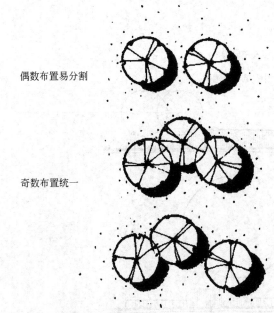

偶数布置易分割

奇数布置统一

用奇数来配置植物是可行的

图 4-33　单体植物的奇偶数排列的差别

② 在群体中布置单体植物时，应该使它们之间有轻微的重叠。因视觉统一，单体植物的相互重叠面，基本上为各植物直径的 1/4～1/3（图 4-32）。

③ 排列单体植物的原则，是将它们按奇数，如 3、5、7 等组合成一组，每组数目不宜过多，这是一条基本设计原理。奇数之所以能够产生统一的布局，皆因各自能相互配合，互相增补。相反，由于偶数易于分割，因此相对对立（图 4-33）。

完成了单株植物的组合后，设计师紧接着应该考虑组与组或者群与群之间的关系。在这里单株植物排列原理同样适用。每组植物应该紧密组合在一起，消除废空间。设计师在考虑植物间的间隙和相对高度时，决不能忽略树冠下面的空间（图 4-34、图 4-35）。在布局中，普通种类的植物应在数量上起支配作用，形成统一。然后再加入不同的植物种类，以产生多样性的特性，但在数量和形式上不能超过原有的这种普通植物，否则将统一性毁于一旦。另外树种的朴实性也是使设计得以统一协调的一种工具（图 4-36）。这样植物群体的初步布局和组合已经完成，在此阶段还需要一定的修改和推敲。

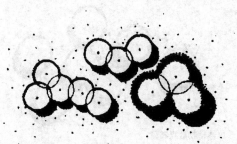

废空间由植物丛之间的空隙造成

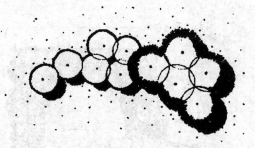

每组植物紧密组合在一起,消除废空间

图 4-34　平面消除废空间

（5）详细设计

种植设计的最后一步，是选择植物种类或者确定其名称，认清这一点是极其重要的。所选取的植物种类应与初步设计阶段的植物大小、形体、色彩及质地等相近似。在选取植物时，还应该考虑阳光、风及各区域的土壤条件等因素，最终确定种类及名称。确定设计中的植物具体名称是设计的最后一步，这样有助于保证植物成长所需的环境。

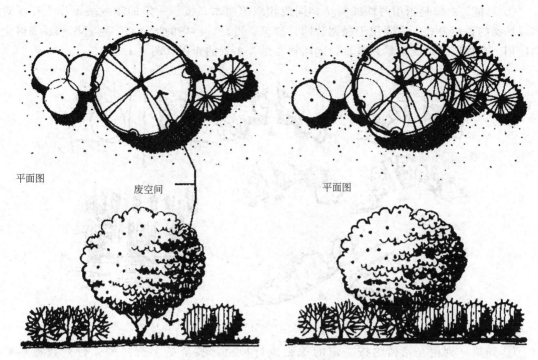

平面图

废空间

平面图

树冠下的废空间

灌木占有树冠底部充实了空间

图 4-35　树冠下消除废空间

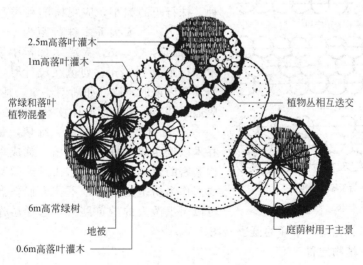

2.5m高落叶灌木

1m高落叶灌木

常绿和落叶
植物混叠

植物丛相互迭交

6m高常绿树

地被

庭荫树用于主景

0.6m高落叶灌木

图 4-36　小花园的种植设计

4.3.5　树木的种植设计

树木的种植设计是以乔木和灌木为主，配置成具有各种功能的树木群落。可分为规则式配置和自然式配置两种。

（1）规则式配置

规则式配置是指选择枝叶茂密、树形美观、规格一致的树种，配置成整齐对称的几何图形的方式。具体形式如下。

① 对植　对植是指用两株或两丛相同或相似的树木，按照一定的轴线关系作为相互对称或均衡的种植方式。主要用于强调公园、建筑、道路、广场的出入口，起遮阳和装饰美化的作用。在构图上形成配景和夹景，起陪衬和烘托主景的作用（图4-37）。

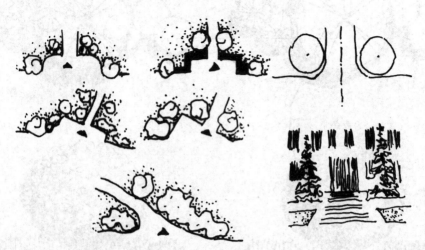

图4-37　对植

② 列植　列植是指植物按一定的株距成行种植，甚至是多行排列。行列栽植形成的景观比较整齐、单纯、大气。多用在道路旁、广场、林带、河边与绿篱边（图4-38）。

列植宜选用树冠体形比较整齐、枝叶繁茂的树种。株行距的大小，应视树的种类和所需要的郁闭程度而定。一般大乔木株行距为5～8m，中、小乔木株行距为3～5m，大灌木株行距为2～3m，小灌木株行距为1～2m。列植在设计时，要注意处理好与其它因素的矛盾。如周围建筑、地下地上管线等。应适当调整距离保证设计技术要求的最小距离。

③ 篱植　篱植即绿篱、绿墙，是指由灌木和小乔木以近距离的株行距密植，栽成单行或双行、结构紧密的规则种植形式。在风景园林绿地中，常以绿篱作为防范的边界，不让人们任意通行。用绿篱可以组织游人的游览路线，起导游作用。有时运用

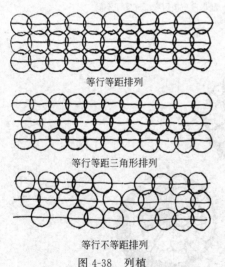

等行等距排列

等行等距三角形排列

等行不等距排列

图4-38　列植

低矮绿篱做花坛、花境、草坪的镶边（图4-39）。

（2）自然式植物配置

① 孤植　孤植是指乔木或灌木的孤立种植类型，但并不意味着只能栽一棵树，有时为了构图需要，增强其雄伟感，也常将二株或三株同一树种的树木紧密地种植在一起，形成一个单元。在风景园林功能上，孤植树既是单纯作为构图艺术上的孤植树，也是作为风景园林中庇荫和构

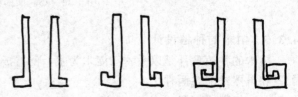

图4-39　篱植的尽端处理方法

图艺术相结合的孤植树。孤植树主要表现植株个体的特点，应选择具有枝条开展、姿态优美、轮廓鲜明、生长旺盛、成荫效果好、寿命长等特点的树种（图4-40）。如银杏、槐树、悬铃木、枫杨、雪松、广玉兰等。

② 丛植　丛植通常是由两株到十几株同种或异种，乔木或乔、灌木组合种植而成的种植类型。丛植在风景园林绿地中运用广泛，是风景园林绿地中重点布置的一种种植类型，是组成风景园林空间构图的骨架。它以反映树木群体美的综合形象为主，要处理好株间、种间的关系。在处理株间关系时，要注意整体适当密植，局部疏密有致，使之成为一个有机的整体；在处理种间关系时，要尽量选择搭配关系有把握的树种，且要阳性与阴性、速生与慢生、乔木与灌木有机组合，成为生态相对稳定的树丛。丛植的形式如下。

a. 两株树丛的配合：树木配置构图上必须符合多样统一的原理，要既有调和又有对比。两株树的组合，必须有其通相，同时又有其殊相，才能表现统一中求变化的艺术效果。两株树丛的树种应为同种或同属中极相似的两种，它们的大小、姿态均应有较显著的差异。其栽植的距离不能与两树冠直径的1/2相等，必须靠近，其距离要比树冠小得多，才能成为一个整体（图4-41）。

图4-40　孤植树

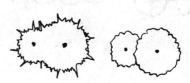

图4-41　两株丛植的形式

b. 三株树丛的配合：最多只能使用两种树种，最好同为常绿树或同为落叶树，同为乔木或同为灌木，忌用三个不同树种。配置时，树木的大小、姿态都要有对比和差异，栽植时，三株忌在一直线上，也忌成等边三角形（图4-42）。应为不等边三角形，其中有两株，即最大一株和最小一株要靠近一些，使成为一小组，中等的一株要远离一些，使成为另一小组，两个小组在动势上要呼应，构图才统一（图4-43）。

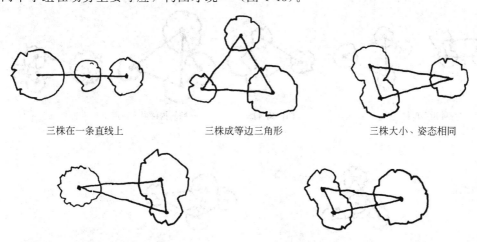

三株在一条直线上　　　　三株成等边三角形　　　　三株大小、姿态相同

三株由两个树种组成各自构成一组，构图不统一　　　三株最大的一组，其余一组，构图机械、不灵活

图4-42　三株丛植忌用的形式

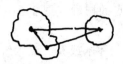 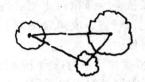

三株同一树种，大小、高低、姿态不同，
三株中最大的和最小的成一组，中等大小
的成另一组，三株不在同一直线上，成不
等边三角形

三株两个树种如丁香和紫薇组成树丛，
两组树最大的丁香和最小的紫薇成
一组，另一丁香成另一组，组成
多样统一的树丛

图 4-43　三株丛植的形式

c. 四株树丛配合：由一个树种或最多用两个树种组成，必须同为乔木或同为灌木，栽植时不能在一条直线上，要分组栽植，不能两两组合，不能三株成一直线（图 4-44），可分为两组或三组进行栽植，外轮廓成不等边三角形或不等边四边形（图 4-45）。

 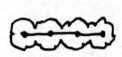  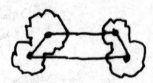

正方形　　　　　　　　直线　　　　　　　　等边三角形　　　　　　　双双成组

一大三小各成一组　　　　大小、姿态相近四株　　　　三大一小各成一组
　　　　　　　　　　　　同一树种丛植

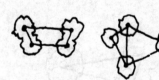  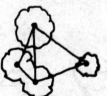

每种树各两株　　　　　　两种树分离　　　　　　一株的树种最大或最小，且自成一组

 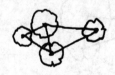

几何中心　　　　　　　　一个树种偏于一侧

图 4-44　四株丛植忌用的形式

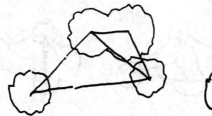
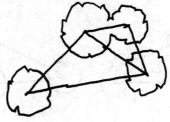

同一种成不等边四边形的组合类型

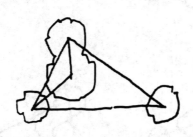
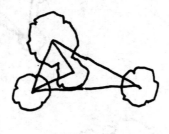

同一种成不等边三角形的组合类型

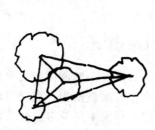
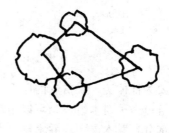

两个树种的构图

图 4-45　四株丛植的形式

　　d. 五株树丛配合：由一个树种或两个树种组成。栽植时外轮廓应是不等边三边形、不等边四边形或不等边五边形为三与二的组合或四与一的组合两种方式。具体配置方式见图 4-46。树木的配置，株数越多越复杂，分析起来，孤植树是一个基本单元，两株丛植也是一个基本单元，三株是由两株与一株组成，四株是由三株与一株或两株与两株组成，五株则是由三株与两株或四株与一株组成，理解了五株的配置原理，可依次类推六、七、八……株的配置。丛植时外形相差太大的树种，最好不要超过五种以上，避免树种繁杂，管理不利。外形十分相似的树种，可以适当增多种类，但应选择栽培管理要求尽量一致的树种。应注意，在园区的不同主题区域，应尽量避免选择相似的树种组合，这样，既可以增加园区的景观效果，也可以防止因树种过于单一而引起的病虫害增多，避免增加管理难度。

　　（3）群植

　　群植是指由 20～30 株以上同种或异种、乔木或乔、灌木组合成群栽植的种植类型。群

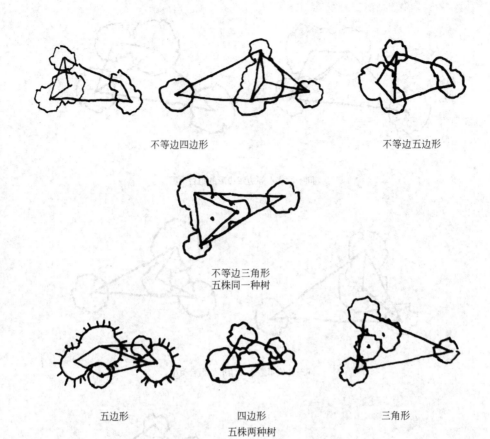

不等边四边形   不等边五边形

不等边三角形
五株同一种树

五边形   四边形   三角形
                          五株两种树

图 4-46　五株树种的丛植形式

植所表现的主要为群体美，观赏它的层次、外缘、林冠等。树群可分为单纯树群和混交树群两种。单纯树群由一种树木组成，可以用宿根花卉作为地被植物。混交树群是树群的主要形式，分为五个部分：乔木层、亚乔木层、大灌木层、小灌木层及多年生草本。其中每一层都要显露出来，应该是该植物观赏特征突出的部分。乔木层选用的树种，树冠的姿态要丰富些，使整个树群的天际线富于变化；亚乔木层选用的树种，最好开花繁茂，或者具有美丽的叶色；灌木应以花木为主；草本植物应以多年生野生性花卉为主。树群下的土面不应暴露。树群组合的基本原则是乔木层在中央，亚乔木层在其四周，大灌木、小灌木在外缘，这样才不致互相遮掩。但其各个方向的断面不能像金字塔那样机械、呆板，树群的某些外缘可以配置一两个树丛或几株孤植树。

（4）林植

林植是指成片、成块大量栽植乔木、灌木，构成林地和森林景观的种植形式，也称树林。林植多用于大面积公园安静区、风景游览区或休、疗养区及卫生防护林带。树林可分为密林和疏林两种。

①密林　郁闭度在 0.7～1.0 之间，阳光很少透入林下，土壤湿度很大，地被植物含水量高，经不起踩踏，容易弄脏衣物，不便游人活动。密林又有单纯密林和混交密林之分。

a. 单纯密林：是由一个树种组成的，它没有垂直郁闭景观美和丰富的季相变化。在种植时，可以采用异龄树种，结合利用起伏地形的变化，同样可以使林冠得到变化。

林区外缘还可以配置同一树种的树群、树丛或孤植树，增强林绿线的曲折变化。林下配置一种或多种耐阴或半耐阴的草本花卉，以及低矮开花繁茂的耐阴灌木。为了提高林下景观的艺术效果，水平郁闭度不宜太高，最好在0.7～0.8之间，以利地下植被正常生长和增强可见度。

b. 混交密林：是一个具有多层结构的植物群落，形成不同的层次，季相变化比较丰富。供游人欣赏的绿林部分，其垂直层构图要十分突出，但也不能全部塞满，影响游人欣赏林下特有的幽邃深远之美。密林可以有自然路通过，但沿路两旁垂直郁闭度不可太大，游人漫步其中犹如回到大自然中。必要时还可以留出大小不同的空旷草坪，利用林间溪流水体，种植水生花卉，再附设一些简单的构筑物，以供游人做短暂的休息或躲避风雨之用，更觉意味深长。

单纯密林和混交密林在艺术效果上各有特点，前者简洁壮阔，后者华丽多彩，两者相互衬托，特点更突出，因此不能偏废。但从生物学的特性来看，混交密林比单纯密林好，故在园林中纯林不宜太多。

② 疏林 郁闭度在0.4～0.6之间，常与草地相结合，故又称草地疏林，是风景园林中应用最多的一种形式。疏林中的树种应具有较好的观赏价值，树冠应开展，树荫要疏朗，生长要强健，花和叶的色彩要丰富，树枝线条要曲折多变，树干要好看，常绿树与落叶树搭配要合适。树木的种植要三五成群，疏密相间，有断有续，错落有致，使构图生动活泼。林下草坪含水量少，组织坚韧耐践踏，不污染衣服，尽可能让游人在草坪上活动。作为观赏用的嵌花草地疏林，应该有路可通，不能让游人在草地上行走，为了能使林下花卉生长良好，乔木的树冠应疏朗一些，不宜过分郁闭。

4.3.6 花卉的种植设计

花卉种类繁多，色彩鲜艳，繁殖容易，生育周期短。因此，花卉是风景园林绿地中经常用作重点装饰和色彩构图的植物材料，常作为出入口、广场的装饰，公共建筑附近的陪衬和道路两旁及拐角、树林边的点缀，在烘托气氛、丰富景色方面有独特的效果，也常配合重大节日使用。花卉的种植形式如下。

（1）花坛

花坛是指在具有一定的几何形状的种植床内种植各种不同观花、观叶或观果的园林植物，配置成各种富有鲜艳色彩或华丽纹祥的装饰图案，以供观赏。花坛一般中心部位较高，四周逐渐降低，以便排水，边缘用砖、水泥、磁柱等做成几何形矮边。花坛大多布置在道路中央、两侧、交叉点、广场、庭园、大门前等处，是风景园林绿地中重点地区节日装饰的主要花卉布置类型。在风景园林构图中，常作主景或配景，具有较高的装饰性和观赏价值（图4-47）。

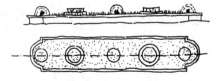

图4-47 带状花坛

（2）花境

花境是以多年生花卉为主组成的带状地段，花卉布置采取自然式块状混交，表现花卉群体的自然景观。它是风景园林中从规则式构图到自然式构图的一种过渡的半自然式种植形式。花境的平面形状较自由灵活，可以直线布置如带状花坛，也可以作自由曲线布置，内部植物布置采取自然式混交，着重于多年生花卉、乔木、灌木并用。表现的主题是花卉群体形成的自然景观（图4-48）。

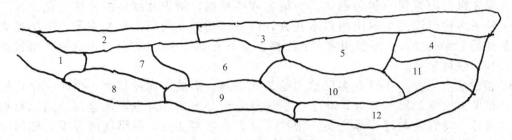

自然式花境平面图

1—美女樱；2—射干；3—美人蕉；4—波斯菊；5—花葵；6—大丽花；
7—一串红；8—彩叶草；9—鸡冠花；10—百日草；11—矮牵牛；12—千日红

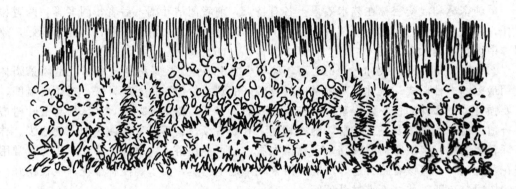

立面图

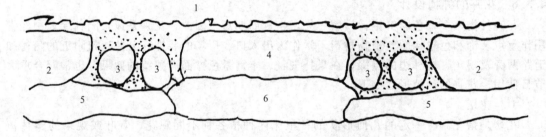

规则式花境平面图

1—九里香(绿篱)；2—百日草；3—地肤；4—大丽花；5—彩叶草；6—万寿菊

图 4-48　花境

（3）花丛

花丛是指花卉的自然式种植形式，是花卉种植的最小单元或组合。每丛花卉由三株至十几株组成，按自然式分布组合。每丛花卉可以是一个品种，也可以是不同品种的混交，花丛多选用多年生、生长健壮的宿根花卉，也可选用野生花卉和可自播繁衍的一二年生花卉。花丛可以布置在林缘、路边、道路转折处、路口、休息设施对景处的草坪上，起点缀装饰的作用。花丛布置时面积和形状要与环境协调。

（4）其它花卉种植形式

① 花池　是指边缘用砖石围护起来的种植床内，灵活自然地种上花卉或灌木、乔木，往往还配置有山石配景以供观赏。它是中国式庭园、宅园内一种常用的传统手法（图 4-49）。

② 花台　是指抬高种植床的花池，由于距地面较高，缩短了人在观赏时的视线距离，

能获取清晰明朗的观赏效果，便于人们仔细观赏其中的花木或山石的形态、色彩，品味其花香。一般设置在门旁、窗前、墙角。最适宜在花台内种植的植物应当是小巧低矮、枝密叶微、树干古拙、形态特殊，或被赋予某种寓意和形象的花木，如岁寒三友松、竹、梅，富贵牡丹等（图4-50）。

③ 花钵、花箱　是指种植或插摆花卉的盛器，具有很强的装饰性。它造型丰富，小巧玲珑，能较灵活地与环境搭配，已越来越多地出现在公园、街道等风景园林绿地及建筑入口、室内、窗前、阳台、屋顶等处。花钵的形状、大小、样式多种多样，可根据场所、环境特点及经费等情况综合考虑选择合适的花钵、花箱（图4-51）。

图4-49　花池

图4-50　花台

图4-51　花钵、花箱（黄姝姝　摄）

4.3.7　攀缘植物、水生植物、草坪的种植设计

（1）攀缘植物的种植设计

利用攀缘植物进行垂直绿化，可以利用较小的土地和空间达到较好的绿化效果，扩大绿化面积和空间范围，缓解城市绿化用地紧张的矛盾。垂直绿化还可以丰富和美化城市立面景观。常见的攀缘植物种类很多，有多年生的木质藤本，也有一二年生的草质藤本，常见的有

紫藤、凌霄、金银花、常春藤、爬山虎、络石、茑萝、牵牛花等，广泛应用在城市绿化中。攀缘植物在风景园林中的应用形式有以下几种。

① 建筑墙面的绿化　建筑墙面为硬质景观，以软质的攀缘植物进行垂直绿化，可以美化墙体，增添绿意，还具有降低墙面温度的作用。粗糙的墙面可选择爬山虎等有吸盘或气生根的攀缘植物直接绿化；光滑的墙面或不能直接攀附于墙面的攀缘植物，需要建立网架，使之攀缘，达到美化效果。植物的选择与配置在色彩上要与墙面形成一定的反差对比，景观才有美感，如白色的墙面选择开红花的攀缘植物。高层建筑，可利用各种容器种植布置在窗台、阳台上。

② 构架物的绿化　用构架形式单独布置的攀缘植物，常常成为风景园林中的独立景观。如在游廊、花架的立柱处，种植攀缘植物，构成苍翠欲滴、繁花似锦或硕果累累的植物景观；又如在栏杆、篱笆、灯柱、窗台、阳台等处布置攀缘植物，均可形成较好的植物景观（图 4-52）。

图 4-52　栏杆上的攀缘植物（王林雯　摄）

③ 覆盖地面　用根系庞大、牢固的攀缘植物覆盖地面，可以保持水土，特别是在竖向变化较大时，其固土作用更加明显。用攀缘植物覆盖地面，可以形成较好的风景园林景观外貌。风景园林中的假山石也可以用攀缘植物适当点缀。园林置石质地较硬，又孤立裸露，缺乏生气，适当配置攀缘植物，可使石景生机盎然，还可以遮盖山石的局部缺陷；但在配置时，应分清主次关系，不可喧宾夺主。

（2）水生植物的种植设计

水体在风景园林中起着很大的作用，它不仅对环境有净化功能，而且在风景园林景观的创造上也是重要的造景素材。我国很多古典园林和一些现代园林均以水体作为园林构图中心，取得很好的景观效果，而通过水生植物对水体进行点缀，犹如锦上添花，使风景园林景观更加绚丽、丰富（图 4-53）。水生植物的茎、叶、花、果都有较好的观赏价值，并且水生植物生长快、适应性强、种植管理上较粗放，同时还可提供有一定经济价值的副产品等优点，所以水生植物在园林水体的配置上可多加运用。在选择水生植物时，应考虑到各自不同的生态习性。水生植物按生长习性可分为沼生植物、浮叶水生植物、漂浮植物、挺水植物等。进行水生植物的配置时，沼生植物只能配置在水深1m之内的浅水中，使植物挺出水面，丰富岸边景观，如芦苇、慈姑、千屈菜等。浮叶水生植物可延至稍深的水域种植，叶漂浮在水面上，点缀水景，如荷

图 4-53　水生植物种植台示意图

花、睡莲、菱等。漂浮植物全植株都漂浮在水面或水中，所以配置起来就较灵活，既可以生长在浅水区，又可以生长在深水区，以点缀平静的园林水面，如水浮莲、浮萍等。

（3）草坪的种植设计

草坪是用多年生矮小草本植物密植，经人工修剪、碾压、剔除杂草而形成的平整的人工草地。常见的草坪植物是禾本科和莎草科，如羊胡子草、狗牙根、黑麦草等。

草坪的园林功能是多方面的，除了覆盖地面、保持水土、防尘杀菌、净化空气、改善小气候等方面外，还有两个独特的功能：一是绿茵覆盖的大地代替裸露的泥土，使整个城市展现一种整洁清新、绿意盎然、生机勃勃的面貌；二是用柔软的禾草铺成的绿色地毯，为人们提供一个最理想的户外休闲活动的场地。

园林草坪的分类方法很多，按用途可分为游憩草坪、观赏草坪（游人不入内）、体育草坪等，其中游憩草坪和观赏草坪在风景园林中运用最多。按草坪植物的组合可分为单纯草坪（由一种草本植物组成）、混合草坪（几种多年生草本混植而成）和缀花草坪。其中缀花草坪是在以禾本科植物为主的草坪上，混有少量开花艳丽的多年生草本植物，如水仙、石蒜、葱莲等，将其疏密有致地分布在草坪上，起到较好的点缀作用。缀植范围不超过草坪总面积的1/3。缀植常用于游憩草坪、观赏草坪、林中草地等处。

4.4 园林建筑小品

4.4.1 园林建筑小品的分类

园林建筑小品作为风景园林景观中重要的组成部分，其内容十分丰富，类型极为多样，形式多变、千姿百态。根据不同的分类标准，园林建筑小品的分类方法也有所不同，下面从空间特性和功能这两种角度谈谈其分类。

4.4.1.1 按空间特性分类

任何园林建筑小品均会占有一定的空间，但对空间的使用方式不一样。以此为分类依据，可将其分为可进入空间类园林建筑小品、不可进入空间类园林建筑小品。

（1）可进入空间类园林建筑小品

可进入空间类园林建筑小品指那些在自身内部限定一定的空间，并且这些空间是为人们进入其间休息、观景、玩耍等而提供的。这类园林建筑小品有景亭、榭、舫、景廊、花架等。

（2）不可进入空间类园林建筑小品

不可进入类园林建筑小品是指那些内部虽有空间，但人不能也不会进入其中的实体类环境小品，这一类环境小品主要有柱式、景石、雕塑、景墙、景门、景窗、栏杆等。

4.4.1.2 按功能分类

根据园林建筑小品的性质和功能我们可以把它们分为纯景观功能的园林建筑小品、兼使用功能和景观功能的园林建筑小品两大类。

（1）纯景观功能的园林建筑小品

纯景观功能的园林建筑小品指本身没有实用性而纯粹用作观赏和美化环境的建筑小品，如雕塑等。这些环境小品一般没有使用功能，却有很强的观赏功能，可丰富建筑空间、渲染环境气氛、增添空间情趣、陶冶人们情操，在环境中表现出强烈的观赏性和装饰性。

（2）兼具使用功能和景观功能的环境小品

兼具使用功能和景观功能的环境小品主要指具有一定实用性和使用价值的环境小品，如景灯、电话亭、广告栏等。它们既是环境设计的重要组成部分，具有一定的实用性，又能起到美化环境、丰富空间的作用。

兼具使用功能和景观功能的环境小品按其使用功能的不同，又可分为以下几大类。

① 交通系统类　指以交通安全为目的，满足交通设施需要的环境小品，包括自行车存放站、交通隔断等。

② 休憩类　包括亭、廊、榭、舫、楼阁、斋、花架等。

③ 标志指引类　包括宣传牌、导游牌、路标、指示牌等。

④ 照明类　包括庭院灯、路灯、造型灯等。照明类环境小品一方面创造了环境空间的形、光、色的美感，另一方面，通过灯具的造型及排列配置，产生优美的节奏和韵律，对空间起着强化艺术效果的作用。

⑤ 游乐类　包括各类儿童游乐设施、体育运动设施和健身设施，这类环境小品能满足不同文化层次、不同年龄人的需求，深受人们的喜爱。

⑥ 通信卫生设施类　包括电话亭等通信设施以及垃圾箱、洗手器、果皮箱、厕所等卫生设施。

⑦ 拦阻与诱导设施　包括栏杆、墙垣、护柱、缘石等。

⑧ 服务类　餐厅、茶室、酒吧、小吃部、摄影部、小卖部、接待室、售报亭、书报栏、候车亭以及园凳、园桌、园椅等属于此类环境小品。

4.4.2　园林建筑小品的作用

园林建筑小品是提供人休息、观赏、方便游览活动或为了方便园林管理而设置的园林设施。园林建筑小品既要满足使用功能，又要满足景观的造景功能，要与园林环境密切结合，融为一体。

园林建筑的体量相对较大，可形成内部活动的空间，在风景园林中往往成为视线的焦点，甚至成为控制全园的主景，因此在造型上也要满足一定的欣赏功能。而园林小品造型轻巧，一般不能形成供人活动的内部空间，在风景园林中起着点缀环境、丰富景观、烘托气氛、加深意境等作用，同时，园林小品本身具有一定的使用功能，可满足一些游憩活动的需要。

4.4.3　园林建筑的设计

4.4.3.1　园林建筑的特点

（1）看与被看

除了一些纯服务性功能而无景观功能的园林建筑外，一般园林建筑要考虑到"看与被看"的视线关系。园林建筑位置选择时一方面应考虑观景，即可供游人游览路程中驻足休息，眺望景物；另一方面又要使园林建筑能点景、造景，使建筑与环境结合，形成被观赏的景物。就山而建或临水而建是园林建筑形成"看与被看"两种较为常见的手法。如北京颐和园的佛香阁就山而建，苏州环秀山庄问泉亭、拙政园荷风四面亭临水而筑，同样达到了"看与被看"的最佳视线效果（图4-54）。

（2）有机建筑

园林建筑应与园林中各种复杂的地形、地貌有机结合，与环境融为一体，而不应成为环境中的异类。

4.4.3.2　各类园林建筑的设计

（1）亭

亭是我国风景园林中最常见的一种园林建筑。《园冶》中说："亭者，停也。所以停憩游行也。"可见，山巅、水际、花间、林下，凡游览路程中可停之处，皆可建亭，且常以亭为题材而成景。无论在古典园林、新建公园或风景区都可以看到各种类型的亭，与园中其它建筑、山水、植物相结合，装点着园景。

(a)   (b)

图 4-54　"看与被看"拙政园荷风四面亭（王林雯　摄）

亭的类型从平面造型看一般有圆形、方形、长方形、三角形、六角形、八角形、扇形等。其中有单体的，也有组合式的，如套方亭、双圆亭、双六角亭等。从亭的屋顶形式看，常见的有攒尖顶和歇山顶。从亭的立面造型看，有单檐的、重檐的和三檐的。从亭的设立位置看也可分为山亭、半山亭、桥亭、沿水亭、半亭、廊亭和路亭等。

现代对亭的定义又引申为精巧的小建筑，如公园里的售票亭、小卖亭、茶水亭、书报亭等（图 4-55）。

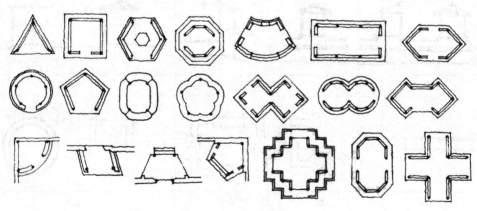

(a) 亭的平面形式

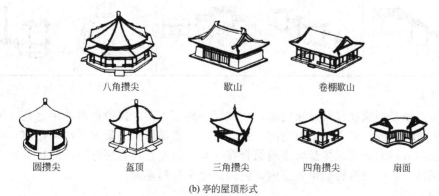

八角攒尖　　　　　歇山　　　　　卷棚歇山

圆攒尖　　　盔顶　　　三角攒尖　　　四角攒尖　　　扇面

(b) 亭的屋顶形式

图 4-55　亭的各种形式（成玉宁，2009）

（2）廊

廊在风景园林中应用也很广泛，特别在古典园林中，有的建筑前后设廊，有的建筑四周围廊。廊可使分散的单体建筑互相穿插、联系，组成造型丰富、空间层次多变的建筑群体。

廊除了能遮阳、避雨、供游人休息以外，其重要的功能是组织观赏景物的导游路线。廊实质上相当于一条带屋顶的园路。廊同时也是划分园林空间的重要手段。廊的柱列、横楣在游览路程中形成一系列的取景边框，增加了景深层次，助长了园林趣味。廊本身也具有一定的观赏价值，在园中可以独立成景。

廊的形式按平面形式分，有直廊、曲廊、回廊等；按结构形式分，有两面柱的空廊，一面为柱、一面为墙的半廊，两面为柱、中间有墙的复廊（表4-5）；按位置分，有沿墙走廊、爬山廊、水廊、桥廊等。

表 4-5　廊的基本形式（成玉宁，2009）

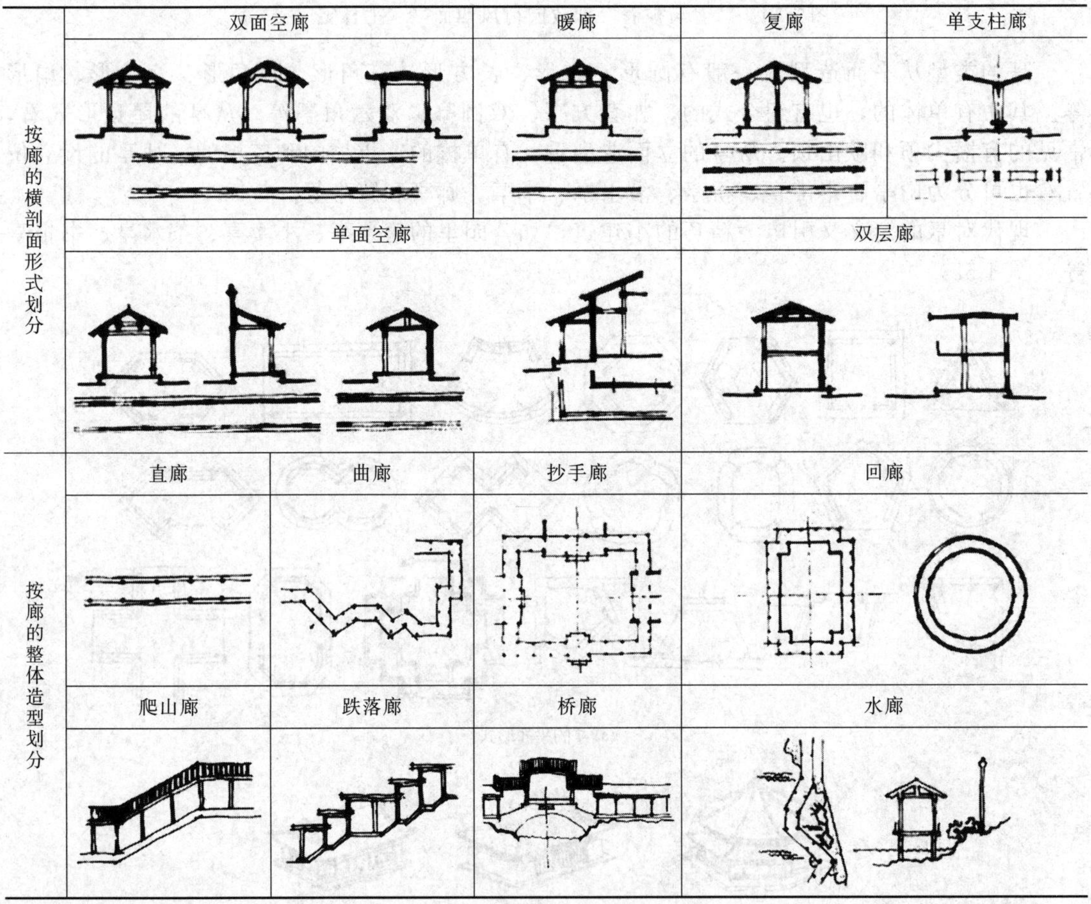

	双面空廊	暖廊	复廊	单支柱廊
按廊的横剖面形式划分				
	单面空廊			双层廊
按廊的整体造型划分	直廊	曲廊	抄手廊	回廊
	爬山廊	跌落廊	桥廊	水廊

（3）花架

花架可以说是用植物材料做顶的廊，它和廊一样，为游人提供遮阳驻足之处，供观赏并点缀园内风景。同样，它也有组织空间、划分景区、增加风景的景深层次的作用。花架能把植物的生长与人们的游览、休息紧密地结合在一起，因此它具有接近自然的特点。花架与廊及其它建筑结合，可把植物引申到室内，使建筑融于自然环境。

（4）服务性建筑

风景园林中的服务性建筑主要有公园大门、游船码头、接待室、展览馆、饮食服务业建筑、厕所、小卖部、摄影部等。它们各有其不同的功能、内容和性质，但都是风景园林的重要组成部分，并以自身的功能满足游人各种游览活动的需要，在风景园林中起着画龙点睛的作用，自身又能体现风景园林的意境（图4-56）。

(a) 乌镇木心美术馆(王林雯 摄)

(b) 株洲神农艺术中心(王林雯 摄)

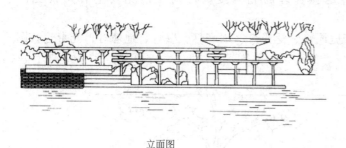

立面图

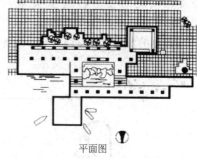

平面图

(c) 服务型建筑——游船码头(成玉宁，2009)

图 4-56 服务性建筑

4.4.4 园林小品的设计

4.4.4.1 园桌、园椅、园凳

园桌、园椅、园凳是各种风景园林绿地及城市广场中必备的设施，主要功能是供游人就座休息、欣赏周围的景物，位置多选择在人们需要就座休息、环境优美、有景可赏之处，如游憩建筑、水体沿岸、服务建筑近旁、山巅空地、林荫之下、山腰台地、广场周边、道路两侧，可单独设置，也可以成组布置；可自由分散布置，也可连续布置。园桌、园椅、园凳也可与花坛等其它小品组合，形成一个整体。园桌、园椅、园凳的造型要轻巧美观，形式要活泼多样，构造要简单，制作要方便，要结合风景园林环境，做出具有特色的设计（图4-57）。

图 4-57 园椅（黄姝姝 摄）

4.4.4.2 园林展示性小品

园林展示性小品是风景园林中极为活跃、引人注目的文化宣教设施，内容广泛，形式活泼，包括展览栏、阅报栏、展示台、园林导游图、园林布局图、说

明牌、布告板以及指路牌等各种形式，涉及基本法规的宣传教育、时事形势、科技普及、文艺体育、生活知识、娱乐活动等领域，是园林中开放的宣传教育场地。

展示小品位置常选择在园路、游人集散空间、护墙界墙、公共建筑近旁、园林出入口、需遮障地带、休息广场处，结合各种风景园林要素（山石、树木花坛）、结合游憩建筑布置。

4.4.4.3 园灯

园灯既有夜间照明又有点缀装饰园林环境的功能，是一种引人注目的园林小品，同时也具有指示和引导游人的作用，还可以丰富园林的夜色。因此，园灯既要保证晚间游览活动的照明需要，又要以其美观的造型装饰环境，为园林景色增添生气。

园灯一般设置在草坪、喷泉水体、桥梁、园椅、园路、展栏、花坛、台阶、雕塑广场等。

灯光对烘托各种园林气氛，使园林环境更富有诗意有明显的作用。绚丽明亮的灯光，可使园林环境更为热烈生动、富有生机，而柔和轻微的灯光又会使园林环境更加舒适宁静、亲切宜人。因此，园灯造型要精美，要与环境协调，结合环境的主题，赋予一定的寓意，成为富有情趣的园林小品。总之，设置园灯要同时满足园林环境景观与使用功能的要求，造型美观，有足够合理的光照度，特别要避免发生有碍视觉的眩光。

常见的园灯类型有草坪灯、高杆庭园灯、泛光灯、水底灯、壁灯、地埋灯、光带等（图4-58）。

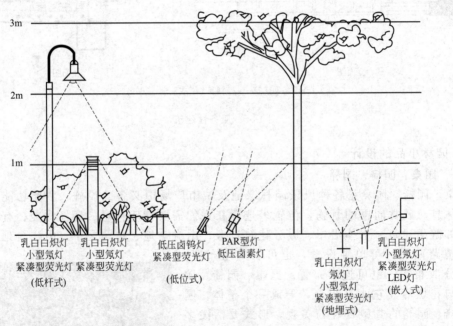

图 4-58 各种园灯示意

4.4.4.4 园林栏杆

栏杆一般依附于建筑物，而园林栏杆更多为独立设置。园林栏杆除具有维护功能外，还根据风景园林景观的需要，用来点缀装饰园林环境，以其简洁明快的造型，丰富园林景致，应用于建筑物桥梁、草坪、花坛、大树、园路边、水边湖岸、广场周围、悬崖、台地、台阶等处。

园林栏杆具有分隔园林空间、组织疏导人流及划分活动范围的作用，同时也可以为游人提供就座休憩之所，尤其在风景优美、有景可赏之处，设以栏杆代替座凳，既有维护作用，又可就座欣赏，如园林中的座凳栏杆、美人靠等。

4.4.4.5 园林雕塑小品

园林雕塑小品是指风景园林中带观赏性的小雕塑，一般体量小巧，不一定形成主景，但常常成为某景区的趣味中心。它多以人物或动物为题材，也有植物、山石或抽象几何形体形象的。这类雕塑小品来源于生活而又高于生活，给人以更美的赏玩韵味，能美化心灵，陶冶情操，在风景园林中和其它园林小品一样，起着美化环境、提高环境艺术品位的作用（图4-59）。

图 4-59 园林雕塑小品（黄姝姝 摄）

4.4.4.6 园桥

园桥不仅可以联系水陆交通、联系建筑物、联系风景点、组织游览路线，还可划分水面空间，增加景色层次。优美的园桥还可以自成一景。园桥既有园路的特征，又有园林建筑的特征，如贴近水面的平桥、曲桥，可以看作是跨越水面的园路的变形；桥面较高的拱桥、亭桥等，具有明显的建筑特征（表4-6、图4-60）。

表 4-6 各种园桥形式举例

石拱桥			
钢筋混凝土拱桥			
桨式平桥		曲桥	
索桥		廊桥、亭桥	

4.4.4.7 汀步

汀步，又称步石、跳墩子，虽然这是最原始的过水形式，早被新技术所替代，但在风景园林应用中可成为有情趣的跨水小景，使人走在汀步上有脚下清流、游鱼可数的近水亲切感。汀步最适合浅滩、小溪等跨度不大的水面，也有结合滚水坝设置过坝汀步，但要注意安全。

4.4.4.8 铺装

（1）铺装设计的要求

① 形成景观　具有装饰性（地面景观作用），根据铺装所在的环境，选择铺装的材料、质感、形式、尺度；铺装图案与园林的意境相结合，研究铺装图案的寓意、趣味，使铺装更好地成为园景的组成部分。

图 4-60　各种园桥形式举例

② 限定或暗示空间　用铺装的材料或构图的变化，对空间进行象征的分隔。也可在铺装上用同样的手法，使两个不同性质的空间具有共同性。

③ 使用上的效果　使人和车行走通畅；有防尘、排水作用；植物铺装可以调节阳光反射及温湿度；容易维持管理。

（2）常见铺装类型

① 花街铺地　以砖瓦为骨，以石填心。用规整的砖和不规则的石板、卵石以及碎砖、碎瓦、碎瓷片等废料相结合，组成图案精美、色彩丰富的各种地纹（图 4-61）。

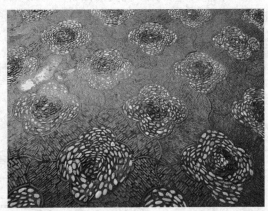

图 4-61　花街铺地（王林雯　摄）

② 卵石铺装　采用卵石铺成各种图案。

③ 嵌草铺装　天然石块或预制混凝土块铺筑时块料间留一定宽度的缝隙，用来种草。如裂纹嵌草铺装、花岗岩嵌草铺装、木纹水泥混凝土嵌草铺装、梅花形水泥混凝土嵌草铺装等（图 4-62）。嵌草铺装可以改变土壤的水分和通气状态，降低地表温度，改善局部小气候。

④ 块料铺装　以大方砖、块石和制成各种花纹图案的预制水泥混凝土砖等铺筑成的路面。如花岗石铺装、舒布洛克砖铺装等。

⑤ 整体路面　用水泥混凝土或沥青混凝土铺筑成的路面。优点：平整度好，路面耐压、耐磨，养护简单，便于清扫。缺点：色彩多为灰、黑色，园林中使用不够理想。

⑥ 步石　用一至数块天然石块或预制成圆形、树桩形、木纹形等铺块，自由组合于草地之中（步石数量不宜过多，块体不宜太小，相邻块体的距离要考虑人的跨越能力和不等距变化）（图 4-63）。

图 4-62　嵌草铺装（王林雯　摄）

图 4-63　步石（王林雯　摄）

第5章　风景园林规划设计的基本原理

5.1　园林空间

5.1.1　空间的概念与构成

谈到空间，设计师们总喜欢引用老子《道德经》中的"埏埴以为器，当其无，有器之用。凿户牖以为室，当其无，有室之用"一段话来说明空间的本质在于其可用性，即空间的功能作用。容纳是空间的基本属性。

地面要素、垂直要素与顶面要素是构成空间的三大基本要素。在建筑空间中，这三大要素主要是"地""墙""顶"，地是空间的起点、基础；墙因地而立，或划分空间、或围合空间；顶是为了遮挡而设。地与顶是空间的上下水平界面，墙是空间的垂直界面（图 5-1）。在园林空间中，地面要素有铺装、草坪、水面等；垂直要素有树木、建筑及小品、有高差的地形等；顶面要素有天空、树冠、建筑顶面等。设计师通过这些要素的组合，形成了不同形式的园林空间（图 5-2）。

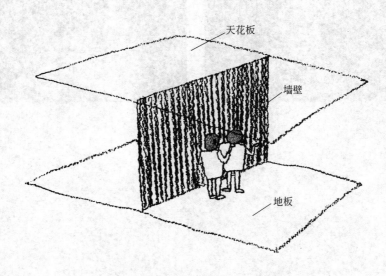

天花板

墙壁

地板

图 5-1　空间的构成要素（芦原义信，2017）

空间的存在及其特性来自形成空间的构成形式和组成因素，空间在某种程度上会带有组成因素的某些特征。空间各自的线、形、色彩、质感、气味和声响等要素特征综合地决定了空间的质量。例如，空间形体的线型有一定的设计涵义，能表达一定的情感，使人产生联想（图 5-3）。

5.1.2　空间的限定

园林空间是由一些风景园林要素通过对空间的划分而确立的，如同住宅中内墙划分产生了卧室、厨房、客厅、卫生间等不同的室内空间。对室外空间的限定也有助于每一个空间的功能与形态的确立，创造出适合特定人群专门活动的氛围独特的风景园林空间。

图 5-2　多要素的园林空间

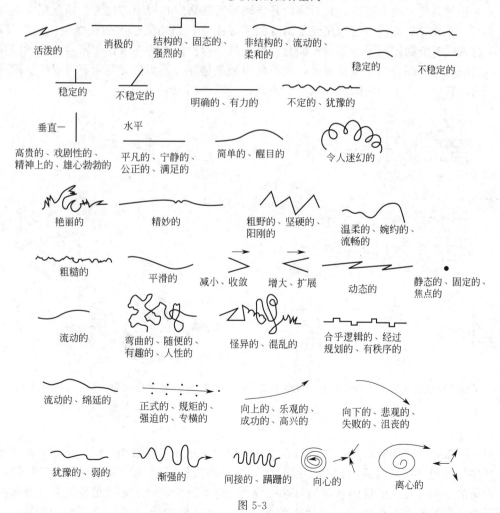

图 5-3

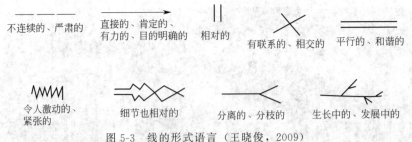

不连续的、严肃的　　直接的、肯定的、　　相对的　　　　　有联系的、相交的　平行的、和谐的
　　　　　　　　　　　　有力的、目的明确的

令人激动的、　　　　细节也相对的　　　　分离的、分枝的　　　生长中的、发展中的
紧张的

图 5-3　线的形式语言（王晓俊，2009）

在风景园林中，限定空间的方法主要有三种：围合、设立和基面变化。

（1）围合

围合是创造空间最常见的方法，风景园林中常见的空间围合要素有建筑、围墙、绿篱、树丛、栏杆等。围合的结果如何，产生的空间是否具有封闭感，形态是否清晰，一个重要的衡量标准是围合度。围合程度取决于围合界面的密度、界面的个数以及围护面与人的距离、与界面高度的比值，此外，构成围护面的材质不同，对视觉遮蔽的程度不一致，也能对围合度构成很大的影响。

空间的围合质量与封闭性有关，主要反映在垂直要素的高度、密实度和连续性等方面。高度分为相对高度和绝对高度，相对高度是指墙的实际高度和视距的比值，通常用视角或高宽比 D/H 表示（图 5-4）。绝对高度是指墙的实际高度，当墙低于人的视线时空间较开敞，高于人的视线时空间较封闭。影响空间封闭性的另一因素是墙的连续性和密实程度。同样的高度，墙越空透，围合的效果就越差，内外的渗透就越强，不同位置的墙所形成的空间封闭感也不同，其中，位于转角的墙的围合能力较强（图 5-5）。

图 5-4　视角或高宽比（D/H）与空间封闭性的关系　　　图 5-5　墙的密实程度与空间的封闭性
　　　　　　　　　　　　　　　　　　　　　　　　　　　　　　　　　　　　（芦原义信，2017）

（2）设立

另一种限定空间的方法是设立。当在空地上设置一些环境要素如大树、纪念碑或者雕塑时，这些环境要素都能占领一定的空间，从而对空间进行限定。不同于围合所产生的向心的、内聚的空间，设立形成的空间是向外扩散的。那么设立能限定多大的空间呢？如果把设立的环境要素抽象为一根竖立于平地上的竿子，它在环境中限定了一个半径为 R 的空间，

那么这个 R 的大小又如何确定？事实上要给出 R 的数值是困难的，但它与以下几个因素密切相关：如设立的环境要素的体量，即是一个重要的因素。试想由广场的一端缓缓走向设立于中央的纪念碑，当与纪念碑的距离小于纪念碑的高度时，所关注的纪念碑的形象也逐渐从它的整体转为局部，纪念碑成了环境中的前景，从而也就进入了它所控制的"领域"。很显然这个领域的大小与纪念碑的高度有关。另一些环境要素的特征如形态、色彩等因素与其限定空间的能力有关。当这个环境要素形态更鲜明，在空间中给人的感受更强烈时，其对空间的占据能力也更强（图 5-6）。

图 5-6　新北川地震纪念广场雕塑

（3）基面

基面的变化包括基面抬高、下沉、倾斜以及纹理和材质的变化。用这些方法来限定空间也是较为有效的。譬如，在环境道路中，与其使用栅栏来分隔车行与人行空间，不如使两者之间存在一定的高差来的更有效。这是因为基面变化的特点在于对行为的限定多于对视线的遮挡。当需要区别行为而能使视线相互渗透时，运用基面变化是非常适宜的。当基面存在着较大的高差，空间也显得更丰富和有趣。抬高的空间由于视线不能企及显得神秘而崇高。下沉的空间则因为可以通过俯视其全貌而更显亲切与安定。基面倾斜的空间其地面的形态得到了更多的展示，同时也给人向上、向下的暗示。此外多用材质纹理的变化来区分领域（图 5-7）。

5.1.3　空间的尺度

人与空间有着密不可分的联系。空间的效果几乎不依赖于测量上的尺寸；实际上，空间传达的自然感觉——狭窄的/宽广的、受保护的/开放的，依赖于观察者与空间所构成边界的

图 5-7　南京电视广播大学地面处理方法

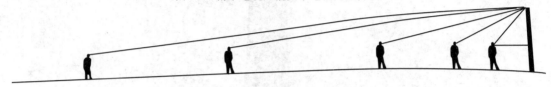

图 5-8　空间的效果取决于观察者和被观察物体间的距离

图 5-9　空间的效果取决于观察者的眼睛和被观察物体间的高差（谷康，2003）

实体距离（图 5-8）及观察者眼睛和实体的高差（图 5-9）。评价一个空间是否均衡的标准就是人和空间的比例。

　　我们记录空间的方法，与我们对距离和尺寸的感觉有关，依赖于以前的视觉经验，换句话说依赖于物体的实际距离和它在视网膜上给我们印象间的关系。物体看起来比实际尺寸越小，它距离我们越远。顺着我们视平线的平行线，在离我们越远的视线之间的距离看上去越近。穿过我们视线的平行线在远方交汇在一起。这在一个规则的距离内，是光学的幻觉。距离越远，结构越紧凑致密（肌理梯度）（图 5-10）。

(a) 等距的柱子，视　　　(b) 平行线因为透视关系在远方交汇　　　(c) 等距肌理线在远处显得更紧密
觉上却越来越密

图 5-10　结构和视觉经验（谷康，2003）

　　社会心理学家们研究过空间和人的远近距离之间的现象。E. T. 霍尔（E. T. Hall）认为有 4 种社会距离：亲密距离、私人距离、社会距离和公共距离。

（1）亲密距离

亲密距离，人和人的距离小于 0.5m。只有和很亲近的人在这种距离中相处我们才不会紧张，这时信息主要靠触觉和嗅觉传达，视觉反而不重要。

（2）私人距离

私人距离，即人与人之间 0.5～1m 的距离。这粗略符合一个人本能的保护圈大小。人们能被外围的视线认识（有着 150°视角），他们可以舒展身体。触觉和嗅觉起了部分作用，视觉开始起支配作用。在私人距离里，陌生人会感到紧张，本能地会移远距离，如果不能远离，其结果将是沟通的失败，人会感觉不可靠的恐惧、紧张及无助。例如，满载人的电梯里、在拥挤的公交车上、饭店中同一桌上的陌生人及公园的一条长椅上。

（3）社会距离

很多社会交往是在社会距离内发生的，通常是 1～2.5m 的距离（较小的社会距离）及 2.5～5m（较大的社会距离）。在社会距离中，能从一个人的肢体语言观察另外一个人；认知几乎完全依靠视觉和听觉。设计空间时需注意，适当安排个人的位置（长凳、桌子宽度、游戏位置等）时，陌生人互相影响有助于维持社会距离，尤其是大的社会距离。如果距离小于此，将会使人感到紧张、有进攻性、不自在等，有较大的交流压力。在大的社会距离内，交流的压力会明显减少。

（4）公共距离

公共距离的覆盖范围是 5～7（10）m。这个限定根据文化社会或个人的因素有所不同。为了和我们认识的人联系，会减少距离或特殊符号（手势、喊声等）的使用，和陌生人保持社会距离是抗拒交流的明显标志。例如：人们逐渐开始使用一片边界较低（长草、灌木、矮墙或类似物）的日光浴草地的情形（图 5-11）。

(a) 大部分的吸引来自那棵树,如保护、遮蔽、视觉焦点等

(b) 大人们下一步开始使用边界的区域。这些"关键点"暗示小环境活动

(c) 为了保持公共距离,人们只好使用没有吸引力的中部区域(比较人们在饭店或咖啡店的活动方式)

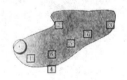

(d) 所有后来的人都保持了较远的社会距离

(e) 接下来也是这样……

(f) 接下来仍是这样……

图 5-11　室外空间使用区域的选择过程（谷康，2003）

由此可知，高密度聚集（包括近的社会距离）是非常不可能的，而且常常被避免。但是如果这样的事情发生了，例如，在很热天气的长椅上，人们会改变自己的行为，营造清晰的个人领域，如用毛巾、海滩棚屋、转过背去等方式。

5.1.4　空间处理

5.1.4.1　空间的分隔与组合

设计师要善于创造丰富多变的空间形态，并把这些大大小小的不同空间合理安排，以形成很好的总体空间效果。具体的多空间创造手法有两类，即空间的分隔与组合。

（1）分隔空间

把一个整体的空间通过墙、柱、廊等要素进行空间分隔，从而形成多空间效果，密斯1929年设计的巴塞罗那国际博览会（The International Exposition at Barcelona）德国馆就是一个非常典型的案例（图5-12、图5-13）。在园林中，可以利用植物、景观建筑物以及构筑物，根据地形的高低变化、水面与道路的曲直变化、人的知视觉变化等因素对空间进行划分，从而使尺度较大的空间柔性地变化为近人尺度的空间。利用较高大的树木再配合景观墙或者低矮的灌木可以对大空间进行柔性划分，彼此相邻的景观空间不是完全的隔绝，而是有机的联系。在哈普林（Lawrence Halprin）所设计的罗斯福总统纪念园中，设计者利用墙体等加以空间分隔，从而形成了具体不同主题意义的一系列纪念空间（图5-14、图5-15）。

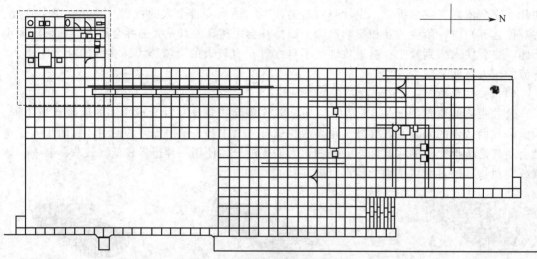

图 5-12　巴塞罗那德国馆平面图

图 5-13　巴塞罗那德国馆内景观

图 5-14　罗斯福纪念园平面图　　　　　　　　图 5-15　罗斯福纪念园内景观

（2）组合空间

把大小不同的空间单元在平面上和竖向上排列与组合，从而形成丰富的空间效果，例如赖特设计的西塔里埃森建筑（图 5-16、图 5-17）。在风景园林中，景观的各因素可以营造出不同特色的空间，也应能利用这些因素将景观空间有机地联系起来。利用高低错落的植物和景观墙可以在垂直面上营造出具有动感的节奏，利用不同植物的疏密可以引导人的行为空间，使人所处的不同空间在其心理上产生"扩大"与"缩小"的感觉，利用构筑物可以作为不同景观空间之间的节点，这种有节奏和秩序的变化都是连续性的体现，它能够创造丰富的空间序列与变化，如苏州的一些古典园林等都是较为典型的例子（图 5-18、图 5-19）。

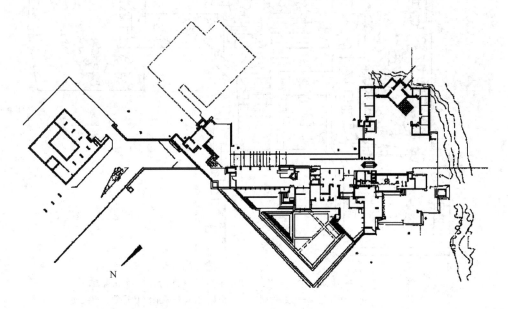

图 5-16　西塔里埃森建筑平面图

当然，在具体的设计中，往往是两者手法结合使用。

图 5-17 西塔里埃森建筑内景观

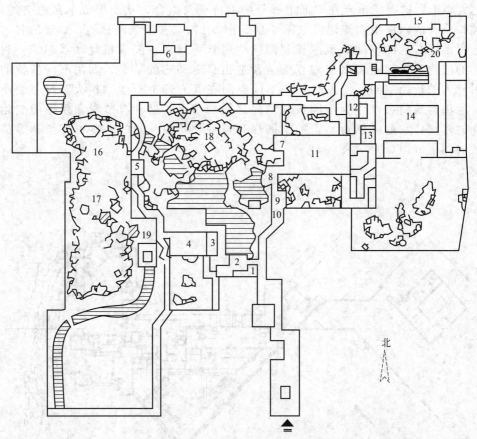

北

1—古木交柯；2—绿荫；3—明瑟楼；4—涵碧山房；5—闻木樨香轩；
6—远翠阁；7—汲古褥绠处；8—清风池馆；9—西楼；10—汲古得绠处；
11—五峰仙馆；12—还我读书处；13—揖峰轩；14—林泉耆硕之馆；
15—冠云楼；16—至乐亭；17—舒啸亭；18—可亭；19—活泼泼地；
20—冠云亭

图 5-18 留园平面图

5.1.4.2 空间的渗透和层次

园林空间通常不会也不必要被实体围合得严严实实。当所处空间的围合面中有一定的开口部分，或者说一些虚面参与了对空间的围合时，视线就能透过这些虚面溜出去，到达另一个空间，那个空间中的建筑、树、人等犹如一幅动态的画面贴合在虚面上参与了对空间形态的创造。同样所处的空间也对那个空间形态的形成发挥了作用，两个空间相互因借，彼此渗透，空间的层次变得丰富起来。

使空间相互渗透的另一大"好处"是环境的景观得到了极大的丰富。呈现在眼前的不再是单一的空间了，是一组形态、大小、

图 5-19　留园入口景观

明暗、动静各不相同的空间。视线可以停留在近处的围墙上，也可以渗透出去到达另一个空间的某一个景点，并可由此而再向外拓展，等转了一圈"满载而归"时，这种丰富景致绝对不是在一个封闭的外环境上可以获得的。随着视线的不断变换渗透，空间也改变了景致的状态产生了流动的感觉。

如何形成空间的渗透，又如何控制其彼此的相互因借？关键在于围护面的虚实设计。没有面的围护、领域的形成，就无所谓空间的层次，而围护面过于"实化"就不能使空间之间产生渗透的感觉。根据围护的虚实关系，我们可以将形成丰富空间层次的围护面分为四类：虚中有实、虚实相生、实中留虚、实边漏虚。

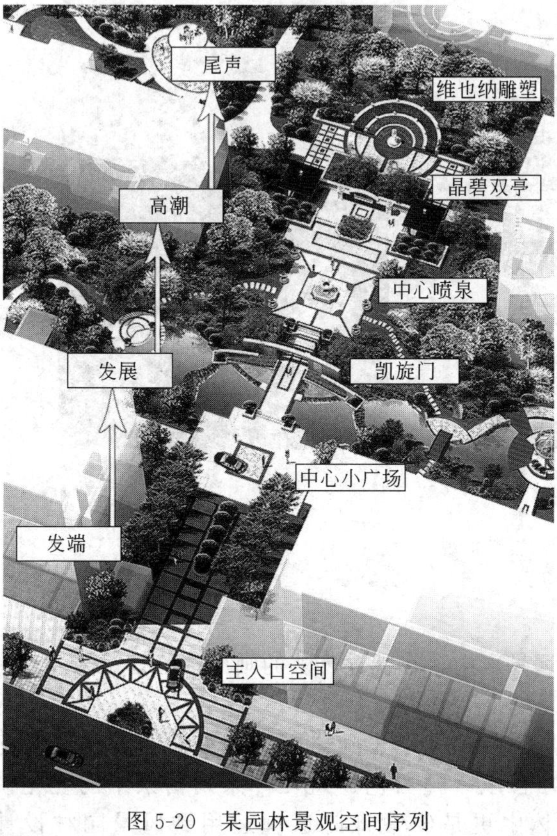

5.1.4.3 空间序列

空间的序列与空间的层次有很多相似的方面，它们都是将一系列空间相互关联的方法。如果在一个空间中观赏几个相互渗透的空间时，获得的是空间的层次感。而当依次由一个空间走向另一个空间，亲身体验每一个空间时，得到的是对空间序列的感受。所以空间的序列设计更注重的是考察人的空间行为，并以此为依据设计空间的整体结构及各个空间的具体形态。

外部空间根据其用途和功能可分为不同的领域，例如，外部的——半外部的——内部的；公共的——半公共的——私用的；动的——中间的——静的；人在特定时间段的空间行为可以局限于某种层次的领域之中，也可以跨越不同层次的领域。在一些优秀的风景园林作品中，空间序列的设计犹如一篇叙事诗，呈现由发端——发展——高潮——尾声完整的变化脉络（图5-20）。

图 5-20　某园林景观空间序列

5.1.4.4 焦点与视线控制

（1）空间中的焦点

空间的焦点是促成空间形态构成的重要因素。园林中空间的焦点是那些容易吸引人们视线的环境要素。通过对焦点的注视，人们能够加深对整个空间形态的理解。各类环境的要素都能成为空间的焦点。如地面铺设的图案、墙上的装饰构件及环境中的雕塑、小品等。

对空间焦点的设计有两点是尤为重要的。其一是焦点形态的设计。作为空间焦点的环境要素，其形态必须是突出的，或体型高耸，或造型独特，或具有高度的艺术性，或经过重要装饰，总之将成为环境中最为引人注目的"角色"。其次就是位置的选择。如将焦点设置在空间的几何中心、人流汇聚处等显赫的位置上能使焦点更多地为人注视，成为环境中的趣味中心，从而对空间形态的构成发挥更大的作用（图5-21）。

（2）视线控制

视线控制包括遮蔽视线和引导视线。利用障景可以遮蔽视线，从而将视线引导到别的方向，如果用障景将多个方向的视线遮蔽，则人所处空间的围合感增强，私密性也就大大加强。这一点可以通过围合空间的植物或是景观墙的高度来控制，当其高度为1.2m时，身体大部分被遮住，视线没有被遮蔽，人会产生一定的安全感。当其高度为1.5m时，身体都被遮挡，视线受到阻碍，人会有一定的私密感。当其高度为1.8m时，身体被完全遮挡，视线也被阻碍，此时有很强的私密感。因此用景观创造私密感时，应将视线的控制作为重要的参考因素。

(王林雯 摄)

图5-21 焦点景观

5.1.4.5 运动与空间形态

风景园林的要素是处于前景、中景还是远景之中，在视觉反映的画面中又处于怎样的位置，取决于人所处的观察点的位置。

人在不断运动，各类要素的形态与风景园林的构图也随之不断地变化。英国著名建筑师和城市规划师F.吉伯德（Gibberd. F）曾以一幢白色建筑在一系列街景中的变化说明"步移景异"这个道理，而中国古典园林中更是经常将此道理运用到风景园林设计中（图 5-22）。

(a)　　　　　　　　　　　　　　(b)

图 5-22　步移景异景观的效果图（王林雯　摄）

　　在风景园林规划设计中，应有意识地对人的观察点进行设计。在建筑外环境中一些承接主要人流的道路，很自然地成为观察点，而绿地中的座椅、竹亭则更容易成为环境的驻足点；是让人流直行还是折行；场地是设在建筑外墙边还是离开一定距离并以水池分隔；座椅和竹亭是靠近花坛还是喷泉等都是对人的动线以及观察点的设计。

　　除了运动的路径，运动的速度也是需要考虑的因素。如单纯的快速道路环境中，对于驾车人而言，近景不断地快速闪动甚至连成一片，中景也徐徐地移动，远景则相对静止。此时的中景、远景显得比近景更为重要。中景、远景的一些形态特征，如路的形态、路的尽头的对景、标志物，比近景如地面的质感、路栏的细部更易于为视觉接受，也就更需要精心设计。随着人运动速度的减缓，对于近景的关注程度不断地加大，同样作为路栏、地面铺地以及路边的标识牌，步行环境较车行环境对细部设计有更高的要求（图 5-23、图 5-24）。

（王林雯　摄）

图 5-23　步行环境中的景观细部设计

(王林雯 摄)

图 5-24　车行环境中的景观设计

5.2　园林审美与造景

5.2.1　形式美法则

与其它艺术门类一样，风景园林艺术作品的形式总是按照美的规律创造出来的。风景园林构图及形式美的规律，即所谓的法则（原则），概括起来有以下几种：多样统一规律、比例和尺度、对称与均衡、对比与协调、节奏与韵律等。

（1）多样统一规律

多样统一规律是形式美的基本法则，其主要意义是要求在艺术形式的多样变化中，要有其内在的和谐与统一关系，既显示形式美的独特性，又具有艺术的整体性。多样而不统一必然杂乱无章；统一而无变化，则呆板单调。

（2）对称与均衡

① 对称　对称具有规整、庄严、宁静与单纯等特点，但过分强调对称会产生呆板、压抑、牵强与造作的感觉。对称一般用于建筑入口两边或规则式构图或起强制作用的地方。对称有 3 种形式：左右对称、旋转对称、中心对称。

② 均衡　指景物群体的各景份之间对立统一的空间关系，一般表现为两种类型，即对称均衡和不对称均衡。

a. 对称均衡（静态均衡）：景物以附加轴线为中心，在相对静止的条件下，取得左右（上下）对称的形式，在心理学上表现为稳定、庄重和理性。对称均衡较工整，构图的正中设置集中注意力的焦点，使之因稳定的中心产生高贵感。规则式绿地中采用较多，如纪念性园林、规则式公园等。

b. 不对称均衡（动态均衡）：不对称均衡较自然，注意力焦点不放在中间，形式上是不对称，产生静中有动的感觉。

（3）对比与协调

① 对比　对比是强调二者的差异性。对比的手法很多，就静态造景构图来分有：形象的对比、体量的对比、方向的对比、开闭的对比、明暗的对比、虚实的对比、色彩的对比、质感的对比。在风景园林造景艺术中，往往通过形式和内容的对比关系而更加突出主体，更能表现景物的本质特征，产生更为强烈的艺术感染力。

②协调　在形式美的概念中，协调是指各景物之间形成了矛盾的统一体，也就是在事物的差异中强调统一的一面，使人们在柔和宁静的氛围中获得审美享受。

（4）节奏与韵律

节奏就是景物简单地反复连续出现，通过时间的运动而产生美感，如灯杆、花坛、行道树、水的波纹、植物的叶序以及河边的卵石等；而韵律则是节奏的深化，是有规律但又自由地抑扬起伏变化，从而产生富于感情色彩的律动感，如自然山峰的起伏线、人工植物群落的林冠线等。

（5）重复与渐进

重复是指构图中某一因素的反复出现。重复的设计手法可以加强整体的统一性。构图中如线的重复、形的重复、质感的重复、树种的重复等（图5-25）。渐进是指重复出现的构图要素，在长短、宽窄、疏密、浓淡、数量等某一方面做有规律的逐渐变化所形成的构图。

(a) 昆明世博园圆柱式线的重复　　　　　　(b) 桂林园博园立方体的重复(王林雯　摄)

图5-25　重复

（6）比例和尺度

①比例　指一件事物整体与局部以及局部与局部之间的关系。比例一般只反映景物及各组成部分之间的相对数比关系，而不涉及具体的尺寸。

②尺度　是指园林景物、建筑物整体和局部构件与人或人所习见的某些特定标准之间的大小关系。

（7）色彩与质感

①色彩　一提到风景园林景观，有时就会联想到色彩斑斓的众多花卉。事实上，园林景观的色彩不仅来自花卉，还有叶子、果实、树干、树皮和建筑材料等各种各样的颜色。叶子也可能有不同的绿色，从墨绿、草绿到黄绿。晚秋季节，不少树的叶子可变成黄色、橙色，甚至鲜艳的红色。有的全年都是绿色。

风景园林里的各种硬质景观如硬地、小路、亭台等也都有各种各样的颜色。例如砖这种材料就有强烈的色彩。设计庭园时，应当仔细地考虑各种色彩产生的效果。

色彩可以发出强烈的情感信号，并且会影响风景园林的许多方面。重复色彩能够创造出愉悦的气氛和视觉上的统一效果。大量相同颜色的花卉植物，能够造成鲜明的氛围。不同色彩的混合可能降低统一性的效应。也可以利用颜色来强调庭园的重点区域和焦点。

色彩有冷暖之分。红色、橘红色、黄色在视觉上使人感觉温暖；蓝色、绿色、紫色在视觉上就会使人感到寒冷。暖色色调产生向前和富于激情的感觉。冷色色调趋向于后退和放松、平静的感觉。冷色能使一个较小的园林看起来比实际大一些；暖色色调能使园林的大小比实际要小一些。设计时最好选用一种主导性色彩，再结合其它一种或数种色彩创造出一个愉快宜人的色彩调子。

当组合各种色彩时，可以参考色轮，以利于取得和谐理想的色彩效果。在色轮上相差180°的两种颜色互为补色。例如红和绿、黄和紫等。色轮上相近的地方是互相调和的颜色。单色色彩的协调靠一种物体上的色彩产生微差。全红色的风景园林景观里面也包含着色彩上的微差。例如可以从大红、粉红、浅红色彩中采用渐变形式取得既统一又有适当对比的效果，让人看起来不单调。

② 质感　质感也能吸引人们的注意力。某种植物的质感是精致、中等，还是粗糙，取决于叶子的大小和枝干的情况。黄杨木小而卵圆形的叶子，显得细致而平静。木橙花长椭圆形的叶子就显得质感粗犷。

质感也和重量有关联。植物的叶子硬而细致，光亮就会显得清爽。

风景园林设计师最重要的技巧之一是了解、掌握质感的组合和对比，这在做实际工程时是很有用的。采用过多的质感对比，会给人带来杂乱无章的感觉。而采用过多的相似质感，不论是精致还是粗糙，都可能使人感觉呆板和厌烦。

设计师有时利用质感创造错觉。质感强烈的事物显得和人更接近。在小空间种植细小精致的植物会产生比实际空间要大的感觉。在大空间和距离较远的空间种植质感粗糙又大的植物会产生比实际距离要近一些的感觉。

5.2.2　园林构图与布局形式

所谓构图即组合、联系、布局的意思。风景园林绿地的性质、功能等是园林艺术构图的依据；园林材料、空间、时间是构图的物质基础。风景园林景观是由植物、建筑、地形、道路等构成要素，按照构图规律组成的。

风景园林构图必须把风景园林的功能要求和艺术要求以及风景园林的立地条件（地形、植被等）作为一个完整的统一体加以考虑。风景园林构图应是以自然美为特征的空间环境设计，而不是单纯的平面构图。构图应对空间的大小、性质加以考虑。园林构图是综合的造型艺术，园林美是自然美、建筑美、绘画美、文学美的综合。构图时，要充分利用这些艺术门类的表现手法。

园林构图的布局基本形式可以分为以下四种。

（1）规则式

整个平面布局、立体造型以及建筑、广场、道路、水面、花草树木等都要求严整对称。在18世纪，西方园林主要以规则式为主，其中以文艺复兴时期意大利台地园（图5-26）和19世纪法国勒诺特尔平面几何图案式园林为代表，我国的北京天坛、南京中山陵等都采用规则式布局。

（2）自然式

自然式又称风景式。它以模仿自然为主，不要求严整对称。我国园林自古以来就以再现自然山水为特色，立体造型及园林要素布置均较自由。这种形式较适合于有山、有水、有地形起伏的环境，以含蓄、幽雅及深远的意境见长（图5-27）。

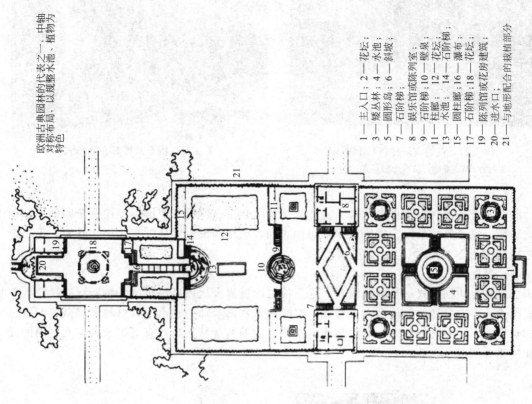

欧洲古典园林的代表之一，中轴对称布局，以规整水池、植物为特色

1—主入口；2—花坛；
3—矮丛林；4—水池；
5—圆形岛；6—斜坡；
7—石阶梯；
8—娱乐宿或陈列室；
9—石阶梯；10—壁泉；
11—柱廊；12—花坛；
13—水池；14—石阶梯；
15—圆柱廊；16—瀑布；
17—石阶梯；18—花坛；
19—陈列宿或花房建筑；
20—进水口；
21—与地形配合的栽植部分

图 5-26　规则式布局形式——意大利兰特庄园

图 5-27 自然式园林布局形式

（格兰特.W.里德,从概念到形式,2004）

图 5-28 混合式园林布局形式

（3）混合式

所谓混合式园林主要指规则式、自然式交错组合,全园没有或形不成控制全园的主轴线和副轴线,只有局部景区、建筑以中轴对称布局,或全园没有明显的自然山水骨架,形不成自然格局（图 5-28）。

（4）自由式

自由式也叫抽象式、自由曲线式。这是第二次世界大战以后出现的一种新形式。它既不是规则式,也非自然式。虽由人工建成,但其线条和形状却是自由的,材料和局部的配置也是非对称的,没有任何约束,所以称作自由式。它的显著特征是:有意识地否定几何形的设计和轴线的概念（图 5-29）。

图 5-29 自由式园林布局形式

图 5-30 北海公园的白塔作主景

5.2.3 园林造景

（1）主景与配景

主景是风景园林绿地的核心,一般一个园林由若干个景区组成,每个景区都有各自的主景,但各景区中,有主景区与次景区之分。而位于主景区中的主景是风景园林中的主题和重点;配景起衬托作用。常用的突出主景的方法有以下几种。

① 主景升高 为了使构图主题鲜明,常把主景在高程上加以突出。例如,北京北海公园的白塔（图 5-30）、颐和园万寿山景区的佛香阁建筑等均属于此类型。

② 中轴对称 在规则式园林和园林建筑布局中,常把主景放在总体布局中轴线的终点,

而在主体建筑两侧，配置一对或一对以上的配体。中轴对称强调主景的艺术效果是宏伟、庄严和壮丽，例如，北京天安门广场建筑群就是采用这种构图方法，另外，一些纪念性公园也常采用这种方法来突出主体（图5-31）。

③ 对比与调和　配景经常通过对比的形式来突出主景，这种对比可以是体量上的对比，也可以是色彩上的对比、形体上的对比等。例如，风景园林中常用蓝天作为青铜像的背景。

图 5-31　北京天安门广场中轴线

④ 运用轴线和风景视线的焦点　风景园林中常把主景放在视线的焦点处，或放在风景透视线的焦点上来突出主景。例如，北海白塔布置在全园视线的焦点处就是此类型。

⑤ 重心处理　在园林构图中，常把主景放在整个构图的重心上，例如，中国传统假山就是把主峰放在偏于某一侧的位置，主峰切忌居中。规则式园林，主景放在几何中心上，例如天安门广场的纪念碑就是放在广场的几何中心上。

⑥ 动势集中　一般四面环抱的空间，例如，水面、广场、庭院等周围次要的景色要有动势，趋向一个线的焦点上。

（2）抑景

中国传统园林的特色是反对一览无余的景色，主张"山重水复疑无路，柳暗花明又一村"的先藏后露的造园方法，苏州的拙政园就是典型的例子，进了腰门以后，对面布置一假山，把园内景观屏障起来，通过曲折的山洞使之具有豁然开朗之感、别有洞天之界，大大提高了园内风景的感染力。

（3）借景

根据园林周围环境特点和造景需要，把园外的风景组织到园内，成为园内风景的一部分，称为借景。借景能扩大空间、丰富园景，一般借景的方法有以下几种方式。

① 远借　把远处的园外风景借到园内，一般是山、水、树林、建筑等大的风景。

② 邻借（近借）　把邻近园子的风景组织到园内，一般的景物均可作为借景的内容。

③ 仰借　利用仰视来借景，借到的景物一般要求较高大，如山峰、瀑布、高阁等。

④ 俯借　指利用俯视所借景物，一般在视点位置较高的场所才适合于俯借。

（4）对景

位于园林轴线及风景线端点的景物叫对景。对景可以使两个景观相互观望，丰富风景园林景色，一般选择园内透视画面最精彩的位置，用作供游人逗留的场所。例如，休息亭、榭等。这些建筑在朝向上应与远景相向对应，能相互观望、相互烘托。

（5）分景

将风景园林内的风景分为若干个区，使各景区相互不干扰，各具特色。分景是风景园林造景中采取的重要方式之一。例如，北京颐和园就是利用山体把苏州河景区与其它景区分开的。

（6）框景、夹景、漏景、添景

① 框景　框景就是把真实的自然风景用类似画框的门、窗洞、框架，或用乔木的树冠环抱而成的空隙，把远景围起来，形成类似于"画"的风景图画，这种造景方法称之为框景。

② 夹景　当远景的水平方向视界很宽时，将两侧并不动人的景物用树木、土山或建筑

物屏障起来，只留合乎画意的远景，游人从左右配景的夹道中观赏风景，称为夹景。夹景一般用在河流及道路的组景上，夹景可以增加远景的深度感。例如，苏州河中的苏州桥即采用这种夹景的方法。

③ 漏景　漏景是由框景发展而来，框景景色全观，而漏景若隐若现。漏景是通过围墙和走廊的漏窗来透视园内风景。漏景在中国传统园林中十分常见（图5-32）。

④ 添景　当风景点与远方的对景之间没有中景时，容易缺乏层次感，常用添景的方法处理，添景可以为建筑一角，也可以为树木花丛。例如，在湖边看远景时可以用几丝垂柳的枝条作为添景。

图 5-32　漏景　　　　　　　　　　　　　　　　图 5-33　点景

（7）障景

在风景园林中，由于其位置与环境的影响，使园外一些不好的景观很容易引到园内来，特别是园外的一些建筑等，与园内风景格格不入，这时，可以用障景的方法把这些劣景屏障起来。屏障的材料可以是土山、树林、建筑等。

（8）点景

我国传统园林善于抓住每一个景观特点，根据它的性质、用途，结合环境进行概括，常作出形象化、诗意浓、意境深的园林题咏。其形式有匾额、对联、石碑、石刻等，它不但丰富了景的欣赏内容，增加了诗情画意，点出了景的主体，给人以联想，还具有宣传和装饰等作用。这种方法称为点景（图5-33）。

5.2.4　园林意境

通过风景园林的形象所反映的情感，使游赏者触景生情，产生情景交融的一种艺术境界。园林意境对内可以抒己，对外足以感人。园林意境强调的是园林空间环境的精神属性，是相对于园林生态环境的物质属性而言的。园林造景并不能直接创造意境，但能运用人们的心理活动规律和所具有的社会文化积淀，充分发挥园林造景的特点，创造出促使游赏者产生多种优美意境的环境条件。

园林意境是文化素养的流露，也是情意的表达，所以根本问题在于对本国文化修养的提高与感情素质的提高。技法问题只是创作的一种辅助方法，且可不断创新。园林意境的创作方法有中国自己的特色和深远的文化根源。融情入境的创作方法，大体可归纳为三个方面。

（1）"体物"的过程

即园林意境创作必须在调查研究过程中，对特定环境与景物所适宜表达的情意作详细的体察。事物形象各自具有表达个性与情意的特点，这是客观存在的现象。如人们常以柳丝比女性、比柔情；以花朵比儿童或美人；以古柏比将军、比坚贞。比、兴不当，就不能表达事物寄情的特点。不仅如此，还要体察入微，善于发现。如以石块象征坚定性格，则卵石、花石不如黄石、磐石，因其不仅在质，亦且在形。在这样的体察过程中，心有所得，才能开始立意设计。

（2）"意匠经营"的过程

在体物的基础上立意，意境才有表达的可能，然后根据立意来规划布局，剪裁景物。园林意境的丰富，必须根据条件进行"因借"。计成《园冶》中的"借景"一章所说"取景在借"，讲的不只是构图上的借景，而且是为了丰富意境的"因借"。凡是晚钟、晓月、樵唱、渔歌等无不可借，计成认为"触情俱是"。

（3）"比"与"兴"

"比"与"兴"是中国先秦时代审美意识的表现手段。《文心雕龙》对比、兴的释义是："比者附也；兴者起也。""比是借他物比此物"，如"兰生幽谷，不为无人而不芳"是一个自然现象，可以比喻人的高尚品德。"兴"是借助景物以直抒情意，如"野塘春水浸，花坞夕阳迟"是指景中怡悦之情，油然而生。"比"与"兴"有时很难决然划分，经常连用，都是通过外物与景象来抒发、寄托、表现、传达情意的方法。

5.3 可持续发展与生态设计

5.3.1 可持续发展理念

1987 年，世界环境与发展委员会将可持续发展定义为："既能满足当代人的需要，又不对后代人满足其需要的能力构成危害的发展。"可持续发展的观念正逐渐成为人类社会的共识，主要表现在可再生资源的合理开发利用和再生；不可再生资源的合理开发利用和保护，并综合考虑政治、经济、社会、技术、文化、美学等诸多方面的问题，提出整合的解决途径。

可持续发展观念源于人类对地球资源有限性的认识。地球的承载能力是有限的，既要承受一定数目的生物生存下去，又不会对它赖以生存的生态体系产生无法挽回的破坏。这一认知告诫我们该如何减少向地球施加的作用力，我们如何才能最大限度地利用所消耗的资源与控制所排放的废物来减少这种作用力。

可持续发展的风景园林景观应是合理利用自然资源，保持人与自然之间互惠共生的关系。例如，在风景区的开发中，人们更应该做的是对景观资源在有效保护的前提下，合理开发，使得这些有价值的景观资源得到永续利用，而不是竭泽而渔，盲目开发，过度使用，最终导致景观遭到不可逆转的破坏。

5.3.2 生态设计

生态设计指运用生态学原理，综合地、长远地评价、规划和协调人与自然资源开发、利用和转化的关系，提高生态经济效益，促进社会经济可持续发展的一种设计方法。生态设计是与生态过程相协调的设计。在全球性的环境恶化与资源短缺的现实情况下，以研究人类与自然间的相互作用及动态平衡为出发点的生态规划设计思想开始形成并迅速发展。体现生态思想，运用生态学原理和技术方法已经成为现代风景园林规划设计中的一个潮流。

20 世纪 70 年代初，美国宾夕法尼亚大学景观建筑学教授麦克哈格（Ian McHarg）提出并倡导将景观作为一个包括地质、地形、水文、土地利用、植物、野生动物和气候等决定性要素相互联系的整体来看待的观点，使风景园林规划设计的视野扩展到了包括城市在内的、多个生态系统的镶嵌体的大地综合体。这一风景园林规划设计的方法强调园林规划设计应该遵从自然固有的价值和自然过程，以因子分层分析和地图叠加技术为核心，反对以往城市规划设计和风景园林规划中机械的功能分区的做法，强调土地利用规划应遵从自然的固有价值和自然过程，即土地的适用性，麦克哈格称这一生态主义的规划方法为"千层饼模式"。

随着人们对景观生态学认识的进一步加深，今天的生态主义风景园林规划理论强调水平生态过程与景观格局之间的相互关系，研究多个生态系统之间的空间格局及相互之间的生态流，包括物质流动、物种流动、干扰的扩散等，并用一个基本的模式"斑块（patch）——廊道（corridor）——基质（matrix）"来认识和分析景观，并以此为基础，发展了景观生态规划的方法模式。斑块、廊道和基质是景观生态学用来解释景观结构的基本模式，普遍适用于各类景观，包括荒漠、森林、农业、草原、郊区和建成区景观（Forman and Godron，1986），运用这一基本语言，景观生态学探讨地球表面的景观是怎样由斑块、廊道和基质所构成的，如何来定量、定性地描述这些基本景观元素的形状、大小、数目和空间关系，以及这些空间属性对景观中的运动和生态流有什么影响。如方形斑块和圆形斑块分别对物种多样性和物种构成有什么不同影响；大斑块和小斑块各有什么生态学利弊；弯曲的、直线的、连续的或是间断的廊道对物种运动和物质流动有什么不同影响；不同的基质纹理（细密或粗散）对动物的运动和空间扩散的干扰有什么影响等。围绕这一系列问题的观察和分析，景观生态学得出了一些关于景观结构与功能关系的一般性原理，为景观规划和改变提供了依据。景观生态规划总体格局原理，包括不可替代格局、"集聚间有离析"的最优的景观格局等。

5.3.2.1 生态设计原理

（1）原理之一：地方性

第一，尊重传统文化和乡土知识。这是当地人的经验，当地人依赖于其生活的环境获得日常生活的一切需要，包括水、食物、能源、药物以及精神寄托。

第二，适应场所自然过程。现代人的需要可能与历史上该场所中的人的需要不尽相同。因此，为场所而设计绝不意味着模仿和拘泥于传统的形式。生态设计告诉我们，新的设计形式仍然应以场所的自然过程为依据，依据场所中的阳光、地形、水、风、土壤、植被及能量等。设计的过程就是将这些带有场所特征的自然因素结合在设计之中，从而维护场所的健康。

第三，当地材料。植物和建材的使用，是设计生态化的一个重要方面。乡土物种不但最适宜于在当地生长，管理和维护成本最低，还因为物种的消失已成为当代最主要的环境问题。所以保护和利用地方性物种也是时代对景观设计师的伦理要求。

（2）原理之二：保护与节约自然资本

地球上的自然资源分为可再生资源（如水、森林、动物等）和不可再生资源（如石油、煤等）。要实现人类生存环境的可持续，必须对不可再生资源加以保护和节约使用。即使是可再生资源，其再生能力也是有限的，因此对它们的使用也需要采用保本取息的方式而不是杀鸡取卵的方式。因此，对于自然生态系统的物流和能流，生态设计强调的解决之道有四条。

第一，保护。保护不可再生资源，作为自然遗产，不到万不得已，不予以使用。在大规模的城市发展过程中，特殊自然景观元素或生态系统的保护尤显重要，如城区和城郊湿地的保护，自然水系和山林的保护。

第二，减量（reduce）。尽可能减少包括能源、土地、水、生物资源的使用，提高使用效率。设计中如果合理地利用自然的过程如光、风、水等，则可以大大减少能源的使用。城市绿化中即使是物种和植物配置方式的不同，如林地取代草坪，地方性树种取代外来园艺品种，也可大大节约能源和资源的耗费，包括减少灌溉用水、少用或不用化肥和除草剂，并能自身繁衍。不考虑维护问题的城市绿化，无论其有多么美丽动人，也只能是一项非生态的工程。

第三，再利用（reuse）。利用废弃的土地、原有材料，包括植被、土壤、砖石等服务于新的功能，可以大大节约资源和能源的耗费。

第四，再生（recycle）。在自然系统中，物质和能量流动是一个由"源——消费中心——汇"构成的、头尾相接的闭合环循环流，因此，大自然没有废物。而在现代城市生态系统中，这一流是单向不闭合的。因此在人们消费和生产的同时，产生了垃圾和废物，造成了对水、大气和土壤的污染。

（3）原理之三：让自然做功

自然提供给人类的服务是全方位的。让自然做功这一设计原理强调人与自然过程的共生和合作关系，通过与生命所遵循的过程和格局的合作，我们可以显著减少设计的生态影响。这一原理着重体现在以下几个方面。

第一，自然界没有废物。每一个健康生态系统，都有一个完善的食物链和营养级，秋天的枯枝落叶是春天新生命生长的营养。公园中清除枯枝落叶实际上是切断了自然界的一个闭合循环系统。在城市绿地的维护管理中，变废物为营养，如返还枝叶、返还地表水补充地下水等就是最直接的生态设计应用。

第二，自然的自组织和能动性。自然是具有自组织或自我设计能力的，自然系统的这种自我设计能力在水污染治理、废弃地的恢复（包括矿山、采石坑、采伐迹地等）以及城市中地方性生物群落的建立等方面都有广泛的应用前景。如景观设计师迈克尔·范·瓦肯伯格（Michael van Valkenburgh）设计的通用米氏（General Mills）公司总部〔位于美国明尼苏达州（Minnesota），明尼阿波利斯市（Minneapolis）〕的项目中，设计师拟自然播撒草原种子，创造适宜于当地景观基质和气候条件的人工地被群落，每年草枯叶黄之际，引火燃烧，次年再萌新绿。整个过程，包括火的运用，都借助了自然的生态过程和自然系统的自组织能力。

第三，边缘效应。在两个或多个不同的生态系统或景观元素的边缘带，有更活跃的能流和物流，具有丰富的物种和更高的生产力。在常规的设计中，我们往往会忽视生态边缘效应的存在，很少把这种边缘效应结合在设计之中。在与自然合作的生态设计中就需要充分利用生态系统之间的边缘效应，来创造丰富的景观。

第四，生物多样性。生物多样性至少包括三个层次的含意，即：生物遗传基因的多样性；生物物种的多样性和生态系统的多样性。多样性维持了生态系统的健康和高效，因此是生态系统服务功能的基础。与自然相合作的设计就应尊重和维护其多样性。

5.3.2.2 常规设计与生态设计之比较（表5-1）

表5-1 常规设计与生态设计之比较

问题	常规设计	生态设计
能源	消耗自然资本，基本上依赖于不可再生的能源，包括石油和核能	充分利用太阳能、风能、水能或生物能
材料利用	过量使用高质量材料，使纸质材料变为有毒、有害物质，遗存在土壤中或释放入空气	循环利用可再生物质，废物再利用，易于回收、维修，灵活可变，持久
污染	大量、泛滥	减少到最低限度，废弃物的量和成分与生态系统的吸收能力相适应
有毒物	普遍使用，从除虫剂到涂料	非常谨慎使用
生态测算	只出于规定要求而做，如环境影响评价	贯穿于项目整个过程的生态影响测算，从材料提取，到成分的回收和再利用

问题	常规设计	生态设计
生态学与经济学关系	视两者为对立,短期眼光	视两者为统一,长远眼光
设计指标	习惯,适应,经济学的	人类和生态系统的健康,生态经济学的
对生态环境的敏感性	规范化的模式在全球重复使用,很少考虑地方文化和场所特征,例如,摩天大楼从纽约到上海,如出一辙	应生物区域不同而有变化,设计遵从当地的土壤、植物、材料、文化、气候、地形,解决之道来自场地
生物、文化和经济的多样性	使用标准化的设计,高能耗和材料浪费,从而导致生物、文化及经济多样性的损失	维护生物多样性和与当地相适应的文化以及经济支持
知识基础	狭窄的专业指向,单一的	综合多个设计学科以及广泛的科学,是综合的
空间尺度	往往局限于单一尺度	综合多个尺度的设计,在大尺度上反映了小尺度的影响,或在小尺度上反映大尺度的影响
整体系统	画地为牢,以人定边界为限,不考虑自然过程的连续性	以整体系统为对象,设计旨在实现系统内部的完整性和统一性
自然的作用	设计强加在自然之上,以实现控制和狭隘地满足人的需要	与自然合作,尽量利用自然的能动性和自组织能力
潜在的寓意	机器、产品、零件	细胞、机体、生态系统
可参与性	依赖于专业术语和专家,排斥公众的参与	致力于广泛而开放的讨论,人人都是设计的参与者
学习的类型	自然和技术是掩藏的,设计无益于教育	自然过程和技术是显露的,设计带我们走近维持我们的系统
对可持续危机的反应	视文化与自然为对立物,试图通过微弱的保护措施来减缓事态的恶化,而不追究更深的、根本的原因	视文化与生态为潜在的共生物,不拘泥于表面的措施,而是积极地探索再创人类及生态系统健康的实践

参照 van der Ryn and Cowan, 1996.

5.4 人性化设计

人性化设计是指在设计过程当中,根据人的行为习惯、人体的生理结构、人的心理情况、人的思维方式等,在原有设计基本功能和性能的基础上,对园林环境进行优化,使人们在园林环境中感到非常方便、舒适。人性化设计是在设计中对人的心理、生理需求和精神追求的尊重和满足,是设计中的人文关怀,是对人性的尊重。

5.4.1 行为与心理

风景园林设计既要注重功能、形式、设计的个性和风格、技术和工程,同时也不能忽视使用者的需要、价值观以及行为习惯。

(1) 环境和行为

行为基本上可以看作为是对一定刺激的反应,刺激既可能来自行为者本身的动机、需要或倾向,也可能来自行为者之外的环境,或者这两方面的结合。行为与环境的关系可表示为:

$$B = f(P \cdot E)$$

式中　B——行为;

　　　P——人（行为者）;

　　　E——环境。

动机形成于需要,人类的需要较复杂。马斯洛（Abraham H. Maslow）、埃里克森（Erik H Erikson）、佛洛姆（Erich Fromm）和莱顿（Stephen Leighton）等想找出产生行为的内在动机或需要的类型，以马斯洛的需要锥和莱顿的基本情感量尺较著名。例如，马斯洛认为人类的需要呈锥状，从低到高的次序为：生理的需要、安全的需要、所属与爱情的需要、自尊的需要、自我表述的需要以及认知和审美的需要。低级的几种需要最基本，首先必须满足。

从行为角度看；大多数情绪理论家认为心理情感反应会导致相应的行为。例如，对不喜欢的或恐惧的事物会产生紧张、焦虑，使人不自觉地在行为上退缩或回避；相反，感兴趣的则会使人注目、接近或产生参加的愿望。西蒙兹（John O. Simonds）总结了引人注目的环境特征。设计环境中的形体、色彩、符号、质感等特定的内容所表达的情感、环境的舒适、与使用目的的一致于否会直接影响人们的情绪，从而产生相应的行为。表 5-2 列出了设计环境对情绪反应的作用。

表 5-2   设计环境和情绪反应

情绪反应	与设计有关的各种内容
愉快的	空间的形、质感、色彩、音响、光线、气味都与使用相一致，期望的满足，完整的、序列变化的且统一，和谐的关系,明显优美的
令人不愉快的	行动不自由，失望的，陈旧俗套的，不舒适的，粗劣质地的，材料使用不当的，不合逻辑的，不完全的，枯燥乏味的，杂乱的，不协调的
令人紧张的	缺乏稳定感的，不平衡构图的，运用巨大尺度或过强对比，环境中不熟悉的内容，垂直延伸的，没有过渡、极不协调的色彩，具有尖锐角的形与线条，眩光，难忍的噪声，令人不适的温度和湿度，过于平静的空间
使人放松的	环境中熟悉或喜爱的内容，与期望一致的秩序，简洁的、亲切的尺度，水平伸展的，令人舒适和柔和的声响，合适的温度，柔和连续的形、线和空间，较弱的对比，活动自由的，芳香的气味
令人惊恐的	明显的"陷阱"，没有线索去判别空间位置、方向和尺度，危险的空间隐患，扭曲或破碎的面，不合逻辑的、不稳定的形体，危险的、没有维护的巨大空间，尖锐、向前尖突的物体
令人敬畏的	超出人们日常经历的巨大尺度，夸大的水平与垂直对比，控制或引导视线向上延伸的垂直空间，天顶光线，简洁、完美、对称的构图，精心设计的序列，洁白的，表示永恒的涵义，使用昂贵和象征永恒的材料

（2）设计与行为

虽然行为不完全由环境引起，但是环境对行为有一定的作用。行为与环境之间的关系可理解为反应与刺激的关系。在研究人们一般行为特征的基础上可以设计出符合人们行为习惯的环境，这种环境便于管理，能避免可能发生的破坏性行为。

为保持较低的能量水平，人们希望从起点到终点之间距离越短越好，当这种希望十分强烈时便会产生破坏性的行为。例如，常常见到绿篱和栏杆的缺口，草坪上被踏出的一条条小径，因此，在设计中应能预见到有可能抄近路的路段并采取相应的措施。人们常常对当前的愿望和达到该愿望所需花费的代价进行权衡，当觉得不值得时这种愿望就会消失，因此，在设计中应尽量避免设置不利的挡拦。挡的强度应视地段的重要性、人流量的大小而定。也可以采用引导的方法，根据人流的流向将一些可能出现抄近路的地段直接用道路或铺装路面连接起来（图 5-34）。

不利的环境条件会引起人的退避行为，例如，杂乱的景色、难闻的气味、嘈杂的声响、不舒适的小气候条件以及不安全的场所等都会影响到公共空间的使用。

在公共场合中，人们有时希望有能与别人交谈的场所，有时又希望与人群保持一定的距离，有相对僻静的小空间。因此，设计应提供相对丰富、有一定自由选择范围的环境（图 5-35）。

5.4.2   无障碍与通用设计

（1）无障碍设计

无障碍设计（barrier-free design）这个概念名称始见于 1974 年，是联合国组织提出的设计新主张。无障碍设计强调在科学技术高度发展的现代社会，一切有关人类衣食住行的公共空间环境以及各类建筑设施、设备的规划设计，都必须充分考虑具有不同程度生理伤残缺

图 5-34　某校园按人流的方向设置道路引导的方法（王晓俊，2009）

陷者和正常活动能力衰退者（如残疾人、老年人）群众的使用需求，配备能够应答、满足这些需求的服务功能与装置，营造一个充满爱与关怀、切实保障人类安全、方便、舒适的现代生活环境。

　　风景园林景观中无障碍设施是必不可少的，身体障碍者与常人一样需要享受户外运动的乐趣和舒适使用的环境空间。其对人的关怀应体现到细部的处理上，比如在台阶和坡道侧设置扶手，高的为高龄者和身体障碍者使用，矮的为坐轮椅者和儿童使用；台阶每隔 1.2m 设置休息平台，防止疲劳；为了显示道路和高差的不同，灵活采用路面材料，高差变化给轮椅以足够的回转空间；还包括遮阳、避雨的设计，防滑设计，照明设计，公厕的设计，电话亭设计等。无障碍设计是为残障人士准备的，我们善待残障人群、老年人群，也就是善待我们自己。风景园林设计师应有为残障人士在内的各类人群服务的责任感。

　　无障碍设计的服务人群为残疾人、老年人、儿童等弱势群体，这些弱势群体的特殊需要在风景园林环境设计中很容易被忽视，常常导致他们在景观空间中的活动受到限制。无障碍设计作为风景园林设计的重要组成部分，为这些特殊人群在室外活动提供了一定的便捷和安全。同时无障碍设计体现了人本主义关怀，是人性化风景园林环境设计的重要保障。

　　（2）通用设计

　　通用设计是指对于产品的设计和环境的考虑尽最大可能地面向所有的使用者的一种创造设计活动。通用设计又名全民设计、全方位设计或是通用化设计，系指无须改良或特别设计就能为所有人使用的产品、环境及通信。它所传达的意思是：如果能被失能者所使用，就更能被所有的人使用。

　　通用设计不应该为一些特别的情况而作出迁就和特定的设计，具有七大原则。

　　原则一：公平地使用。对具有不同能力的人，产品的设计应该是可以让所有人都公平使用的。

　　原则二：可以灵活地使用。设计要迎合广泛的个人喜好和能力。

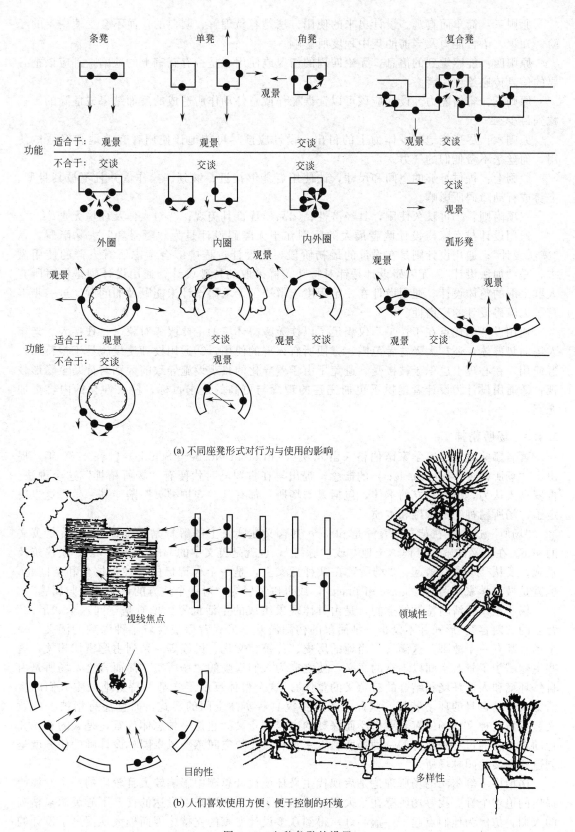

条凳　单凳　角凳　复合凳

观景

功能

| 适合于： | 观景 | 观景 | 交谈 | 观景 | 交谈 |
| 不合于： | 交谈 | 交谈 | 交谈 | | |

→ 交谈
→ 观景

外圈　内圈　内外圈　弧形凳

观景　观景　观景　观景

功能

| 适合于： | 观景 | 交谈 | 观景 | 交谈 | 观景 | 交谈 |
| 不合于： | 交谈 | 观景 | | | | |

(a) 不同座凳形式对行为与使用的影响

视线焦点　　　　　　　领域性

目的性　　　　　　　多样性

(b) 人们喜欢使用方便、便于控制的环境

图 5-35　坐憩条凳的设置

原则三：简单而直观。设计出来的使用方法是容易理解、明白的，而不会受使用者的经验、知识、语言能力及当前的集中程度所影响。

原则四：能感觉到的信息。无论四周的情况或使用者是否有感官上的缺陷，都应该把必要的信息传递给使用者。

原则五：容错能力。设计应该可以让误操作或意外动作所造成的反面结果或危险的影响减到最少。

原则六：尽可能地减少体力上的付出。设计应该尽可能地让使用者有效地和舒适地使用，而丝毫不费他们的气力。

原则七：提供足够的空间和尺寸，让使用者能够接近、够到、操作，并且不被其身型、姿势或行动障碍所影响。

三项附则：①可长久使用，具经济性；②品质优良且美观；③对人体及环境无害。

通用设计与无障碍设计两者最大的区别在于无障碍设计是为"障碍者"去除障碍，是"减法设计"；通用设计则是在设计的最初阶段，在设计过程中综合考虑所有人群的使用需求，是"加法设计"。无障碍设计是针对特殊人群采取的特殊设计，通用设计则是针对所有人群采取的整体设计。通用设计在一定程度上解决了无障碍设计未能顾及的问题，进一步丰富了无障碍设计的广谱性。

通用设计的优点在于：①不仅满足了以往无障碍环境的主要服务对象——残疾人、老年人等弱势群体，还扩大受益者范围，方便所有人群的使用；②通用设计使设施易于被特殊人群使用，在心理上也乐于被接受，避免了由于差异化的景观设施导致的区别对待乃至隐形歧视；③通用设计为设计者提供了更加完善的理念与更高的追求目标，使人性化的内容更加充实。

5.4.3　场所精神

著名挪威城市建筑学家诺伯格·舒尔茨（Christian Norberg-Schulz）曾在 1979 年，提出了"场所精神"（genius loci）的概念，提出早在古罗马时代便有"场所精神"这个说法。古罗马人认为，所有独立的本体，包括人与场所，都有其"守护神灵"陪伴其一生，这也决定了"场所精神"的特性和本质。

"场所"这个字在英文的直译是 place，其含义在狭义上的解释是"基地"，也就是英文的 site。在广义的解释可谓"土地"或"脉络"，也就是英文中的 land 或 context。谈建筑及景观，要从"场所"谈起，"场所"在某种意义上，是一个人记忆的一种物体化和空间化。也就是城市学家所谓的"sense of place"，或可以解释为"对一个地方的认同感和归属感"。

场所是具有清晰特性的空间，是由具体现象组成的生活世界。场所是空间这个"形式"背后的"内容"。形式并不仅是一种简单的构图游戏，形式背后蕴含着某种深刻的涵义。每个场景都有一个故事，这涵义与当地的历史、传统、文化、民族等一系列主题密切相关，这些主题赋予了景观空间以丰富的意义，使之成为人们喜爱的"场所"。"简而言之，场所是由自然环境和人造环境相结合的有意义的整体"。这个整体反映了在某一特定地段中人们的生活方式及其自身的环境特征。因此，场所不仅具有实体空间的形式，而且还有精神上的意义。场所精神又比场所有着更广泛而深刻的内容和意义。它是一种总体气氛，是人的意识和行动在参与的过程中获得的一种场所感，一种有意义的空间感。风景园林设计师的任务就是创造有意义的园林场所。

诺伯格·舒尔茨的场所理论是后现代主义环境设计思潮中影响较大且较广的一个。他所提出的追求个性、找寻场所感在很大程度上迎合了物质文明高度发达的社会下心灵源泉枯竭的人们，仿佛为他们点起了一盏心灯，得到众多设计专家的支持，因而极大地促进了设计的发展，涌现了如查尔斯·摩尔（Charles Moore）的新奥尔良意大利广场、矶崎新的筑波中心广场这样的优秀园林景观作品（图 5-36、图 5-37）。

图 5-36　新奥尔良意大利广场

图 5-37　筑波中心广场

各 论 篇

第6章 建筑外部环境规划设计

6.1 建筑外部环境概述

建筑外部环境与建筑关系密切，可以说建筑物的性质决定了外部环境的性质，建筑的风格决定了外部环境的风格，如纪念性的建筑，其外部环境庄严肃穆；行政办公性质的建筑，其外部环境简洁大方；宗教性质的建筑，其外部环境严整、神秘；宾馆、商场、餐厅等外部环境则比较活跃。至于私人庭园环境，可以根据主人对建筑和庭园的爱好而决定其形式和内容。因此，建筑外部环境的景观千姿百态，各具风貌。

6.1.1 相关概念

6.1.1.1 环境的涵义

界定建筑外部环境离不开对环境的理解，"环境"广义上指的是围绕着主体的周边事物，尤其是人或生物的周围，包括具有相互影响作用的外界。我们所说的环境，即指相对于人的外部世界。随着人类社会的不断发展，"环境"这一概念的范畴也不断地发生着变化，并随着人类活动领域的日益增大而不断增添着新的内涵。

环境就其规模及人类生活关系的远近可分为：聚落环境、地理环境、地质环境和宇宙环境。

就心理学的层面而言，可分为物理性、地理性环境和心理性、行为性环境。从生物学层面来看，环境包括光、温度、湿度、气压、土壤、水等无生物环境和有生物环境。

需要着重说明的是以其构成因素的性质为依据进行分类，可把环境分为：自然环境、人工环境、社会环境三个组成部分。

自然环境是由山脉、平原、水域、水滨、森林、草原等自然形式和风、霜、雨、雪、雾、阳光等一系列自然现象所共同构成的系统。人工环境指人主观创造的实体环境，由建筑物、构筑物及其它形式所构成的系统，包括它们所围合、限定的空间。社会环境是人创造的非实体环境，由社会结构、生活方式、价值观念和历史传统所构成的整个社会文化体系。它往往存在于人们的头脑和思维之中，却又无时无刻不反映在社会生活的各个方面。

我们所生活的环境无法简单地归属于上述某个类别，而是三者共同作用所构成的。对于我们的生活环境而言，自然环境是其存在和发展的基础，人的创造活动是主要的动力源，而社会文化则是环境生成、变化的依据和背景。

6.1.1.2 建筑外部环境的界定

建筑外部环境指的是建筑周围或建筑与建筑之间的环境，是以建筑构筑空间的方式从人的周围环境中进一步界定而形成的特定环境，与建筑室内环境一样是人类最基本的生存活动的环境。建筑外部环境主要局限于与人类生活关系最密切的聚落环境之中，包含了物理性、地理性、心理性、行为性各个层面。同时它又是一个以人为主体的有生物环境。其领域之中的自然环境、人工环境、社会环境是它的重要组成部分。

如何来设计我们的建筑外部环境？对于风景园林规划设计师而言，其重点落实于建筑外部环境的空间与实体的设计，而以上各类环境构成均是设计师应考虑的范畴，具体设计的对象包括庭园、居住区、厂区、校园、行政办公、医院等人们各类活动的室外空间。

6.1.2 规划设计的手法

外部环境与建筑应相互协调，使得两者景观融为一体，形成优美、和谐、有机的整体景观风貌。具体可以采用以下设计手法。

① 融与糅，内外相融，相互糅合。在设计中，建筑应该融入环境中，使得建筑变成环境中的一部分（图6-1）。同时，外部环境的景观也可以融入建筑内部，两者成为不可分隔的有机整体（图6-2）。

图 6-1 流水别墅

图 6-2 水之教堂看外部环境

② 打破界限，相互穿插。模糊建筑与外部环境的边界，使得两者空间相互穿插，相互渗透（图6-3）。

图 6-3 巴塞罗那博览会德国馆（密斯）

图 6-4 瑞士奢华钟表商 Audemars Piguet（爱彼）委托丹麦建筑事务所 BIG 为他们设计的总部扩建项目，一个与环境完美融合的地标建筑

③ 建筑立面延伸到地面，外部环境景观地面延伸到建筑立面。建筑与外部环境相融合（图6-4）。

④ 建筑材质、风格、色彩等要素与外部环境景观呼应（图6-5）。

6.1.3 规划设计前期准备工作

（1）工作内容

① 考察现有设计区域的环境条件，包括地面条件、边界、小气候以及设计区域内外的视觉效果。

② 收集和整理设计所需资料，包括：

a. 设计任务书；

b. 总图部分：已通过规划局批复的建筑规划总平面、室外管线综合布置图、已确定的室内外竖向设计详图等；

c. 建筑单体详图：建筑各层平面图、立面图、剖面图等；

d. 室外地库单体详图：地库平面、立面图、剖面图、各地面出入口详图等；

图 6-5　曼德维尔峡谷别墅

e. 其它与风景园林景观设计相关的图纸。

③ 充分领会甲方意图，认真研究甲方设计任务书。与甲方、建筑设计院及其它相关专业人员进行整体规划审阅，确认设计范围和设计标准，针对风景园林景观设计进行详细讨论。

④ 组织设计小组，做出设计计划，确定设计周期。

（2）制作一张风景园林景观设计依据的总平面图（图 6-6）

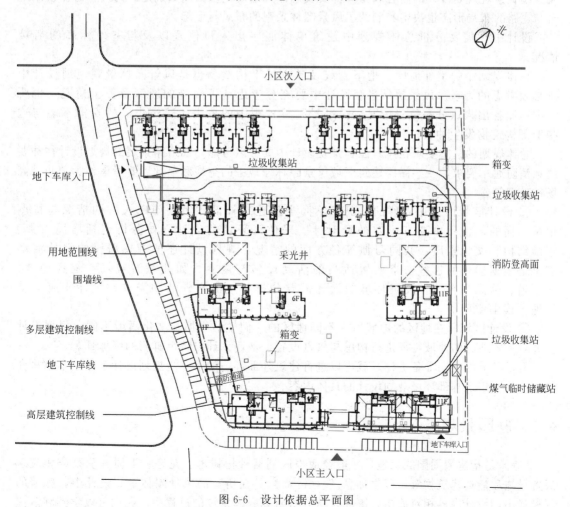

图 6-6　设计依据总平面图

这张平面图表达了建筑与外部环境平面与高程的关系，注明了场地的限制因子，是进行下一步设计工作的基本依据。

① 标出用地红线、风景园林景观设计范围线、建筑退让线等。

② 一般甲方提供的规划总平面图中各个建筑单体位置为建筑屋面图，在风景园林景观设计中无法确定各建筑出入口位置，因此需要用建筑底层平面图来替换规划总平面图中的各个建筑屋面图。

③ 标明室外地库的范围线及地库顶板标高，各地库出入口、采光井、通风口等在总平面中的位置。

④ 影响风景园林景观的其它地下设施的位置及深度情况。

⑤ 标明室外场地的规划竖向标高。

⑥ 标明车行道、消防通道及消防登高场地的位置。

⑦ 其它与风景园林景观设计相关情况的标注，如保留现状树木位置等。

（3）条件分析

建筑外部环境的风景园林景观规划设计除了要完成一般的场地调查分析内容外，还要注重以下几个方面的条件分析。

① 设计区域的总体规划　设计区域的总体规划是风景园林景观规划设计最基本的依据。风景园林景观规划设计的内容和指标都要在总体规划规定范围内来确定。另外，总体规划建筑与道路的布局形态也决定和制约了风景园林景观的布局与形态。

设计中，需要分析总体规划中建筑单体底层出入口位置以及与室外标高的衔接情况。

总体规划中的室外地库、地下管线及其它地下构筑物也是风景园林景观规划设计中所必须考虑的因素。风景园林景观设计中要充分考虑地下设施的埋深及覆土情况，也要考虑地库各出入口分布位置情况。在风景园林景观中的树木、建筑小品的安排不能与这些地下构筑物发生冲突。

总体规划的消防要求在风景园林景观设计中要加以考虑，如道路景观的规划设计往往要注意消防通车要求，一些高层建筑区域风景园林绿地中的空地和草坪还要考虑作为消防登高场地处理等。

② 设计区域内使用人群的情况　不同类型建筑外部环境的使用人群的情况与特点也是不同的，设计中要有一定的针对性。居住区环境的设计需要分析包括居民人数、年龄结构、文化素质、共同习惯等各方面的情况，规划设计还要考虑居民的室外活动需求，根据居民的这些需求布置适当的活动设施与内容，如儿童游戏场、健身场地、散步道、休息亭廊等。校园环境的设计需要分析师生的户外活动需求并设计相应运动场地、读书空间等。

③ 设计区域所在地区的地域性　不同地区的人们生活习惯和文化语境不同，规划设计应针对不同地方的地域特征进行构思与景点设置，从而设计出特色鲜明的绿地景观。

有了以上的前期准备工作，就可以进行建筑外部环境的下一步规划设计工作，本章将介绍不同类型建筑外部环境规划设计的具体内容。

6.2　庭园景观

"庭园是指房屋周围的绿地，一般经适当区划后种植树木、花卉、果树、蔬菜或相应地添置设施和建造建筑物等，以供休息。"（《辞海》）。在所有的风景园林景观设计中，庭园的规模最小，设计内容相对简单，因此，从分析研究庭园设计的过程中，我们可以学到和掌握风景园林规划设计最基本的设计思想和设计技巧。

6.2.1 庭园的类型与组合

6.2.1.1 庭园的类型

庭园的分类可以根据建筑物的性质和功能来划分，也可以根据庭园在建筑物中所处的平面位置来划分，或根据庭园在建筑中所处的竖向位置来划分，或根据庭园的景观主题来划分。

（1）根据建筑物的性质和功能来划分

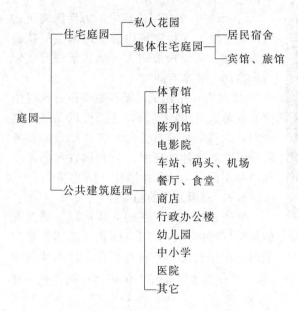

（2）根据庭园在建筑中所处的平面位置来划分

庭园
- 前庭—多位于主体建筑前面，是建筑与道路之间的人流缓冲地带，常采用绿化场地的形状
- 中庭—庭园之主庭，供人们起居休息、游观静赏和调节室内环境之用，通常作为庭园主景来处理
- 后庭—多位于建筑空间后部，功能多为阻挡北风和生产性栽植
- 侧庭—建筑的东西侧面，多属书斋院落或幽静场所，以清静简朴为宜
- 小院—属庭园小品，一般起庭园组景和陪衬、点缀建筑空间的作用

（3）根据庭园在建筑中所处的竖向位置来划分

庭园
- 地面庭园 — 位于地面的庭园
- 屋顶花园 — 位于二层或二层以上建筑屋顶的园林

（4）根据庭园的景观主题来划分

庭园
- 山庭—依一定山势作成以山景为主题的庭园
- 石庭—以水为主题作庭
- 水石庭—以水石为主题作庭
- 平庭—在平坦地面作庭

6.2.1.2 庭园与建筑的关系

在建筑设计之初，建筑师们对庭园就有所考虑，并采用不同的处理手法给予安排，其手法主要如下。

① 融合　在地形变化较多、功能复杂的地方，建筑师常将建筑化整为零，分割出许多庭园，使建筑、庭园和环境相互融合，成为一个整体。

② 核心　把庭园特别是中庭作为建筑的核心来处理，建筑组合围绕中心庭园而展开，这种庭园具有内向聚集的空间效果，在许多中低层公共建筑中常采用。

③ 抽空　在高层建筑中，为活跃建筑内的环境气氛，常将建筑内部的局部空间抽去作为内庭，从而形成耐人寻味、景观变化较为丰富的"共享空间"。

④ 围合　用建筑、墙、廊等围合成封闭向心或通透自由的庭园，它既可以是规则整齐的，也可以是与自然山水有机结合的多种围合形式，这种处理手法在我国古典私家园林中采用最多，如苏州园林（图 6-7）。

图 6-7　苏州拙政园

6.2.1.3 庭园空间的组合

空间，是客观存在的立体境域，通过人的视觉反映出来。庭园空间是由庭园景物构成的，由于它位于建筑的外部，并由建筑物所围成，所以，它不同于建筑的室内空间，也有别于不受建筑"围闭"的园林空间，是一种类似"天井"的空间。

单一的庭园空间，是以静观为主的景观。但如果采用适当的组景技法，进行组织空间的过渡、扩大和延伸，就可使庭园空间"围而不闭"，产生具有先后、高低、大小、虚实、明暗、形状、色泽等动态的景观序列，使庭园景观生动而有秩序。所以，除了个别单一的庭园空间外，最理想的办法是以多庭园空间的组合，形成有变化的空间层次和景观序列，使庭园空间的景观优势充分发挥出来。

此外，庭园空间的组合、空间层次的安排和景物序列的营造还应考虑建筑物的性质和使用功能。通常纪念性建筑、宗教、行政的庭园空间组合较为严整、堂皇；而一般民用及公共建筑的庭园空间组合，则多以灵活自如取胜。

6.2.2 庭园造景设计

庭园造景不同于公园和花园，它大多是处于建筑限定的空间之中，视野范围小，背景条件差，大部分是一些小型人工景象，因此，应注意空间的比例尺度，以及各处的观赏角度和距离。同时，要满足不同庭园的功能要求，如聚散、休息、户外活动等，一般来讲，小庭园宜聚，大庭园宜分，以加强景深和层次，达到个性突出、小中见大的效果。

庭园造景设计应从环境设计和功能设计两方面着手：

环境设计应考虑：建筑形式是什么？环境特点是什么？庭园的气氛是什么？空间是开敞还是闭合？绿化与建筑如何结合及处理等。

功能设计应考虑：人流集散、休息、小吃冷饮、停车、倒车、接待观赏、游乐、阅读、查询等。

明确上述目的和功能之后，在进行方案设计时，还需有意识地营造各种景观，即造景设计。

6.2.2.1 主景的创造

在主题和内容决定之后，首先要考虑主景的表现形式和主景放置的位置，一般要求放在庭园空间的视线焦点处，即构图的重心。如广州白天鹅宾馆的主景"故乡水"，取材立意于"美不美？故乡水！亲不亲？故乡人！"此景牵动了无数海外游子的思乡之情。其位置设在中庭长轴的中上部侧面（图6-8）。

6.2.2.2 配景的处理

为了渲染和衬托主景，可以利用一些小的景物如灯柱花草植物、小品设置等造成一些前景和背景，以增加景深层次和焦点效果。

6.2.2.3 庭园组景

庭园组景应在满足基本功能的前提下，根据空间的大小、层次、尺度、景物品类、

图6-8 广州白天鹅宾馆故乡水

地面状况和建筑造型等进行组景，使庭小不觉局促，园大不感空旷，览之有物，游无倦意，各种庭景意境深远，景观丰富，耐人寻味，使人流连忘返。庭园组景一般采用以下几种处理手法。

（1）围闭与隔断

① 用建筑物围闭 采用四面或三面建筑、一面墙廊的围闭方式，造成封闭性的空间，如北方的四合院民居、杭州的玉泉观鱼池等。此类空间，常有"天井"的闭锁效果。

② 用墙垣和建筑物围闭 多采用一面（或两面）是建筑物，其余由墙垣围成。此类庭园的组景常常运用下述3种手法：a.以屋檐、梁柱、栏杆或较开敞的大片玻璃窗作为景框，把庭景收在视域范围里的一定幅面上，形成庭景的主要观赏面；b.在院墙内的地面上设置相应的景物，如景石、水池、花坛、雕塑、园灯等，作为庭景的中心主题（图6-9）；c.通过景窗、景门、敞廊等将墙外的自然景色（如树梢、远山、天空等）引入墙内，借以丰富庭园空间的层次，增添庭景的自然气氛。

图6-9 景石作为庭院主景

③ 以山石环境和建筑物围闭。

④ 沿墙构廊、高低起伏、曲折空灵，是传统的"化实为虚"的手法。

一些倚山的侧庭或后庭，往往利用山石或土堆作为庭园景物，并起到围闭空间的作用。此种处理手法多用于山庄、别墅等具自然野趣的庭园之中。

（2）渗透与延伸

为满足人们的观赏要求，庭园组景往往冲破相对固定的空间局限性，在不增加体量的前提下，向相邻空间联络、渗透、扩散和展延，从而获得小中见大、扩大视野、增加层次和丰富庭园组景的效果。其手法主要有以下几种：①利用空廊分隔和延伸；②利用景窗互为渗透；③利用门洞互为引伸；④利用树丛、花木互为联系。

（3）利用影射

影，主要指水面的倒影，它可借地面上景物之美来增添水景之情趣，同时也为庭园景色提供了垂直空间的特有层次感。如广州东方宾馆内庭，不但将水面构成带有岭南传统气息的船厅格局，同时巧妙地利用高楼倒影，在水景中呈现新建筑庭园空间竖向的有趣层次，恰到好处地衬出了现代质感。

图 6-10　留园入口处理

射，指的是镜面反射。我国古典庭园中，有用巨幅壁镜把镜前的庭景反映在镜面上，以达到间接借景、虚拟扩大空间和丰富庭园水平空间层次感的目的，这种手法的确是匠心独用。现代庭园中，也用这种处理手法，如深圳东湖宾馆庭园，在虚设的小院门中装置镜面，把"门"前的庭景影于门镜中，有若"门"后出现的景致，效果逼真，平添景趣。

（4）巧用对比

对景物尺度和质感的估量，除与人的观赏条件（如视点、视距等）有关外，景物本身的对比，也可影响景物的实际景观效果。因此，庭园组景常常采用这种方法，把两种（或多种）具有显著差异因素的景物安排在一起，使其相互烘托，达到组景变化多趣的效果。

我国古典庭园，在布局上惯用"抑""扬""藏""露"的对比手法，同时，还利用空间的大小、形状、明暗、方向、开合以及景物的色泽、粗细、简繁、虚实等的对比处理，塑造千变万化的庭园景物空间，从而使庭园各景相得益彰（图6-10）。

（5）设置珍品

珍品的设置，可使庭园身价百倍，因为各类珍品，不论其为古木、奇花、名泉、怪石还是文物古迹，均具有潜在的观赏魅力。如北京紫竹院公园南门庭中的紫竹，上海豫园香雪堂庭中的"玉玲珑"石山等，都是因设置了珍品，而使园景效果提高的实例。

总之，庭园组景不在于景物数量的多少，而贵在精于取材、善于运用、巧于因借。

6.2.3　屋顶花园

屋顶绿化主要指平屋顶的绿化，其历史最早可追溯到公元前 6 世纪的巴比伦空中花园。近几十年来，由于城市向高密度化、高层化发展，城市绿地越来越少，环境日趋恶化，城市居民对绿地的向往和对舒适优美环境中的户外生活的渴望，促使屋顶绿化迅速发展。如美国、日本、法国、德国、瑞士等国家，已普遍利用平屋顶造园或进行环境绿化。

6.2.3.1　屋顶绿化的功能

（1）屋顶花园的生态环境功能

屋顶花园的建造，有效地增加了城市的绿化覆盖率，能缓解建筑占地与园林绿化争地的矛盾，是在新建或已建的各类房屋本身寻找出路。建筑物的垂直绿化，特别是屋顶花园几乎能够以等面积的偿还支撑建筑物所占的面积。在国外，利用建筑物的屋顶、天台、阳台、格口和墙面绿化的实例很多，均取得了极佳的生态效益和功能效果。

（2）美化城市景观、改善屋顶眩光

屋顶花园还可协调建筑结构与周围环境的联系，使自然植物与人工建筑物有机地结合和相互延续，保护和美化环境景观，并产生特有的效果，从而增加了人与自然的协调。随着城市高层、超高层建筑的兴建，更多的人工作与生活在城市高层建筑，不可避免地要经常俯视楼下的景物。除露地绿化带外，主要是道路、硬质铺装场地和底层建筑物的屋顶。建筑屋顶的表面材料，如玻璃幕墙，在强烈的太阳光照射下，反射出的刺目的眩光会损害人的视力，屋顶花园的建造，不仅减少了眩光对人们视力的损害，更美化了城市的景观。

（3）绿色空间与建筑宅间相互渗透，提供人们室外活动的绿色空间

屋顶花园的建造，使人们更加接近绿色环境。一般屋顶花园都与居室相连，比室外花园更靠近生活。屋顶花园的发展趋势是将屋顶花园引入室内并向室内空间渗透。此外，宾馆、饭店为增加情趣，扩大营业面积，建造屋顶（室内）花园，以形成富有特色的园林环境，从而达到吸引宾客的目的。

（4）屋顶花园的隔热与保温作用

钢筋混凝土平屋顶，夏季由于阳光照射，屋面温度比气温高得多。而经过绿化的屋顶，大部分太阳辐射热将会随着水分蒸发或被植物吸收，并且由于种植层的阻滞作用，这部分热量不会使屋顶结构表面温度继续升高。在我国北方采暖房屋设计中根据热工计算，在屋顶楼板上需铺设保温层，以保证冬季室内温度达到一定的标准。屋顶花园上的种植池内为种植各类花卉树木，必须设置一定厚度的种植基质，以保证植物的正常生理需要。如果屋顶绿化是采用地毯式满铺地被植物，则地被植物及其下的轻质种植土组成的"毛毯"层，完全可以取代屋顶的保温层，起到冬季保温夏季隔热的作用。

6.2.3.2 屋顶绿化的特点与形式

屋顶造园比地面绿化要困难得多。第一，屋顶绿化要考虑庭园的总重量及分布，建筑物是否能承受得住。为了使建筑物不致负担太重，就不能用一般的造园方式，而要在园的结构上下功夫，提出切实可行、经济合理的方案。第二，屋顶面积一般较小，形状多为工整的几何形，四周一般无或较少遮挡，空间空旷开阔。因此，造园多以植物配置为重点，配置一些建筑小品，如水池、喷泉、雕塑等。不宜建造体量较大的园林建筑和种植根深冠大的树木。可以利用屋顶上原有的建筑如电梯间、库房、水箱等，将之改造成为适宜的园林建筑形式。屋顶绿化的形式有以下几种。

（1）整片绿化

屋顶上几乎种满植物，只留管理用的必要路径，主要起生态作用和供高处观赏之用。绿化栽植宜图案化，注重色彩层次与搭配，可造成大花坛的远观效果。适合于方形、圆形、矩形等较小面积的平屋顶或平台。

（2）周边式绿化

即沿屋顶四周女儿墙修筑花台或摆设花盆，称为"平台上的花坛"，居中的大部分场地供室外活动、休憩用。这种方法简便易行，适宜于各种形式的屋顶平面。如果花卉植物品种精美，再建以盆景台、花架，摆放盆景配置攀缘植物，将会造成一个清新舒畅的屋顶花园。适于学校、幼儿园、办公楼等建筑的屋顶。

（3）庭园式绿化

庭园式绿化可有多种形式和不同的时代、民族风格。在我国，一些宾馆把富有诗情

画意的中国古典园林搬到了屋顶，这是我国屋顶造园创作上的大胆尝试。如广州东方宾馆屋顶花园，以园林建筑为主，并借建筑物周围的景色，设计了水池、湖石、奇峰，花木点缀其中，人行其间，犹如置身画中，忘却了身在高高的屋顶之上。庭园中利用峰石安放通风排气管道，利用建筑的柱梁做成树干，把栏杆做成树枝形，别有风味，且经久耐用。

6.2.3.3 建筑与屋顶庭园的关系

建筑与其屋顶庭园是一个统一的整体，其中，建筑处于主导地位，庭园依附、从属于建筑。庭园设计应尽可能地与主体建筑相协调。

（1）植物配置

建筑体量与屋顶面积的大小、形状决定了屋顶庭园的尺度，造园时应根据屋顶平面形状因势进行绿化布置，选择体型相宜的树种、花草、小品和建筑。

（2）造园形式

屋顶造园应视建筑的外部和艺术风格综合考虑其绿化形式，园中的各种建筑及小品应与所在建筑主体有机结合，协调一致。

（3）艺术效果

不论采用何种绿化形式，都应注意整体及细部的艺术效果。因地制宜，把握不同的环境特点，运用造景的各种设计技巧，创造出丰富多彩、各具特色的屋顶景观，使屋顶生机勃勃，充满艺术魅力。同时对花园中的每一个小品及细部，都要精心设计使之恰到好处。

6.2.3.4 屋顶花园的构造和要求

屋顶花园一般种植层的构造、剖面分层是：植物层、种植土层、过滤层、排水层、防水层、保温隔热层和结构承重层等（图6-11）。

（1）种植土

为减轻屋顶的附加荷重，种植土常选用经过人工配置的、既含有植物生长必需的各类元素又要比露地耕土容重（即土壤密度）小的种植土。

国内外用于屋顶花园的种植土种类很多，如日本常采用人工轻质土壤，其土壤与轻骨料（蛭石、珍珠岩、煤渣和泥炭等）的体积比为3：1，它的容重约为 $1400kg/m^2$；根据不同植物的种植要求，轻质土壤的厚度为 $15\sim150cm$。美国和英国常采用轻质混合人工种植土，主要成分是沙土、腐殖土、人工轻质材料。其容重为 $1000\sim1600kg/m^2$。混合土的厚度一般不得少于 $15cm$。

例如，上海某车库屋顶上改建的屋顶花园，采用人造栽培介质，其平均厚度为 $20\sim30cm$。近年在广州新建成的中国大酒店屋顶花园，其合成腐殖土容重为 $1600kg/m^2$，厚度为 $20\sim50m$，重庆的会仙楼、泉外楼屋顶花园的基质是用炉灰土、锯末和蚯蚓粪合成的人工土。

中美合资美方设计的北京长城饭店的屋顶花园，在施工过程中对屋顶花园设计所采用的植物材料、基质材料和部分防水构造等，均结合北京具体情况做了修改。种植基质土是采用我国东北林区的腐殖草炭土和沙土、蛭石配制而成，草炭土占70%，蛭石占20%，沙土占10%，容重为 $780kg/m^2$，种植层的厚度为 $30\sim105cm$。新北京饭店贵宾楼屋顶花园，采用本地腐殖草炭土和沙壤土混合的人工基质，容重 $1200\sim1400kg/m^2$，厚度为 $20\sim70cm$。

（2）过滤层

过滤层的材料种类很多。例如，美国1959年在加利福尼亚州建造的凯泽大楼屋顶花园，

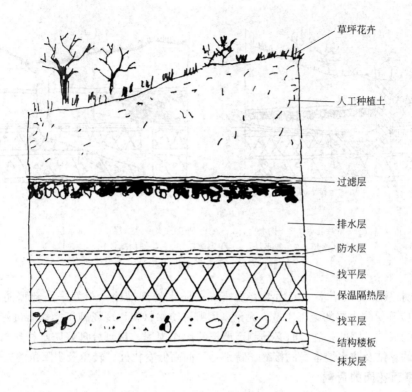

图 6-11　屋顶花园构造剖面图

过滤层采用 30mm 厚的稻草。1962 年美国某一个屋顶花园，采用玻璃纤维布做过滤层。日本也有用 50mm 厚粗沙做屋顶花园过滤层的。我国新建的长城饭店和北京饭店屋顶花园，过滤层选用玻璃化纤布，这种材料既能渗漏水分又能隔绝种植土中的细小颗粒，而且耐腐蚀、易施工，造价也便宜。

（3）排水层

屋顶花园的排水层设在防水层之上、过滤层之下。屋顶花园种植土上的积水和渗水可通过排水层有组织地排出屋顶。通常的做法是在过滤层下做 100～200mm 厚用轻质骨料材料铺成的排水层，骨料可用砾石、焦砟和陶粒等。屋顶种植土的下渗水和雨水，通过排水层排入暗沟或管网，此排水系统可与屋顶雨水管道统一考虑。它应有较大的管径，以利清除堵塞。在排水层材料选择上要尽量采用轻质材料，以减轻屋顶自重，并能起到一定的屋顶保温作用。例如，美国加州太平洋电讯大楼屋顶花园采用陶粒做排水层，长城饭店屋顶花园采用 200mm 厚的砾石做排水层。北京饭店贵宾楼屋顶花园选用 200mm 厚的陶粒做排水层（图6-12），也有采用 5mm 厚的焦砟做排水层的。

（4）防水层

屋顶花园防水处理成败与否将直接影响建筑物的正常使用。屋顶防水处理一旦失败，必须将防水层以上的排水层、过滤层、种植土、各类植物和园林小品等全部去除，才能彻底发现漏水的原因和部位。因此，建造屋顶花园时应确保防水层的防水质量。

传统屋面防水材料多用油毡。油毡暴露在大气中，气温交替变化，使油毡本身、油毡之间及与砂浆垫层之间的黏结发生错动以致拉断；油毡与沥青本身也会老化，失去弹性，从而降低防水效果。而屋顶花园的屋顶上有人群活动，除防雨、防雪外，灌溉用水和人工水池用

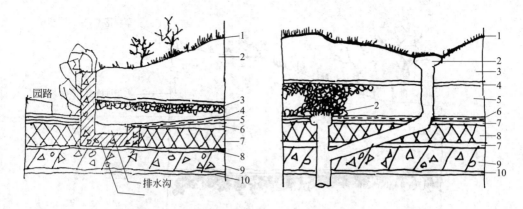

1—草坪花卉；2—排水口；3—人工种植土；4—过滤层；5—排水层；
6—防水层；7—找平层；8—保温隔热层；9—结构层；10—抹灰层

图 6-12　屋顶花园排水构造

水较多，排水系统又易堵塞，因而要有更牢靠的防水处理措施，最好采用新型防水材料。

另外，应确保防水层的施工质量，无论采用哪种防水材料，现场施工操作质量好坏直接关系到屋顶花园的成败。因此，施工时必须制定严格的操作规程，认真处理好防水材料与楼顶上水泥砂浆找平层的黏结及防水层本身的接缝。特别是平面高低变化处、转角及阴阳角的局部处理。

6.2.3.5　屋顶花园的荷载

对于新建屋顶花园，需按屋顶花园的各层构造做法和设施，计算出单位面积上的荷载，然后进行结构梁板、柱、基础等的结构计算。至于在原有屋顶上改建的屋顶花园，则应根据原有建筑屋顶构造、结构承重体系、抗震级别和地基基础、墙柱及梁板构件的承载能力，逐项进行结构验算。不经技术鉴定或任意改建，将给建筑物安全使用带来隐患。

① 活荷载　按照现行荷载规范规定，人能在其上活动的平屋顶活荷载为 $150kg/m^2$。供集体活动的大型公共建筑可采用 $250\sim350kg/m^2$ 的活荷载标准。除屋顶花园的走道、休息场地外，屋顶上种植区可按屋顶活荷载数值取用。

② 静荷载　屋顶花园的静荷载包括植物种植土、排水层、防水层、保温隔热、构件等自重及屋顶花园中常设置的山石、水体、廊架等的自重，其中以种植土的自重最大，其值随植物种植方式不同和采用何种人工合成种植土而异（表 6-1、表 6-2）。

表 6-1　各种植物的荷载

植物名称	最大高度/m	荷载/(kg/m^2)
草坪		5.1
矮灌木	1	10.2
1~1.5m 灌木	1.5	20.4
高灌木	3	30.6
小灌木	6	10.8
小乔木	10	61.2
大乔木	15	153.0

此外，对于高大沉重的乔木、假山、雕塑等，应位于受力的承重墙或相应的柱头上，并注意合理分散布置，以减轻花园的重量。

6.2.3.6　绿化种植设计

（1）土壤深度

表 6-2　种植土及排水层的荷载

分层	材料	1cm 基质层/(kg/m²)
种植土	土 2/3，泥炭 1/3	15.3
	土 1/2，泡沫物 1/2	
	纯泥炭	12.24
	重园艺土	7.14
	混合肥效土	18.36
排水层	沙砾	
	浮石砾	12.24
	泡沫熔岩	19.38
	石英砾	12.24
	泡沫材料排水板	12.24
	膨胀土	20.4

注：土层干湿与荷载有很大关系，一般可增加 25% 左右，多者增加 50%，设计时还应将此因素考虑在内。

各类植物生长的最低土壤深度见图 6-13。

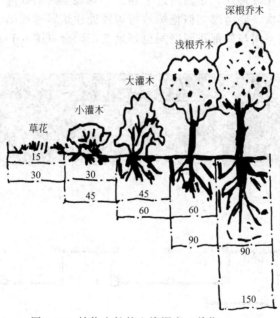

图 6-13　植物生长的土壤深度（单位：cm）

（2）种植类型

乔木有自然式或修剪型栽种于木箱或其它种植槽中的移植乔木，以及就地培植的乔木。灌木有片植的灌木丛、修剪型的灌木绿篱和移植灌木丛。攀缘植物有靠墙的或吸附墙壁的攀缘植物、绕树干的缠绕植物、下垂植物和由缠绕植物结成的门圈、花环等。

草皮有修剪草坪和自然生长的草坪。

观花及观叶草本植物有花坛、地毯状花带、混合式花圃及各种形式的观花或观叶的植物群、高株形的花丛、盆景等。

（3）种植要点

屋顶花园土层薄而风力比地面大，易造成植物的"风倒"现象，故应选取适应性强、植株矮小、树冠紧凑、抗风不易倒伏的植物。由于大风对栽培土有一定的风蚀作用，所以绿化栽植最好选择在背风处，至少不要位于风口或有很强穿堂风的地方。

屋顶造园的日照要考虑周围建筑物对植物的遮挡，在阴影区应配置耐荫或阴生植物，还要注意防止由于建筑物对于阳光的反射和聚光，致使植物局部被灼伤现象的发生。最好选择耐寒、耐旱、养护管理方便的植物。

总之，理想的屋顶花园，应设计得像平地上的花园一样，有起伏的地形、丰富的树木花草、叠石流水、小桥亭榭，并充分利用各种栽植手段，体现平屋顶造园的独特风格，扬长避短，创造出一个新的风景园林艺术天地。

6.2.4　案例分析

案例1：南京名城世家小区售楼处花园设计（来源：南京盖亚景观规划设计有限公司）

（1）项目背景

南京名城世家小区是南京市区城南的精品景观楼盘之一，小区售楼处建筑南临城市干道小行路。售楼处花园位于售楼处建筑北侧，是进入小区的看房通道和必经之地。花园用地为长40.8m、宽7.2m狭长矩形地块。用地除了南面与售楼处建筑相接外，其余三面均为实体围墙所围合。

（2）场地特征解读

首先，该场地形状比较特殊，东西向过于狭长，景观空间的处理中如何能消除这种狭长感是一个设计难点；其次，要考虑如何把场地与售楼处建筑紧密地结合在一起，即通过什么方式来使得售楼处建筑空间与外部花园空间更好地交汇融合（图6-14、图6-15）。

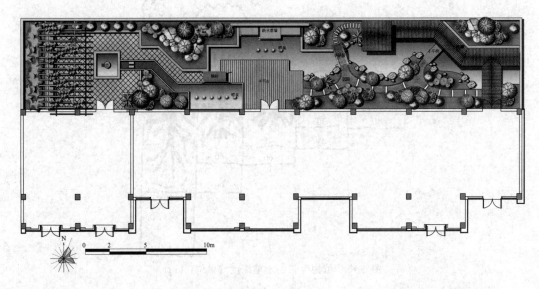

图6-14　平面图

（3）设计思路

① 售楼处花园空间有限，占地面积不到300m²。因此，景观设计中可以借鉴江南私家园林的造园方法，在有限的场地中，通过类似流动空间的分隔与穿插处理手法，营造出丰富的景观效果，从而达到"小中见大""一峰则太华千寻，一勺则江湖万里"的景观意境。

② 出于使用功能的考虑，在售楼处花园中创造休憩、停留空间，为客户与销售人员营造一个安逸、宁静、舒适、优美的户外洽谈环境。

③ 在景观风格的考虑上，根据楼盘景观策划，将名城世家小区的景观风格设计成为融东西方园林元素为一体的典雅多元风格，从而反映了大众审美情趣，以达到各类层次客户雅俗共赏的效果。

图 6-15　鸟瞰图

（4）景观布局

① 空间划分　该场地由于东西向狭长，因此在空间布局上，花园从东到西划分为东园、中园、西园三个空间单元，并以一条东西方向上的水景来把三个空间单元相互串联起来，从而削弱地块东西向的狭长感（图6-16）。

② 室内外空间互动　充分利用售楼处建筑与花园之间的门、窗等视线通廊，使花园室外景观尽可能地延伸至售楼处室内空间之中，从而形成室内外空间的景观互动、渗透与融合。通过合理组织花园的景观元素，使人们从室内通过售楼处建筑门窗看小花园，达到最佳视角的观赏效果。在具体空间处理上，考虑到花园与售楼处东、中、西三个门窗视线对景的关系，分别在东园、中园与西园三处设置相应的景观小品，形成视线焦点（图6-17）。东入口以廊接出，迎面采用了中国古典花窗的理念，设一扇菱形花格漏窗，窗后植一株红梅形成框景，颇有一番江南私家园林的韵味，而此处的小天井也丰富了整个入口空间（图6-18）；西入口视线焦点则采用一个欧式喷泉雕塑，简洁、大方而又不失高贵典雅（图6-19）；与售楼处中部大玻璃窗相对处，设置一较大的跌水景墙，成为整个花园的视线焦点和景观高潮（图6-20）。

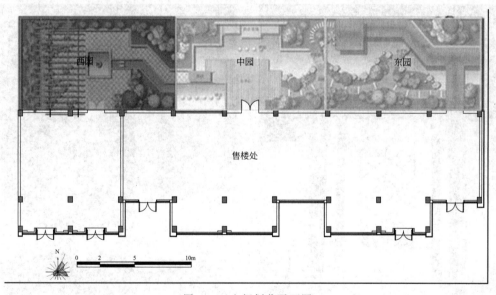

图 6-16　空间划分平面图

"山贵有脉，水贵有源；脉理贯通，全园生动"，设计中以一条水系自西向东贯穿整个花园。该水系以西入口处对景——欧式喷泉雕塑作为源头（图6-21），途经中部跌水景墙，流至东侧围墙，在东入口处右侧形成一个窄的水廊，仿佛整个曲廊都建在水上一样，也让人联想到围墙外是否还有大片的水。从西向东，以中部跌水景墙为界，水岸也从规则的硬质驳岸慢慢过渡到自然山石驳岸，水上设有两座拱桥，一座平桥，走在其中，时高时低，增加了空间的趣味性（图6-22、图6-23）。

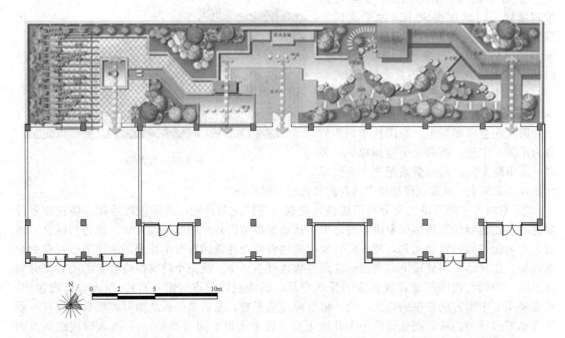

图 6-17　室内外视线关系平面图

图 6-18　东入口对景花窗

图 6-19　西入口对景喷泉雕塑

图 6-20　中部跌水景墙

图 6-21　欧式喷泉雕塑作为源头

图 6-22　水廊

图 6-23　拱桥

案例 2：旧金山认证中心公司总部屋顶绿化方案〔来源：罗伯特·斯特恩（ROBERT. A. M. STERN)，耶鲁建筑学院〕

（1）项目说明

整个花园的设计灵感来源于风格派运动中的抽象作品，现代、清新而洁净的风格是它最大的特点。它包含两个不同的结构和空间，设计将精美与大胆现代的形式相融合，这种风格不仅表现出公司的特色，还展现了它在旧金山海岸区域所占有的关键地位。这里以前是一个工业区，花园的建成创造出了一个新的交往空间，同时它还协助管理雨水和缓解城市热岛效应（图 6-24）。

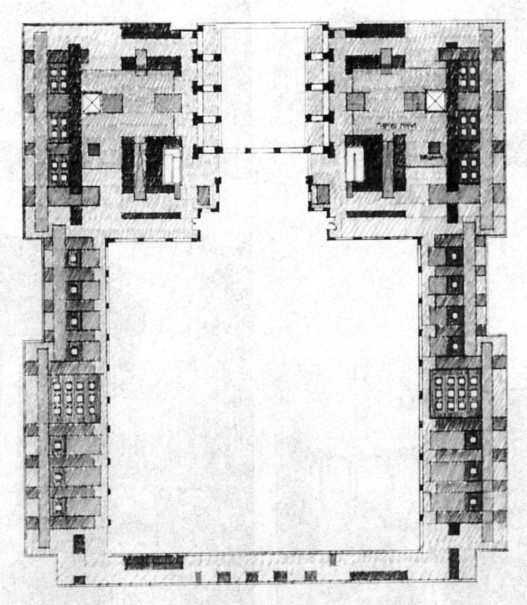

图 6-24　旧金山认证中心公司总部屋顶绿化方案平面图

（2）项目简介

这个认证中心的总部位于旧金山 Embarcadero 公园的对面，提供了两个独特的户外空间：0.5 英亩的公共沿街公园和 $1hm^2$ 的位于七层楼顶的屋顶花园。这里可以俯瞰旧金山的海湾、跨海大桥和 Rincon 公园，这一切都构成了令人振奋的现代气氛和独特的静思空间。

（3）设计背景

设计的重要内容是将花园与城市公园及海滨联系起来，同时工程师、建筑师和景观设计师必须通力合作确定屋顶的负荷和土壤的深度与类型，以保持植物的健康与茂盛，此外，这些植物必须要适应旧金山湿润凉爽的气候和定期的海风。

（4）设计程序与意图

大胆的大色块颜色和图案类似于蒙特利安的绘画。通过清晰地界定材料、颜色和纹理，反映出一种几何的形式，这也是对大楼简单的几何外形和客户的审美的一种认同。

临街的公园作为公司和 Embarcadero 公园的衔接，方便人们的进出（图 6-25）；而位于七层的花园则是员工餐厅的一个延伸，为员工提供了一个耳目一新的户外用餐空间（图 6-26）。大楼的布局提供了花园全方位围绕塔楼的机会，多个进入花园的入口，方便人们随时漫步在花园之中。

图 6-25　临街花园向公众开放，　　　　　图 6-26　为员工提供了一个耳目一新的
　　　　　毗邻内河码头　　　　　　　　　　　　　　　户外用餐空间

花园还设想制造五个微气候，代表美国不同的地理区域，每一个区域采用不同的色调，赋予不同的视觉。植物的选择考虑了质感、形式和它们的花期，保证这里从春天到秋天都有美丽的景观（图 6-27）。

图 6-27　植物增强了花园的风格色彩　　　　图 6-28　西南角植物带来的微气候感受

（5）对环境的影响与关注

在屋顶上通常利用防水表面创造绿色的空间，可对雨水进行管理，减少城市热岛效应，为雇员提供了良好的工作环境，而且这些空间对色彩和微气候的关注还对人们的心理和生理起到了很好的调节作用（图 6-28）。

6.3 居住区环境

6.3.1 相关概念
6.3.1.1 居住区的概念
城市居住区：城市中住宅建筑相对集中布局的地区，简称居住区。

① 十五分钟生活圈居住区：从居民步行十五分钟可满足其物质与生活文化需求为原则划分的居住区范围；一般由城市干路或用地边界线所围合，居住人口规模 50000～100000 人（17000～32000 套住宅），配套设施完善的地区。

② 十分钟生活圈居住区：以居民步行十分钟可满足其物质与生活文化需求为原则划分的居住区范围；一般由城市干路、支路或用地边界线所围合，居住人口规模 15000～25000 人（5000～8000 套住宅），配套设施齐全的地区。

③ 五分钟生活圈居住区：从居民步行五分钟可满足其基本生活需求为原则划分的居住区范围；一般由支路及以上级城市道路或用地边界线所围合，居住人口规模 5000～12000 人（1500～4000 套住宅），配建社区服务设施的地区。

④ 居住街坊：由支路等城市道路或用地边界线围合的住宅用地，是住宅建筑组合形成的居住基本单元，居住人口规模在 1000～3000 人（300～1000 套住宅），用地面积 2～4hm^2，并配建有便民服务设施。

各级标准控制规模，应符合表 6-3 中的规定。

表 6-3　居住区分级控制规模

距离与规模	十五分钟生活圈居住区	十分钟生活圈居住区	五分钟生活圈居住区	居住街坊
步行距离/m	800～1000	500	300	—
居住人口/人	50000～100000	15000～25000	5000～12000	1000～3000
住宅数量/套	17000～32000	5000～8000	1500～4000	300～1000

注：表出自《城市居住区规划设计标准（GB 50180—2018）》。

居住区用地是城市居住区的住宅用地-配套设施用地、公共绿地以及城市道路用地的总称。

① 住宅用地　住宅建筑基底占地及其四周合理间距内的用地（含宅间绿地和宅间小路等）的总称。

② 配套设施用地　对应居住区分级配套规划建设，并与居住人口规模或住宅建筑面积规模相匹配的生活服务设施的用地。

③ 城市道路用地　居住区道路、小区路、组团路及非公建配建的居民小汽车、单位通勤车等停放场地。

④ 公共绿地　为居住区配套建设，可供居民游憩或开展体育活动的公园绿地。

6.3.1.2 居住区环境概念
居住区环境指的是住宅区中主体建筑以外的开敞空间及一切自然的与人工的物质实体，自然的物质实体包括气候、地理、水文、土壤、地形、植物等，人工的物质实体包括道路、室外平台、广场、小品等设施。

6.3.2 居民对于居住环境的要求
① 生理需求　充足的光照，良好的通风，新鲜的空气，适宜的湿度和温度，没有噪声的干扰，这些都是人们对于居住环境的基本要求。在设计中，适宜的绿地布局可提供新鲜的空气、大片遮阳蔽日的休憩地，而对于噪声的遮挡则需要科学地结合建筑物与绿带种植等多

种因素来完成。

② 行为需求　指环境为居民的各类户外活动提供适当的场所。居民的日常生活中户外活动所涉及的内容极为广泛，除了有目的的出行、休憩、交往、游乐、散步外，乘凉、运动、健身等一系列活动都需在可供停留的空间中进行。

③ 安全需求　室外活动需要不受车行干扰的安全环境，快速行驶的车辆对于环境中的人无疑是很大的威胁。创造出安全的独立领域，满足不同活动的场所要求。

④ 社会交往需求　居住区外环境既不同于城市公共环境，又有别于家庭私密环境，需同时反映社会性与私密性。特别是对于老人，小区的室外环境可能是最重要的交往场所，这种小区内的与人交往的行为，使老年人与社会保持着密切的联系，减轻孤独感，帮助老人更加健康快乐地生活。对于儿童来说，小区的室外环境也是除教育场所之外与同龄人及成年人交流的主要场所，使他们能够全面地发展、健康成长，使老人和儿童能够自由、安全并且乐于在居住室外环境中交往、活动是环境设计的重要出发点之一。这就要求交往、活动空间应具有较强的领域感和安全感，这样易于激发居民交往行为。

⑤ 审美需求　作为一种生活环境，居住区环境不仅赋予它实用的属性，更应赋予其美的特征。美的环境使居住者获得精神审美的满足，亦是激发居住者参与到环境活动中的动力。创造美的生活环境就必须了解当地居民的审美习惯和传统，只有充满地域性、文化性、民族性、时代性，反映人们生活的真实的美的环境才是居住者所期盼的。

6.3.3　居住区环境设计要点

（1）居住区环境设计应以建筑为主体

在居住区住宅室外环境设计中，所有室外构筑的设计都应围绕主体建筑来考虑。它们的尺度、比例、色彩、质感、形体、风格等都应与主体建筑相协调。只有当两者的物质构成形式与精神构成形式形成有机的统一状态时，住宅的室外环境设计才能达到环境的整体和谐美。

（2）居住区环境设计以满足使用功能为本

居住区室外环境设计是一种"以人为本"的设计，因此，首先要考虑满足人在物质层面上对于实用和舒适程度的要求。所有附属于建筑的设施必须具备相应的齐全的使用功能，环境的布局要考虑人的方便与安全，只有这样的设计才是有价值、有实际意义的。

（3）艺术设计是室外环境设计的重要课题

现代住宅环境设计的目的除了营造一个舒适与方便的居住环境之外，必须在环境中体现美的规律与丰富的文化内涵。景观设计本身就是一门艺术，是一门把握意境创造的艺术。

随着社会的进步与人们物质生活水平的提高，人们对于环境审美要求的迫切性与多样性将具备越来越重要的作用与意义。

（4）绿化是优化室外空间的重要因素

住宅环境绿化是指在居住区用地上栽植树木、花草而形成绿地。居住区绿地的功能有两种：一种是构建户外生活空间，满足各种休闲环境的需要，包括游戏、运动、锻炼、散步、休息、娱乐等；另一种是创造自然环境，利用各种环境设施，如树木、草地、花卉、铺地、景观小品等创建优美的室外环境。植物的自然造型经过人工处理能组成多种优美的图案，高大的乔木、低矮的灌木、鲜艳的花卉、大面积的草坪或单独布置，或结合在一起，灵活地点缀在住宅的周围环境中，创造一种恬静、优雅的视觉氛围。

（5）景观小品是居住区外环境中不可缺少的点缀

在居住区外环境中，绝不能忽视景观小品的设置。如雕塑、水景、灯具、座椅、凳、阶梯扶手、花架等，这些景观小品色彩丰富、形态多姿。它们既给居住生活带来了便利，又给室外空间增添了丰富的情趣。

在室外环境中设置景观小品的目的有二：一是满足生活需要；二是满足审美需要。对一些既具实用功能又具观赏功能的小品设施，其尺度、比例既要满足使用中人体功能要求，又要与整体环境协调，其色彩、质感一般都与整体环境形成对比效果。其布置的位置除符合使用的要求外，还应遵循构图的美学法则。

只具视觉功能的景观小品的设计难度是最大的，审美要求是最高的。这些小品通常应布置在空间环境中的人的视觉交汇处或端部，以形成空间环境的趣味中心。这些小品一般都应有创作主题，其主题应与居住区的景观氛围一致。这些小品的形式有抽象的，也有具体形象的，但无论什么形式的小品，其比例、尺度都要与空间环境相协调（一般不考虑使用上的尺度）。其色彩、质感的设计大多采取了与环境对比的方法，以强调小品在环境中的视觉形象。

（6）利用高科技的先进产品、技术和工艺是室外居住环境设计的必然趋势

在现代化的室外居住环境设计中，高科技的含量已越来越高。在现代化住宅中，室外环境应考虑设置以下科技产品。

① 智能化的管理与生活服务设施　电话遥控等技术的应用，为人们的生活带来更多的方便和舒适，如在室外入口上安装对讲机或电视对话机。

② 安全监测与报警系统　在一些高档的居住区中，设有中心监控室，在住户的室内外都设置了一些监控装置和报警装置。在独院住宅的大门上，一般也装有电子防盗门、防盗锁、监视器、报警器等安全装置。

③ 现代通风装置　在高档居住区中，常建有地下室或地下车库。因此，在宅旁的空地上会出现通风用的混凝土建筑，这时，往往可用绿植或花坛来加以掩饰和美化。

④ 新材料的运用　新型的建材逐步向轻型、美观、耐腐蚀、保温、防火、施工性能好、价格合理等方向发展。如铝型材、不锈钢材、合成塑料、复合材料、高分子保温材料、耐火材料等，目前都已在建筑中大量应用。

（7）环境设计中应特别注意生态保护工作

生态保护的实施，一方面体现在遏止有毒有害物质的使用上，另一方面也体现在保护自然资源的工作中。环境设计中利用绿色植物来美化环境，而其本身就是一种自然资源，住宅周围的绿地种植正是扩展了自然资源的范围。在居住区绿化中还应注意尽量保护原有古珍树木，并尽量选择一些优良的植栽品种。

（8）利用技术经济分析方法来规划居住区环境设计的合理性

与所有的工程技术设计工作一样，居住区住宅环境设计也应该利用技术经济分析方法，在技术含量高、质量优与价格合理等因素之间找出一个最佳点，只有这样，才能确定一个较为合理与经济的设计方案。

6.3.4　居住区环境典型景观设计

6.3.4.1　组团绿地景观

组团绿地通常结合居住建筑组布置，服务对象是组团内居民，主要为老人和儿童就近活动、休息提供场所。有的小区不设中心游园，而以分散在各组团内的绿地、路网绿化、专用绿地等形成小区绿地系统，也可采取集中与分散相结合、点、线、面相结合的原则，以住宅组团绿地为主，结合林荫道、防护绿带以及庭院和宅旁绿化构成一个完整的绿化系统。

（1）根据组团绿地在居住区的位置，组团绿地的布置类型可以分以下几种（图6-29）

① 庭院式　利用建筑形成的院子布置，不受道路行人车辆的影响，环境安静，比较封闭，有较强的庭院感。

② 林荫道式　这样的布置方式可以改变行列式住宅的单调狭长空间感。北方居住区常采用这种形式布置绿地。

③ 行列式　这样的绿地布置打破了行列式山墙间形成的狭长胡同的感觉，组团绿地又与庭园绿地互相渗透，扩大绿化空间感。

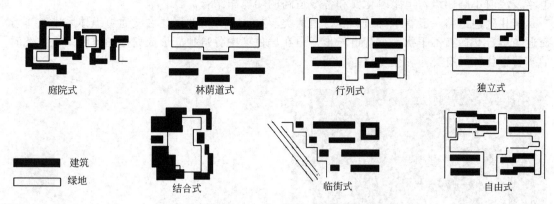

图 6-29　组团绿地方式（同济大学建筑城规学院）

④ 独立式　利用不便于布置住宅建筑的角隅空地作为绿地，这样能充分利用土地，避免了消极空间的出现。

⑤ 结合式　绿地结合公共建筑布置，使组团绿地同专用绿地连成一片，相互渗透，有扩大绿化空间感。

⑥ 临街式　在居住建筑临街一面布置，使绿化和建筑互相映衬，丰富了街道景观，也成为行人休息之地。

⑦ 自由式　组团绿地穿插其间，组团绿地与庭院绿地结合，扩大绿色空间，构图亦显得自由活泼。

（2）组团绿地规划设计要点

① 组团绿地应满足邻里居民交往和户外活动的需要，布置幼儿游戏场和老年人休息场地，设置小沙坑、游戏器具、座椅及凉亭等。

② 利用植物种植围合空间，以美化环境。

③ 布置在住宅间距内的组团及小块公共绿地的设置应满足"有不少于1/3的绿地面积在标准的建筑日照阴影线范围之外"的要求，以保证良好的日照环境，同时要便于设置儿童的游戏设施和适于成人游憩活动。

6.3.4.2　宅旁绿地景观

（1）宅旁绿地概念

宅旁绿地是住宅内部空间的延续和补充，它虽不像组团绿地那样具有较强的娱乐、游赏功能，但却与居民日常生活起居息息相关。结合绿地可开展各种事务活动，儿童林间嬉戏、绿荫品茗弈棋、邻里联谊交往，以及衣物晾晒等场景都是从室内向户外铺展，具有浓厚的生活气息，使现代住宅单元楼的封闭隔离感得到较大程度的缓解，以家庭为单位的私密性和以宅间绿地为纽带的社会交往活动都得到满足和统一协调（图6-30）。

（2）宅旁绿地规划设计要点

① 结合住宅类型及平面特点、建筑组合形式、宅前道路等因素进行布置，创造宅旁的庭院绿地景观，区分公共与私人空间领域。

② 应体现住宅标准化与环境多样化的统一。依据不同的建筑布局做出宅旁及庭院的绿化模范设计。

③ 植物配置应依据地区土壤与气候条件、居民的爱好以及景观变化的要求。同时也应尽力创造特色，使居民有一种归属感。

6.3.4.3　道路景观

根据居住区的规模和功能要求，居住区道路可分为居住区级道路、小区级道路、组团级道路及宅前小路四级，道路绿化要和各级道路的功能相结合。

居住区内道路一般有车行道和步行道两类。在人车分行的居住区交通组织体系中，车行交通与步行交通互不干扰，车行道与步行道在居住区中各自独立形成完整的道路系统，此时的步行道往往具有交通和休闲双重功能。

图 6-30 某小区宅旁绿地其绿地布置与建筑
形式（即外轮廓）相协调

图 6-31 居住区级道路

居住区道路分级及绿化设计要点：

① 居住区级道路 为居住区的主要道路，是联系居住区内外的通道，除人行外，车行也比较频繁，车行道宽度一般需 9m 左右，行道树的栽植要考虑遮阳与交通安全，在交叉口及转弯处要依据安全三角视距要求，保证行车安全。此三角形内不能选用体型高大的树木，只能用不超过 0.7m 高的灌木、花卉与草坪等（图 6-31）。

② 小区级道路 这里以人行为主，是居民散步之地。树木配置要活泼多样，根据居住建筑的布置、道路走向以及所处位置、周围环境等加以考虑。在树种选择上，可以多选小乔木及开花灌木，特别是一些开花繁密、叶色变化的树种，如合欢、樱花、五角枫、红叶李、乌桕、栾树等。

每条路可选择不同的树种、不同断面的种植形式，使每条路的种植各有个性。在一条路上以某一二种花木为主体，形成合欢路、紫薇路、丁香路等。在台阶等处，应尽量选用统一的植物材料，以起到明示作用。

③ 组团级道路 一般以通行自行车和人行为主，绿化与建筑的关系较为密切，一般路宽 2~3m，绿化多采用开花灌木（图 6-32）。

④ 宅前小路 宅前小路一般不超过 2.5m，它是住宅建筑之间连接各住宅入口的道路。它能把宅间绿地、公共绿地结合起来，形成一个相互关联的整体（图 6-33）。

图 6-32　组团级道路　　　　　　　　图 6-33　宅前小路（苏州长风别墅）

6.3.4.4　配套公建环境

在居住区公共建筑和公共用地内的绿地，由各使用单位管理，按各自的功能要求进行绿化布置。这部分绿地称为配套公建绿地，也称专用绿地，同样具有改善居住区小气候、美化环境、丰富居民生活等方面的作用，也是居住区绿地的组成部分。

（1）中小学及幼儿园的绿地设计

小学及幼儿园是培养教育儿童，使他们在德、智、体、美各方面全面发展、健康成长的场所。绿化设计应考虑创造一个清新优美的室外环境。同时，室内环境应保证既不曝晒又很明亮的学习环境。

庭院中应以大乔木为骨干，形成比较开阔的空间。在房前屋后、边角地带点缀开花灌木。这样既可以使儿童有充足的室外活动空间，做到冬天可晒太阳，夏季又可遮阳玩耍，又有丰富多彩的四季景色。幼儿园可以考虑有较集中的大草坪供幼儿嬉戏玩耍。

教室前应以低矮的花灌木为主，不影响室内通风采光。小学校操场周围应以高大乔木为主，树下可设置体育锻炼用的各种器械。幼儿园的开阔草坪中可开辟一块 100m^2 左右的场地，设置幼儿游戏器械，地面用塑胶材料铺面，以保护幼儿免于跌伤。

小学和幼儿园都可以开辟一处动物角或植物角，面积可根据校园大小，以 $100\sim500\text{m}^2$ 大小设计安排，以培养儿童认识自然、热爱自然的意识。

在植物的选择上，校园内应选用生长健壮、不易发生病虫害、不飞絮、无毒、不影响儿童生理健康的树种。在儿童可以到达、容易触摸到的地方，严禁种植有刺、有毒的植物。

（2）商业、服务中心环境绿地设计

居住小区的商业、服务中心是与居民生活息息相关的场所，居民日常生活需要就近购物，如日用小商店、超市等，又需理发、洗衣、储蓄、寄信等。这里是居民每时每刻都要进进出出的地方。因此，绿化设计可考虑以规则式为主，留出足够的活动场地，便于居民来往、停留、等候等。场地上可以摆放一些简洁耐用的座凳、果皮箱等设施。节日期间摆放盆花，以增加节日气氛。

6.3.4.5　入口景观

居住小区、组团、公共绿地及住宅庭院等处的入口或门，起到分隔地段、空间的作用，一般与围墙结合，围合空间，标志不同功能空间的界限，避免过境行人、车辆穿行，使居民身居安静、安全的环境之中。

居住小区和组团、小游园等入口形式多种多样，变化多端，有设计成门垛式（在入口的两侧对称或不对称砌筑门垛），还有顶盖式、标志式、花架式、花架与景墙结合等形式。有的入口处将人行与车行分道，在步行道的入口处采用门洞式，以示车辆不可入内，保证居住环境的宁静。

大多数中国人对居住空间独立性和私密性较为重视，同时对住宅的外部形象也尤为讲究。因此，大门及入口作为住宅建筑中内外空间的界面和建筑形象的"脸面"，其地位和作用是不可轻视的。

作为一个相对独立环境内外空间的分隔界面，门及入口赋予人们一种视觉和心理上的转换和引导。同时作为联系内外空间的枢纽，门及入口是控制与组织人流、车流进出的要道。在建筑的外部环境景观中，大门及入口又是一个重要的视觉中心，一个设计独特的大门及入口将使住宅室外环境熠熠生辉（图6-34）。

图6-34　小区入口　　　　　　　　　　　　　　　图6-35　阳台绿化

6.3.4.6　其它绿地环境与绿化

（1）阳台、窗台绿化

阳台与窗台不仅增加了人们对大自然的接近，还美化了居住环境。

① 阳台绿化设计　阳台绿化设计应按建筑立面的总设计要求考虑。西阳台夏季西晒严重，采用平行垂直绿化较适宜。植物形成绿色帘幕，遮挡着烈日直射，起到隔热降温的作用，使阳台形成清凉舒适的小环境。在朝向较好的阳台，可采用平行水平绿化。为了不影响生活功能要求，根据具体条件选择适合的构图形式和植物材料，如选择落叶观花观果的攀缘植物，不影响室内采光；栽培管理好的可采用观花观果的植物，如金银花、葡萄等（图6-35）。

② 窗台绿化设计　窗台绿化是建筑立面美化的组成部分，也是建筑纵向与横向绿化空间序列的一部分（图6-36）。

（2）墙面绿化

墙面绿化是垂直绿化的主要绿化形式，是利用具有吸附、缠绕、卷须、钩刺等攀缘特性的植物绿化建筑墙面的绿化形式。居住区建筑密集，墙面绿化对居住环境质量的改善更为重要（图6-37）。

墙面绿化种植要素：墙面绿化要根据居住区的自然条件、墙面材料、墙面朝向和建筑高度等选择适宜的植物材料。

① 墙面材料　常用木架、金属丝网等辅助植物攀缘在墙面，经人工修剪，将枝条牵引到木架、金属网上，使墙面得到绿化。

② 墙面朝向　墙面朝向不同，适宜采用的植物材料不同。如在朝南墙面，可选择爬山

虎、凌霄等；朝北的墙面选择常春藤、薜荔、扶芳藤等。

（3）屋顶绿化

屋顶绿化不仅增加了绿化面积，而且使屋顶密封性好，能防止紫外线照射，使屋顶具有降温、绿化的效果，同时还可以防止火灾。因此屋顶绿化，是开拓城市绿化空间、美化城市、调节城市气候、提高城市环境质量、改善城市生态环境的重要途径之一。其绿化方式主要有：

① 棚架式　在载重墙上种植藤本植物，如葡萄、猕猴桃等在屋顶做成简易棚架，高2m左右，藤本植物可沿棚架生长，最后覆盖全部棚架。

② 地毯式　在全部屋顶或屋顶的绝大部分，种植各类地被植物或小灌木，形成一层"绿化地毯"。地被植物等种植土壤厚度在20cm即可正常生长发育，这种绿化形式的绿化覆盖率高，特别是在高层建筑前低矮裙房屋顶上。若采用图案化的地被植物覆盖屋顶，效果更好（图6-38）。

图6-36　窗台绿化设计

图6-37　墙面绿化

图6-38　地毯式屋顶绿化

③ 自由式种植　采用有变化的自由式种植地被花卉灌木，植物种植从草本至小乔木，种植土壤厚度在20～100mm，产生层次丰富、色彩斑斓的效果（图6-39）。

④ 庭院式　就是把地面的庭院绿化建在屋顶上，除种植各种园林植物外，还要建亭、园林小品、水池等，使屋顶空间变化成有山、有水的园林环境。这种方式适用在较大面积的屋顶上。一般建在高级宾馆、旅游楼房等商业性用房上（图6-40）。

⑤ 自由摆放　主要用盆栽植物自由地摆放在屋顶上，达到绿化的目的。此种方式灵活多变。

6.3.5　案例分析

案例1：南京名城世家小区景观设计（来源：南京盖亚景观规划设计有限公司）

项目位于南京市雨花台区小行里198号，凤台南路、宁芜铁路东南侧，小行里道路北

图 6-39　自由式种植屋顶绿化　　　　　　　图 6-40　庭院式屋顶绿化

侧。总用地面积 53695m^2，其中建筑占地面积 10889m^2，景观面积 42806m^2。小区内均为 11 层或 18 层建筑，沿街多层商业用房，建筑风格以现代简约为主（图 6-41）。

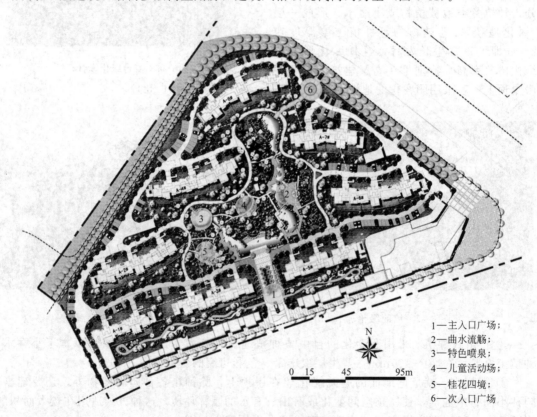

1—主入口广场；
2—曲水流觞；
3—特色喷泉；
4—儿童活动场；
5—桂花四境；
6—次入口广场

N

0　15　　45　　　　95m

图 6-41　名城世家小区总平面图

（1）场地分析

通过对场地分析，为下一步方案设计提供依据（图 6-42）。

（2）设计思路

第一个特点的关键词就是"自然"。城市中的人们总是非常向往自然。回归自然是现代都市人永恒的时尚，也是人们本性的需求。因此，在小区景观设计中提出了"创造自然、融

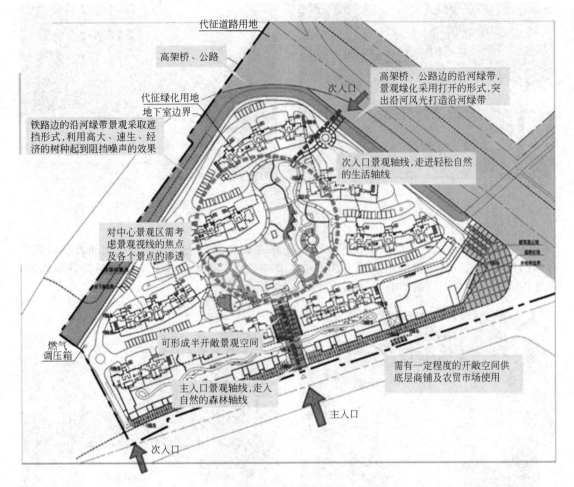

代征道路用地

高架桥、公路

次入口

代征绿化用地
地下室边界

高架桥、公路边的沿河绿带，
景观绿化采用打开的形式，突
出沿河风光打造沿河绿带

铁路边的沿河绿带景观采取遮
挡形式，利用高大、速生、经
济的树种起到阻挡噪声的效果

次入口景观轴线，走进轻松自然
的生活轴线

对中心景观区需考
虑景观视线的焦点
及各个景点的渗透

燃气
调压箱

可形成半开敞景观空间

需有一定程度的开敞空间供
底层商铺及农贸市场使用

主入口景观轴线，走入
自然的森林轴线

主入口

次入口

图 6-42　场地分析图

入自然、享受自然"的设计理念。自然中的山、水、泉、林等景观元素在小区中都得到了很
好的体现。小区景观是居民住户的花园，小区居民可以感受到这个花园中的鸟语花香、静幽
山林、蜿蜒曲径、竹林婆娑，也能感受到瀑布飞泉、水声潺潺、山间小溪。古人的"蝉噪林
逾静，鸟鸣山更幽"以及"明月松间照，清泉石上流"等诗句正是小区自然景观意境的
体现。

第二个特点就是营建丰富的园林空间，创造美轮美奂的景观效果。通过地形、树木、景
墙、水系等造园要素对园林空间进行划分，并结合游线组织让居民感受到处处有景、移步换
景的效果。

第三个特点就是人性化设计。景观设计要关注人，关注人的生活，以及人们使用上的方
便、舒适。注重考虑人们室外活动的需求，创造具有实用功能的景观。比如，在小区中针对
人们室外活动的需求，设计了可供儿童嬉戏的亲子空间。在这个亲子空间中设计了沙坑以及
便于儿童活动的塑胶地面，并在上面放置儿童游乐设施。亲子空间的周边设有波浪形条石休
息座凳，这样，当孩子在玩耍时，大人可在旁休憩（图 6-43）。另外，小区中还设计了类似
室外小剧场式的小型的聚集空间，在这个空间里，有较大的活动场地以及看台式的休息坐
凳，大家可以在此聚集在一起聊天、集会等（图 6-44）。总之，景观不光要好看，还要
好用。

图 6-43　亲子空间

图 6-44　小剧场

（3）特色景观

①　主入口景观　主入口采用较为大气的中轴线式处理方法，入口轴线空间设计成高大乔木的树阵景观，树阵两侧是跌水（图6-45、图6-46），穿过树阵是气势磅礴的跌水瀑布，由此正式进入整个小区的中心景观部分（图6-47）。

图 6-45　小区入口平面

图 6-46　小区入口

图 6-47　叠水瀑布景观

②　次入口景观　在规二路沿河景观带的次入口，铺装采用圆形，既具美感，又很好地组织了交通人流。与主入口不同的是，次入口为弯曲的轴线，轴线尽端为挑出水面的平台，

轴线的对景为自然的巨石瀑布及溪间清音亭（图6-48、图6-49）。

图 6-48　次入口平面

图 6-49　巨石瀑布及溪间清音亭

图 6-50　小区中心景观

③ 中心景观　是小区景观的精华部分，整个中心景观以水景为纽带组织空间，使得景观格外的灵动。在风景园林设计中，借鉴了江南传统园林中借景、框景、对景等各种优秀的造园手法，通过山、水、树木、亭廊等造园要素把整个小区景观分隔，围合成大大小小、高高低低的不同空间，使居民在穿越这些空间中形成不同的空间体验（图6-50）。

④ 宅间景观　这个区域的景观主要以组团绿化为主，延续中心景观区域的设计风格，采用乔、灌、草相结合的植物配置方式，形成有起伏、有节奏的自然景观。

案例2：南京紫尧星院景观设计（南京盖亚景观规划设计有限公司）

基地位于南京市栖霞区尧化街道，位于邻安路与尧和路交叉口（图6-51）。项目中景观面积为32102.80m^2。建筑风格以东方典雅、端庄、挺拔、简明大气为主的设计手法。景观设计旨在为人而设计，为生活而设计，让景观赋予场地场所精神，使居住区中的人们都能乐在其中、享受生活。

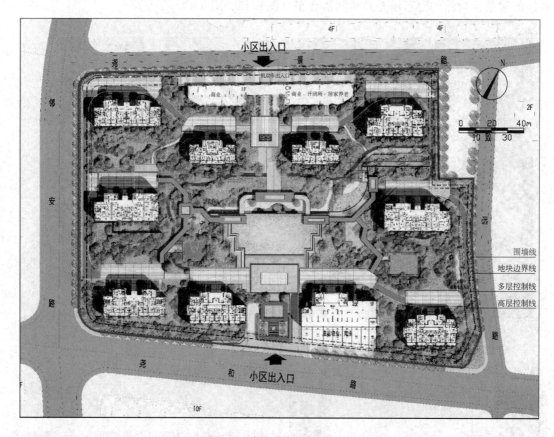

图 6-51　南京紫尧星院总平面

（1）场地背景

场地周边皆为居住小区，周边配套设施较齐全，交通便利，与在建的地铁七号线尧化新村地铁站直线距离 500 多米。主力购买客群以周边地区 30～45 岁人群为主，家庭成员以3～5 口之家为主；追求生活质量，具有一定的家庭消费能力；重视生活质量和细节，较喜欢休闲生活。

（2）设计理念

以"绿色社区"为主题，兼顾可持续性、生活化和人文关怀，实现从绿化到绿色的价值转变，从住区到社区的形态升级。追求生活、人文、品质、自然。①为生活设计：积极创造环境优美、适用舒适、道路便捷、具有宜人尺度的户外生活空间。②重视人的文化：体现对人的尊重和关切；融合当地文化习惯；构建富有人文气质的社区。③成本可控的高品质景观：景观效益好、有市场前景、符合周边地区购买人群品味，能够提升品牌美誉度和市场影响力。④充分利用区内的地形地貌：营造自然本土的植物景观，平衡社会性、艺术性、生态性。

（3）特色景观

① 南入口及中心花园南轴　南入口主题为"悠闲与大气"，期望能够打造一个大气、现代的入口空间，一个闲适自在、健康生活的居住空间，在繁忙的都市生活中得以放松身心。一生清福，只在碗茗炉烟。南入口便是直抒胸臆式的空间，开阔的草坪、嬉闹的孩童使人们抛却烦恼。经过廊宇台，映入眼帘的是以揽月池、草坪为主景，以眷云廊为背景的空间，从两侧可达眷云廊。眷云廊与下方台地有约 3m 的高差，可凭栏远观（图 6-52～图 6-54）。

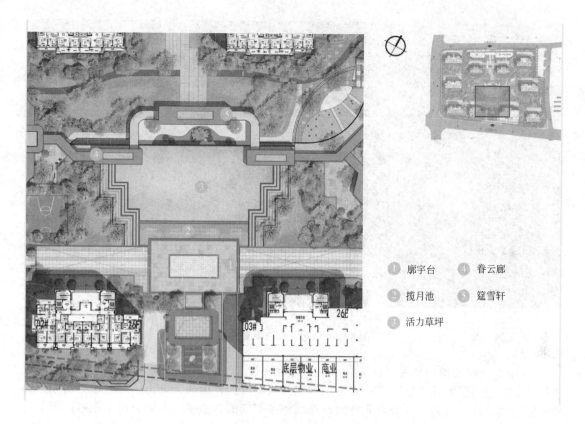

① 廓宇台	④ 眷云廊
② 揽月池	⑤ 筵雪轩
③ 活力草坪	

图 6-52　中心花园南轴平面图

图 6-53　中心花园南轴效果图

图 6-54　中心花园南轴鸟瞰图

② 中心花园北轴　北入口主题为"精致与健康"，多功能广场为全年龄段的居民提供活动场所。经过汀步到达由筵雪轩、眷云廊构成的天井空间，内部为枯山水。玻璃砖制成的磨砂照壁巧妙解决了高差、划分南北空间，在增添了空间的轻透感的同时为地下车库提供了自然光（图 6-55～图 6-57）。

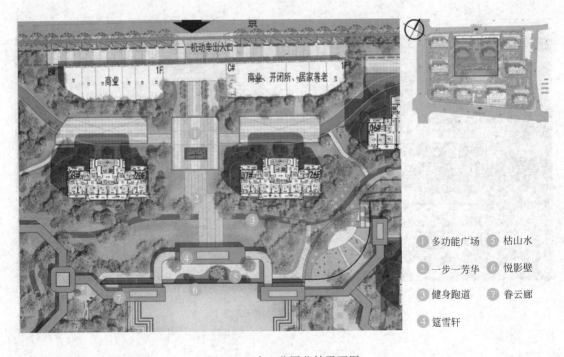

① 多功能广场　⑤ 枯山水
② 一步一芳华　⑥ 悦影壁
③ 健身跑道　⑦ 眷云廊
④ 筵雪轩

图 6-55　中心花园北轴平面图

图 6-56 中心花园北轴效果图 1

图 6-57 中心花园北轴效果图 2

③ 蓬稚园（亲子乐园）

亲子乐园的主题为"童趣与活力"，设有健康跑道、樱花林、儿童活动设施。因地制宜，结合场地原有地形，设有坡度不一的滑梯、攀岩墙、沙坑、趣味小品、互动设施等。健身跑道穿过樱花林，同时，站在眷云廊上，可看到戏耍的孩童、飘落的樱花，也不失为一靓丽的风景（图 6-58～图 6-60）。

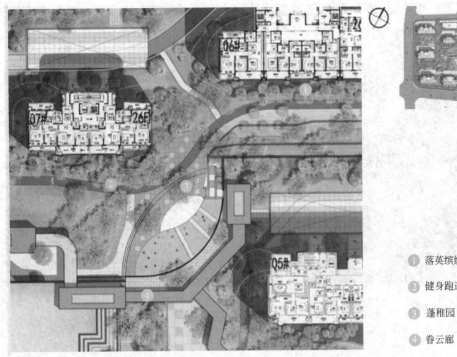
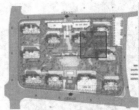

1 落英缤纷

2 健身跑道

3 蓬稚园

4 眷云廊

图 6-58 蓬稚园平面图

图 6-59 蓬稚园效果图 1

图 6-60　蓬稚园效果图 2

案例 3：南京市金象朗诗红树林小区景观设计（南京盖亚景观规划设计有限公司）

金象国际花园项目位于南京市浦口区迎江路 59 号，北至江山路，西至桥荫路，东至桥头村，南侧紧邻海德北岸城小区。项目西侧是南京长江大桥。项目景观总面积 11781m²。规划基地内整体较平坦。建筑风格以新古典建筑原型，附加南京特有的民国建筑文化，最终以简洁典雅的现代建筑手法加以表达。因此项目中引入庭院概念，对传统院落文化进行延续和提炼，同时融入绿色生态的理念，打造充满生机活力的森林型绿色生态小区（图 6-61）。

图 6-61　南京市金象朗诗红树林小区总平面

（1）场地背景

场地周边多为居住小区，包括旧城民居以及各类高档、中档、低档的小区，交通较为便利，基地内部地形平坦。项目基地内有9栋32、33层高层住宅。板式高层分布在基地北侧，点式高层分布在基地东侧及南侧，商业设置在1、2、3号及5号楼一层，商业北侧为一万平方米的市民广场。

（2）设计思路

设计旨在南京城北打造具有标杆性、充满生机活力的森林型绿色生态小区，呈现规则秩序、富有强烈恢宏轴线感的入口景观空间，层叠幻影、移步异景的山水花园空间，充满神秘气息的山岳森林空间，委婉曲折，富有韵律感的院落空间。用具有"金色人生"色彩的林下休闲场地、充满运动活力的康体健身步道及合家欢乐、亲子娱乐的采摘果园等景观设计，予以户主尽可能多地参与和搭建"安居""宜居"的生活模式途径。项目中融入森林、山岳、水系之自然元素，以期建成适宜触碰大自然的小区景观。

（3）特色景观

① 主入口轴线中心景观区设计   通过规则的线条来建立具有强烈恢宏轴线感的入口景观空间。在这个空间中规则式的对称和秩序就是其景观设计的核心。人们从弧形的香榭丽舍大道进入小区，可以看到富有庄重感的凯萨景门，穿过金水渠到达金象广场，来欣赏芳华水苑中心花园的水木景观（图6-62～图6-64）。

香榭丽舍大道

凯撒景门

金水渠

金象广场

芳华水苑中心花园

图 6-62 主入口轴线中心景观区平面图

图 6-63　主入口景观效果图

图 6-64　中心花园效果图

②绿野仙踪森林休闲区设计　绿野仙踪森林休闲区设计分为绿野仙踪之探索乐园和绿野仙踪之趣味禅幽两个部分。

绿野仙踪之探索乐园是小区的儿童活动区，引入童话故事——"绿野仙踪"作为主题，让儿童在此嬉戏玩耍的同时，展示小姑娘多萝西，在"奥兹国"经历了一系列冒险后最终安然回家的故事。

绿野仙踪之趣味禅幽是小区的森林休闲区，迎合城市人对回归原始、重寻自然的憧憬心理，人们在这里可以探索林下仙踪的奥秘，享受着这一片森林氧吧。"趣味禅幽"与"探索乐园", 一乐一禅, 一静一动, 动静结合（图6-65、图6-66）。

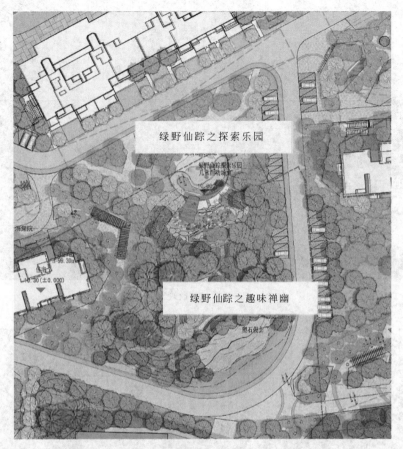

图 6-65 绿野仙踪森林休闲区平面图

图 6-66 绿野仙踪之探索乐园视效果图

6.4 工矿企业环境

为了节约城市用地，工矿企业一般建造在一些条件较差的城市边缘地段或者是填土地面上，建筑密度较大，尤其是位于老城区的工业场地，用地更加紧张。一般工矿企业用地包含主要建筑用地（指管理办公建筑）、生产区用地、仓库储藏用地、道路用地，还有一些预留用地，待以后工厂扩建所需。工矿企业的绿地规划要根据这些用地的实际状况来设计，考虑到使用者的范围和工矿企业的性质，合理规划绿地布局。

6.4.1 功能作用与设计原则

（1）功能作用

工矿企业绿地的功能作用大致总结为环境效益、社会效益、经济效益。

① 环境效益　如净化空气，吸收有害气体，吸滞粉尘，减少空气中的含菌量和放射性物质；净化水质，降低噪声；保持水土，调节小气候，检测环境污染等。

② 社会效益　美化厂区，改善工矿企业面貌；避灾防火；利于工矿企业精神文明建设，提高企业名誉和知名度，增强企业凝聚力。

③ 经济效益　树木的疏伐，植物产生的原料直接创造物质财富；好的环境有利于改善投资环境。

（2）设计原则

在总体规划时应给予综合的考虑和合理的安排，发挥绿地在改善环境、卫生防护等方面的综合功能。要注意因地制宜合理布局，形成自身独特的景观特色。所以工矿企业绿地环境设计应该遵循以下几点基本设计原则。

① 统一安排、合理布局。要与建筑主体相协调，形成点、线、面相结合的厂区绿地系统。工厂绿化规划设计，是以工业建筑为主体的环境设计。由于工厂建筑密度较大，一般在20%～40%，按总平面的构思与布局对各种空间进行绿化布置。在视线集中的主体建筑四周，用绿化重点处理，能起到烘托主体的作用；如适当配以小品，还能形成丰富、完整、舒适的空间；在工厂的河湖临水部分，布置带状绿地，形成工厂林荫道、小游园等休息场所。

② 保证生产安全。满足生产和环境保护的要求，把保证工厂的安全生产放在首位。由于工厂生产的需要，往往在地上地下设有很多管线，在墙上开设大块窗户等。绿化设计一定要合理布局，以保证生产安全，不能影响管线和车间劳动生产的采光需要。

③ 维护工厂环境卫生和工人的身体健康。有的工厂在生产过程中会放出一些有害物质，除了工厂本身应积极从工艺流程中进行三废处理、保证环境卫生以外，还应从绿化着手，选择抗污染、能吸毒的树木进行绿化。

④ 结合本厂的地形、土壤、光线和环境污染情况，因地制宜地进行合理布局，充分利用空间资源，扩大绿色植物的覆盖面积，尽量提高绿地率。同时适当结合生产，在满足各项功能要求的前提下，因地制宜地种植如木材用、油料及经济价值高的园林植物。

6.4.2 工矿企业环境分区设计

工矿企业环境设计可以分为厂前区、生产区、仓储区、职工休闲区等，因此工矿企业的绿地环境规划设计包含了厂前区绿地环境设计、生产区绿地环境设计、仓储区绿地环境设计、内部休憩绿地设计、工厂道路绿化设计、工厂防护林带设计等。

6.4.2.1 厂前区绿地环境设计

厂前区的绿化要美观、整齐、大方、开朗明快，给人以深刻印象，还要方便车辆通行和人流集散。绿地设置应与广场、道路、周围建筑及有关设施（光荣榜、画廊、阅报栏、黑板报、宣传牌等）相协调，一般多采用规则式或混合式。植物配置要和建筑立面、形体、色彩相协调，与城市道路相联系，种植类型多用对植和行列式。因地制宜地设置林荫道、行道树、绿篱、花坛、草坪、喷泉、水池、假山、雕塑等。入口处的布置要富于装饰性和观赏性，强调入口空间。建筑周围的绿化还要处理好空间艺术效果、通风采光、各种管线的关系。广场周边、道路两侧的行道树，选用冠大荫浓、耐修剪、生长快的乔木或用树姿优美、高大雄伟的常绿乔木，形成外围景观或林荫道。花坛、草坪及建筑周围的基础绿带用修剪整齐的常绿绿篱围边，点缀色彩鲜艳的花灌木、宿根花卉，或种植草坪，用低矮的色叶灌木形成模纹图案。如果用地宽余，厂前区绿化还可与小游园的布置相结合，设置山泉水池、建筑小品、园路小径，放置园灯、凳椅，栽植观赏花木和草坪，形成恬静、清洁、舒适、优美的环境。为职工休息、散步、谈心、娱乐提供场所，也体现了厂区面貌，成为城市景观的有机组成部分。为丰富冬季景色，体现雄伟壮观的效果，厂前区绿化常绿树种应有较大的比例，一般为 30%～50%。

6.4.2.2　生产区绿地环境设计

工厂生产车间周围的绿化比较复杂，绿地大小差异较大，多为条带状。由于车间生产特点不同，绿地也不一样。有的车间对周围环境产生不良影响和严重污染，如散发有害气体、烟尘、噪声等。有的车间则对周围环境有一定的要求，如空气洁净程度、防火、防爆、降温、湿度、安静等。因此生产车间周围的绿化要根据生产特点，职工视觉、心理和情绪特点，为车间创造生产所需的环境条件，防止和减轻车间污染物对周围环境的影响和危害，满足车间生产安全、检修、运输等方面对环境的要求，为工人提供良好的工余短暂休息用地。一般情况下，车间周围的绿地设计，首先要考虑有利于生产和室内通风采光，距车间6～8m 内不宜栽植高大乔木。其次，要把车间出入口两侧绿地作为重点绿化美化地段。各类车间生产性质不同，各具特点，必须根据车间具体情况因地制宜地进行绿化设计。

6.4.2.3　仓储区绿地环境设计

仓储（库）区的绿化设计，要考虑消防、交通运输和装卸方便等要求，选用防火树种，禁用易燃树种，疏植高大乔木，间距 7～10m，绿化布置宜简洁。在仓库周围留出 5～7m 宽的消防通道。装有易燃物的贮罐，周围应以草坪为主，防护堤内不种植物。露天堆物场绿化，在不影响物品堆放、车辆进出、装卸条件下植高大、防火、隔尘效果好的落叶阔叶树，以利于夏季工人遮阳休息及隔离。

6.4.2.4　内部休憩绿地设计

内部休憩绿地的设计是满足职工在工作之余恢复体力、放松精神、调剂心理需要的幽雅环境。一般位于职工休息易于到达、环境条件较好的场地，面积一般不大，要求布局形式灵活，考虑使用者生理和心理上的需求。休憩绿地的设计要结合厂内自然条件，如小溪、河流、池塘、洼地、山地以及现有的植被条件等，对现状加以改造和利用，创造自然优美的休息空间。

6.4.2.5　工矿企业道路绿化

（1）厂内道路绿化

厂区道路是工厂生产组织、工艺流程、原材料及成品运输、企业管理、生活服务的重要通道，是厂区的动脉。满足生产要求，保证厂内交通运输的畅通和职工安全既是厂区道路规划的第一要求，也是厂区道路绿化的基本要求。

厂区道路绿化是工厂绿化的重要组成部分，它是以线的形式，将厂内各组成部分的绿化联系起来，形成厂内自成格局的绿地系统，体现了工厂的绿化面貌和特色。

厂区道路绿化应在道路设计时统一考虑和布置，绿化的形式和植物的选择配置应与道路的等级、断面形式、宽度、两侧建筑物、构筑物、地上地下的各种管线和设施、人车流量等相结合，协调一致。主要道路及重点部位绿化，还要考虑建筑周围空间环境和整体景观艺术效果，特别是主干道的绿化，栽植整齐的乔木做行道树，体态高耸雄伟，其间配置花灌木，繁花似锦，为工厂环境增添美景。

厂内道路是连接内外交通运输的纽带，职工上下班时人流集中，车辆来往频繁，地上地下的管线纵横交叉，这都给绿化带来了一定的困难。因此在进行绿化设计时，要充分了解这些情况，选择生长健壮、适应性强、抗性强、耐修剪、树冠整齐、遮阳效果好的乔木作行道树，以满足遮阳、防尘、降低噪声、交通运输安全及美观等要求。

道路两侧通常以等距行列式各栽植1~2行乔木作行道树，如果路较窄，也可在其一侧栽植行道树。南北向道路可栽在路西侧，东西向道路可栽在路南侧，以利遮阳。行道树株距视树种大小而定，以5~8m为宜。大乔木树干高度不低于3m，中小乔木树干高度不低于2.5m。为了保证行车、行人和生产安全，厂内道路交叉口、转弯处要留出一定安全视距的通透区域，还要保证树木与建筑物、构筑物、道路和地上地下管线的最小间距。有的工厂，如石油化工厂，厂内道路常与管廊相交或平行，道路的绿化要与管廊位置及形式结合起来考虑，因地制宜地选用乔灌木、绿篱和攀缘植物，合理配置，以取得良好的绿化效果。

大型工厂道路有足够宽度时，可增加园林小品，布置成花园式林荫道。绿化设计时，要充分发挥植物的形体美和色彩美，在道路两侧有层次地布置乔灌花草，形成层次分明、色彩丰富、多功能的绿色长廊。

（2）厂内铁路绿化

在钢铁、石油、化工、煤炭、重型机械等大型厂矿内除一般道路外，还有铁路专用线，厂内铁路两侧也需要绿化。铁路绿化有利于减弱噪声，保持水土，稳固路基，还可以通过栽植，形成绿篱、绿墙，阻止人流，防止行人乱穿越铁路而发生交通事故。

厂内铁路绿化设计时，植物离标准轨外轨的最小距离为8m，离轻便窄轨不小于5m，前排密植灌木，以起隔离作用，中后排再种乔木。铁路与道路交叉口处，每边至少留出20m的地方，不能种植高于1m的植物。铁路弯道内侧至少留出20m视距，在此范围内不能种植阻挡视线的乔灌木。铁路边装卸原料、成品的场地，可在周边大株距栽植一些乔木，不种灌木，以保证装卸作业的进行。

6.4.2.6　工厂防护林带

工厂防护林带是工厂绿化的重要组成部分，尤其对那些产生有害排出物或产品要求卫生防护很高的工厂更显得重要。工厂防护林带的主要作用是滤滞粉尘、净化空气、吸收有毒气体、减轻污染、保护改善厂区乃至城市环境。

工厂防护林带首先要根据污染因素、污染程度和绿化条件，综合考虑，确立林带的条数、宽度和位置。通常，在工厂上风方向设置防护林带，防止风沙侵袭及邻近企业污染。在下风方向设置防护林带，必须根据有害物排放、降落和扩散的特点，选择适当的位置和种植类型。一般情况下，污物排出并不立即降落，在厂房附近地段不必设置林带，而应将其设在污物开始密集降落和受影响的地段内。防护林带内，不宜布置散步休息的小道、广场，在横穿林带的道路两侧加以重点绿化隔离。烟尘和有害气体的扩散，与其排出量、风速、风向、垂直温差、气压、污染源的距离及排出高度有关，因此设置防护林带，也要综合考虑这些因素，才能使其发挥较大的卫生防护效果。在大型工厂中，为了连续降低风速和污染物的扩散程度，有时还要在厂内各区、各车间之间设置防护林带，以起隔离作用。因此，防护林带还应与厂区、车间、仓库、道路绿化结合起来，以节省用地。

防护林带应选择生长健壮、病虫害少、抗污染性强、树体高大、枝叶茂密、根系发达的树种。树种搭配上，要常绿树与落叶树相结合，乔、灌木相结合，阳性树与耐荫树相结合，速生树与慢生树相结合，净化与绿化相结合。

一般防护林带的结构如下：

① 通透结构　防护林带由乔木组成，株行距因树种而异，一般为 3m×3m。气流一部分从林带下层树干之间穿过，一部分滑升从林冠上面绕过。在林带背风一侧树高 7 倍处，风速为原风速的 28％，在树高 52 倍处，恢复原风速。

② 半通透结构　以乔木构成林带主体，在林带两侧各配置一行灌木。少部分气流从林带下层的树干之间穿过，大部分气流则从林冠上部绕过，背风林缘处形成涡旋和弱风。据测定，在林带两侧树高 30 倍的范围内，风速均低于原风速。

③ 紧密结构　由大小乔木和灌木配置成的林带，形成复层林相，防护效果好。气流遇到林带，在迎风处上升扩散，由林冠上方绕过，在背风处急剧下沉，形成涡旋，有利于有害气体的扩散和稀释。

④ 复合结构　如果有足够宽度的地带设置防护林带，可将三种结构结合起来，形成复合式结构。在临近工厂的一侧建立通透结构，临近居住区的一侧为紧密结构，中间为半通透结构。复合式结构的防护林带可以充分发挥其作用。

6.4.3　工矿企业环境的植物选择

(1) 抗二氧化硫气体树种

① 抗性强的树种　棕榈、十大功劳、重阳木、凤尾兰、无花果、九里香、合欢、香橙、侧柏、皂荚、海桐、夹竹桃、青冈栎、银杏、刺柏、蚊母树、女贞、白蜡、广玉兰、槐树、山茶、枸骨、木麻黄、北美鹅掌楸、紫穗槐、小叶女贞、枇杷、相思树、柽柳、黄杨、金橘、榕树、梧桐。

② 抗性较强的树种　华山松、楝树、菠萝、粗榧、柿树、白皮松、榆树、丁香、垂柳、云杉、榔榆、沙枣、卫矛、胡颓子、赤松、朴树、紫藤、杜松、黄檀、高山榕、板栗、三尖杉、罗汉松、蜡梅、细叶榕、无患子、杉木、龙柏、榉树、苏铁、玉兰、太平花、桧柏、毛白杨、厚皮香、八仙花、紫薇、侧柏、丝绵木、扁桃、地锦、银桦、石榴、木槿、枫杨、梓树、蓝桉、月桂、丝兰、红茴香、泡桐、乌桕、桃树、厚朴、加拿大杨、柳杉、枣、细叶油茶、香梓、旱柳、栀子花、七叶树、连翘、垂柳、飞蛾槭、椰子、八角金盘、金银木、青桐、蒲桃、日本柳杉、紫荆、小叶朴、臭椿、米兰、花柏、黄葛榕、木菠萝、桑树。

③ 反应敏感的树种　苹果、悬铃木、松毛樱桃、梨、雪松、湿地柏、樱花、玫瑰、毛樱、油松、落叶松、贴梗海棠、月季、郁李、马尾松、白桦、油梨。

(2) 抗氯气的树种

① 抗性强的树种　龙柏、凤尾兰、臭椿、皂荚、楝树、侧柏、棕榈、榕树、槐树、白蜡、构树、九里香、黄杨、杜仲、紫藤、小叶女贞、厚皮香、山茶、无花果、玉兰、沙枣、柳树、女贞、樱桃、柽柳、枸杞、夹竹桃、枸骨、合欢。

② 抗性较强的树种　桧柏、紫穗槐、红豆杉、银桦、杜松、珊瑚树、乌桕、细叶榕、云杉、天竺桂、樟树、悬铃木、蒲葵、柳杉、栀子花、水杉、橙、太平花、木兰、枇杷、蓝桉、鹅掌楸、厚朴、梧桐、卫矛、朴树、油茶、山桃、重阳木、接骨木、板栗、银杏、黄葛榕、地锦、人心果、罗汉松、毛白杨、木麻黄、米兰、桂花、枣、石楠、蒲桃、芒果、石榴、丁香、榉树、梓树、君迁子、紫薇、榆树、泡桐、扁桃、月桂、紫荆、假槟榔。

③ 反应敏感的树种　池杉、枫杨、樟子松、紫椴、薄壳山核桃、木棉。

(3) 抗氟化氢的树种

① 抗性强的树种　黄杨、构树、青冈栎、榆树、油茶、海桐、朴树、侧柏、沙枣、厚皮香、蚊母树、石榴、皂荚、夹竹桃、山茶、槐树、棕榈、银杏、凤尾兰、桑树、柽柳、红茴香、天目琼花、香椿、细叶香桂、金银花、龙柏、丝绵木、木麻黄、杜仲。

② 抗性较强的树种　桧柏、楠木、丝兰、女贞、太平花、鹅掌楸、白玉兰、臭椿、银桦、含笑、珊瑚树、刺槐、紫茉莉、蓝桉、紫薇、无花果、合欢、白蜡、梧桐、地锦、

垂柳、云杉、乌桕、柿树、桂花、白皮松、广玉兰、山楂、枣树、拐枣、飞蛾槭、小叶朴、月季、樟树、旱柳、丁香、木槿、胡颓子、柳杉、小叶女贞、凹叶厚朴。

③ 反应敏感的树种 葡萄、山桃、梓树、慈竹、杏、榆叶梅、金丝桃、池杉、南洋楹、梅、紫荆。

（4）抗乙烯的树种及对乙烯反应敏感的树种

① 抗性强的树种 夹竹桃、棕榈、悬铃木、凤尾兰。

② 抗性较强的树种 黑松、枫杨、乌桕、柳树、罗汉松、女贞、重阳木、红叶李、香樟、白蜡、榆树。

③ 反应敏感的树种 月季、七姊妹、大叶黄杨、楝树、刺槐、臭椿、合欢、玉兰。

（5）抗氨气的树种及对氨气反应敏感的树种

① 抗性强的树种 女贞、柳杉、石楠、无花果、紫薇、樟树、银杏、皂荚、玉兰、丝绵木、紫荆、朴树、木槿、广玉兰、蜡梅、杉木。

② 反应敏感的树种 紫藤、虎杖、杜仲、枫杨、楝树、小叶女贞、悬铃木、珊瑚树、芙蓉、刺槐、杨树、薄壳山核桃。

（6）抗二氧化氮的树种

龙柏、女贞、无花果、刺槐、旱柳、黑松、樟树、桑树、丝绵木、糙叶树、夹竹桃、构树、楝树、乌桕、垂柳、黄杨、玉兰、合欢、石榴、蚊母树、棕榈、臭椿、枫杨、酸枣、泡桐。

（7）抗臭氧的树种

枇杷、银杏、樟树、夹竹桃、连翘、悬铃木、柳杉、青冈栎、海州常山、八仙花、枫杨、扁柏、大叶女贞、鹅掌楸、刺槐、黑松。

（8）抗烟尘的树种

香榧、珊瑚树、槐树、楝树、皂荚、粗榧、桃叶珊瑚、厚皮香、臭椿、榉树、樟树、广玉兰、银杏、三角枫、麻栎、女贞、枸骨、榆树、桑树、紫薇、樱花、桂花、朴树、悬铃木、蜡梅、青冈栎、黄杨、木槿、泡桐、黄金树、楠木、夹竹桃、重阳木、五角枫、绣球、冬青、栀子花、刺槐、乌桕。

（9）滞尘能力较强的树种

臭椿、麻栎、凤凰木、冬青、厚皮香、槐树、白杨、海桐、广玉兰、枸骨、楝树、柳树、黄杨、珊瑚树、皂荚、悬铃木、青冈栎、石楠、朴树、刺槐、樟树、女贞、夹竹桃、银杏、榆树、榕树。

6.4.4 案例分析

案例： NTT武藏野研究开发中心主馆（佐佐木设计）

NTT武藏野研究开发中心完成于1999年，用地面积25000m²。佐佐木先生在NTT武藏野研究开发中心的设计中，采用了传统的种植手法，但在形式上，则完全是具有现代感的几何形的有机组合，把日本美的现代形式表现得淋漓尽致。NTT武藏野研究开发中心荣获1999年绿色都市奖（审查委员长奖励奖）。

（1）作品概况

NTT武藏野研究开发中心完成于1999年，用地面积25000m²。高层楼、底层楼、连接两楼的中庭和场地中央宽阔的开放空间构成了NTT武藏野研究开发中心总部。这个设施除了进行研究开发外，还可以作为多功能大厅、展示室和配备餐厅的国际性研究交流场所使用（图6-67）。

（2）设计理念

以向研究人员和来宾提供舒适的环境和给予他们创新想法的"精神之庭"为目标，这个设施的设计理念是"新日本现代主义"。运用现代手法解释传统的和氏空间，表现建筑与自然的新的一体化。运用这种设计手法，导入立体性的几何学图形，保留原有的树木和古樱树，通过把水面和草坪配置成两色相间的鲜明的方格状形式，强调水平面与从高层建筑的俯瞰相对应的立体性美感。

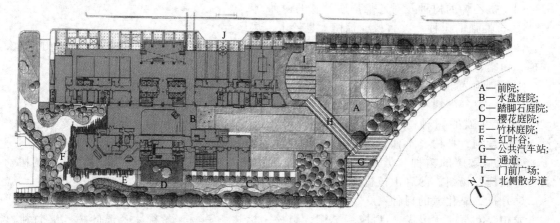

A—前院;
B—水盘庭院;
C—踏脚石庭院;
D—樱花庭院;
E—竹林庭院;
F—红叶谷;
G—公共汽车站;
H—通道;
I—门前广场;
J—北侧散步道

（a）平面图

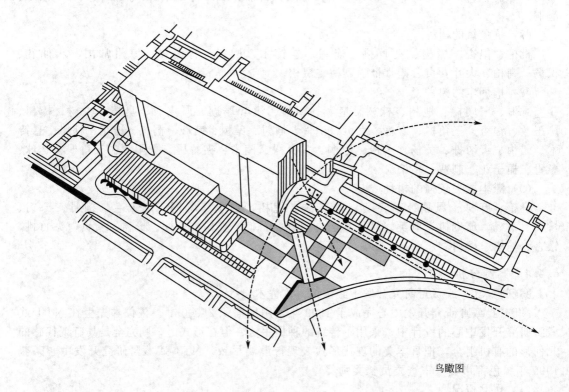

鸟瞰图

（b）鸟瞰图

图 6-67　设计图

（3）作品欣赏

　　简洁、明快的平面构成，细部是充满传统文化底蕴的局部处理手法，从中找到了传统与现代的接点，也许这正是作品成功的关键。看到这个作品时，景观中的几何形状错落有致而又相得益彰，使人感觉景观是在一种静态的动感里荡漾（图 6-68）。前庭的设计大气而别致。与草坪相间的水面,映照着树枝和天空等自然之物的动感与静谧,将人与物、静与动和谐地统一起来(图 6-69)。通过采用与建筑平面相配的条纹模式,实现了与建筑物一体化的庭园景观(图 6-70)。飘舞在水面上的樱花花瓣诉说着季节的变迁(图 6-71)。

图 6-68 武藏野研究开发中心整体效果图

图 6-69 前庭

图 6-70 建筑与景观融合一体

图 6-71 水中小品

6.5 校园环境

校园环境根据使用人年龄的不同和教育事业不同阶段的要求,可以分为三个不同的部分:幼儿园环境、中小学校园环境与大(中)专院校环境。

6.5.1 幼儿园

幼儿园是对 3～6 岁幼儿进行学龄前教育的机构,主要针对幼儿学前的基础早期教育。

图 6-72　幼儿园环境

早期教育是一种启蒙教育，孩子们活泼可爱，对一切都充满了好奇。环境设计往往注重从形式、色彩等方面来符合孩子们的心理，以活泼、动人、美丽和色彩明快为特点，例如，常用一些动物雕塑、卡通人物形象雕塑等。一般正规的幼儿园包括室内活动和室外活动两部分，根据活动要求，室外活动场地又分为公共活动场地、自然科学等基地和生活杂务用地（图 6-72）。

公共活动场地是儿童游戏活动场地，也是幼儿园重点景观区。该景观区应根据场地大小，结合各种游戏活动器械的布置，适当设置小亭、花架、涉水池、沙坑。户外活动场地的铺装和材质色彩要结合这时期儿童的特点来设计，符合儿童的心理，适合儿童使用，为儿童所喜爱。这些铺装可以做出一些儿童喜欢的艺术形象，如动物形象化的图案等，以取得良好的效果。在活动器械附近，以遮阳的落叶乔木为主，角隅处适当点缀花灌木，场地应开阔通畅，不能影响儿童活动。菜园、果园及小动物饲养地，是培养儿童热爱劳动、热爱科学的基地，有条件的幼儿园可将其设置在全园一角，用绿篱隔离，里面种植少量果树、油料、药用等经济植物，或饲养少量家畜家禽。

整个室外活动场地，应尽量铺设耐践踏的草坪，在周围种植成行的乔灌木，形成浓密的防护带，起防风、防尘和隔离噪声作用。幼儿园绿地植物的选择，要考虑儿童的心理特点和身心健康，要选择形态优美、色彩鲜艳、适应性强、便于管理的植物，禁用有飞毛、毒、刺及易引起过敏的植物，如禁用花椒、黄刺梅、漆树、凤尾兰等。同时，建筑周围注意通风采光，5m 内不能种植高大乔木。

6.5.2　中、小学校

（1）中、小学校的特点

① 面积与规模　与大（中）专院校相比，一般情况下，中、小学校园用地比较紧张。

② 师生学习工作特点　除寄宿学校外，中、小学校的学生大部分以上课为主，学生在校内停留的时间仅限于上学时间，且一般中、小学校由于师生员工较少，教师在校内居住的并不是很多，因此，校园环境从功能上讲比较单一，主要以观赏功能和满足学生课余休息、活动、放松的活动需求为主。

③ 学生特点　中、小学生一般年龄较小，学习任务比较繁重，因此，环境设计时应主要考虑学生的年龄特点。

（2）中、小学校绿化设计要点

中、小学校园的环境设计和幼儿园的环境设计有很大的区别。到了中、小学阶段，孩子们思维活跃，已经有了一定的判断能力，也是可塑性最强的时期。中、小学的校园环境设计应注重突出生动活泼和带有启迪性、充分发挥环境育人的作用，常用名人雕塑和带有启发性的造型小品等，要求格调明快、一目了然。

中、小学用地一般可分为建筑用地（包括办公楼、教学及实验楼、广场道路及生活杂物场地）、体育场地和道路用地。

① 建筑用地周围的绿化设计　中、小学建筑用地绿化，设计沿道路两侧、广场、建筑周边和围墙边呈条状分布，以建筑为主体，绿化衬托、美化建筑。因此，绿化设计既要考虑建筑物的使用功能，如通风采光、遮阳、交通集散，又要考虑建筑物的形状、体积、色彩和广场、道路的空间大小。

大门出入口、建筑门口及庭院，可作为校园绿化的重点，结合建筑、广场及主要道路进行绿化布置，注意色彩、层次的对比变化，建花坛、铺草坪、植绿篱、配置四季花木，衬托大门及建筑物入口空间和正立面景观，丰富校园景色。建筑物前后做低矮的基础种植，5m内不能种植高大乔木。在两山墙外可种植高大乔木，以防日晒。庭院中也可种植乔木，形成庭荫环境，并可适当设置乒乓球台、阅报栏等文体设施，供学生课余活动之用。

　　② 体育场地周围绿化设计　体育场地主要供学生开展各种体育活动。一般小学操场较小，经常以楼前后的庭院代之。中学单独设立较大的操场，可划分标准运动跑道、足球场、篮球场及其它体育活动用地。

　　运动场周围植高大遮阳落叶乔木，少种花灌木。地面铺草坪（除道路外），尽量不做硬质铺装。运动场要留出较大空地满足户外活动使用，并且要求视线通透，以保证学生安全和体育比赛的进行。

　　③ 道路绿化设计　校园道路绿化，主要考虑功能要求，满足遮阳需要，一般多种植落叶乔木，也可适当点缀常绿乔木和花灌木。

　　另外，学校周围沿围墙植绿篱或乔灌木林带，与外界环境相隔离，避免相互干扰，创造一个相对独立、安静的环境（图6-73）。

图6-73　马纳萨斯公园小学景观

6.5.3　大（中）专院校

　　大（中）专院校是培养德智体全面发展的人才园地。因此，校园环境设计在满足基本的使用功能外，更应注重构思和表现主题的含蓄性。同时，还应特别注重学校本身所具备的特有文化氛围和特点，并贯穿到环境设计中去，从而创造出不同特色的校园环境（图6-74）。

　　（1）大（中）专院校的特点

　　① 面积与规模　大专院校，一般规模大、面积广、建筑密度小，尤其是重点院校，相当于一个小城镇，需要占据相当规模的用地，其中包含着丰富的内容和设施。校园内部具有明显的功能分区，各功能区以道路进行分隔和联系，不同道路选择不同树种，形成了鲜明的功能区标志和道路绿化网络，也成为校园绿化的主体和骨架。

图6-74　加州科学院

　　② 师生学习、工作的特点　大（中）专院校是以课时为基本单元组织教学工作的，学生们一般没有固定的教室，一天之中要多次往返穿梭位于校园内各处的教室、实验室之间，匆忙而紧张，是一个从事繁重脑力劳动的群体。

　　大（中）专院校教师的工作，包括科研和教学两个部分，没有固定的八小时工作制，工作学习时间比较灵活。

　　③ 学生特点　大（中）专院校的学生正处在青年时代，其人生观和世界观处于树立和形成时期，各方面逐步走向成熟。他们精力旺盛，朝气蓬勃，思想活跃，开放活泼，可塑性强，又有独特的个人见解，掌握一定的科学知识，具有较高的文化修养。他们需要良好的学习、运动环境和高品位的娱乐交往空间，从而获得德、智、体、美、劳的全面发展。

　　（2）大（中）专院校的绿地组成部分及各部分的设计要点

大（中）专院校一般面积较大，总体布局形式多样。由于学校规模、专业特点、办学方式以及周围的社会条件的不同，其功能分区的设置也不尽相同。一般情况下可分为校前区、教学科研区、学生生活区、体育运动区、后勤服务区及教工生活区，各区用途不同，其绿化设计要点也有所不同。

① 校前区绿化　校前区主要是指学校大门、出入门与办公楼、教学楼之间的空间，有的也称作校园的前庭，是大量行人、车辆的出入空间，具有交通集散功能，同时起着展示学校标志、体现校容校貌及形象的作用，一般为一定面积的广场和较大面积的绿化区，是校园重点绿化美化地段之一。校前空间的绿化要与大门建筑形式相协调，以装饰观赏为主，衬托大门及主体建筑，突出庄重典雅、朴素大方、简洁明快的高等学府校园环境。校前区的绿化主要分为两部分：门前空间（主要指城市道路到学校大门之间的部分）和门内空间（主要指大门到主体建筑之间的空间）。

门前空间一般使用常绿花灌木形成活泼而开朗的门景，侧花墙用藤本植物进行配置。在四周围墙处，选用常绿乔灌木作自然式带状布置，或以速生树种形成校园外园林带。另外，门前的绿化既要与街景有一致性，又要体现学校特色。

门内空间的绿化设计一般以规划式绿地为主，以校门、办公楼或教学楼为轴线，在轴线上布置广场、花坛、水池、喷泉、雕塑和主干道。轴线两侧对称布置装饰或休息性绿地。在开阔的草地上种植树丛，点缀花灌木，或草坪及整形修剪的绿篱、花灌木，富有图案装饰效果。在主干道两侧种植高大挺拔的行道树，外侧适当种植绿篱、花灌木，形成开阔的绿荫大道。

校前区绿化要与教学科研区衔接过渡，为体现庄重效果，常绿树应占较大比例。

② 教学科研区绿化　教学科研区绿地主要是指教学科研区周围的绿地，一般包括教学楼、实验楼、图书馆以及行政办公楼等建筑，其主要功能是满足全校师生教学、科研的需要，为教学科研工作提供安静优美的学习与研究的氛围，也为学生创造课间进行适当活动的绿色室外空间。其绿地一般沿建筑周围、道路两侧呈带状或团块状分布。

教学科研主楼前的广场设计，一般以大面积图案铺装为主，结合花坛、草坪，布置喷泉、雕塑、花架、园灯等园林小品，体现简洁、开阔的景观特色（有的学校也可将校前区与其结合起来布置）。

为满足学生休息、集会、交流等活动的需要，教学楼之间的广场空间应注意体现其开放性、综合性的特点，同时可结合地形和空间设计小游园。绿地布局平面上要注意其图案构成和线型设计，以丰富的植物及色彩形成适合师生在楼上俯视的鸟瞰画面，立面要与建筑主体相协调，并衬托美化建筑，使绿地成为该区空间的休闲主体和景观的重要组成部分。教学楼周围的基础绿带，在不影响楼内通风采光的条件下，多种植落叶乔灌木。

大礼堂是集会的场所，正面入口前一般设置集散广场，绿化同校前区，由于其周围绿地空间较小，内容相应简单。礼堂周围的基础种植以绿篱和装饰树种为主。礼堂外围可根据道路和场地大小，布置草坪、树林或花坛，以便人流集散。

实验楼的绿化基本与教学楼相同，另外，还要注意根据不同实验室的特殊要求，在选择树种时，综合考虑防火、防爆及空气洁净程度等因素。

图书馆是图书资料的储藏之处，为师生教学、科研、学习活动服务，也是学校标志性建筑，其周围的布局与绿化基本与大礼堂相同。

③ 学生生活区绿化　该区为学生生活、活动区域，主要包括学生宿舍、学生食堂、浴室、商店等生活服务设施及部分体育活动器械。该区与教学科研区、体育活动区、校园绿化景区、城市交通及商业服务有密切联系。一般绿地沿建筑、道路分布，比较零碎、分散。但是该区又是学生课余生活比较集中的区域，绿地设计要注意满足其功能性。

生活区绿化应以校园绿化基调为前提，根据场地大小，兼顾交通、休息、活动、观赏诸功能，因地制宜地进行设计。食堂、浴室、商店、银行、邮局前要留有一定的交通集散及活动场地，周围可留基础绿带，种植花草树木，活动场地中心或周边可设置花坛或种植庭荫树。

学生宿舍区绿化可根据楼间距大小，结合楼前道路进行设计。楼间距较小时，在楼梯口之间只进行基础种植或硬质铺装。场地较大时，可结合行道树，形成封闭式的观赏性绿地，或布置成庭院式休闲型绿地，铺装地面、花坛、花架、基础绿带和庭荫树相结合，形成良好的学习、休闲场地。

④ 休息游览区绿化　休息游览区绿化是在校园的重要地段上设置的集中绿化区或景区，供学生休息、散步、自学、交往，另外，还起着陶冶情操、美化环境、树立学校形象的作用。该区绿地呈团块状分布。在校园的重要地段设置花园式或游园式绿地，供师生休闲、观赏、游览和读书。另外，大（中）专院校中的花圃、苗圃、气象观测站等科学实验园地，以及植物园、树木园也可以园林形式布置成休憩游览绿地。

休憩游览绿地规划设计构图的形式、内容及设施，要根据场地地形、地势、周围道路、建筑等环境，综合考虑，因地制宜地进行。

⑤ 体育活动区绿化　大（中）专院校校园的体育活动场所是校园的重要组成部分，是培养学生德、智、体、美、劳全面发展的重要场所。其内容主要包括大型体育场、馆和操场，游泳池、馆，各类球场及器械运动场等。该区要求与学生生活区有较方便的联系。除足球场草坪外，绿地沿道路两侧和场馆周围呈条带状分布。

体育活动区绿化一般在场地四周种植高大乔木，下层配置耐阴的花灌木，形成一定层次和密度的绿荫，能有效地遮挡夏季阳光的照射和冬季寒风的侵袭，减弱噪声对外界的干扰。

室外运动场地的绿化不能影响体育活动和比赛，以及观众的视线，应严格按照体育场地及设施的有关规范进行。为保证运动员及其他人员的安全，运动场四周可设围栏，并在适当之处设置座凳，供人们观看比赛。座凳处可植落叶乔木遮阳。

体育馆建筑周围应因地制宜地进行基础绿化。

⑥ 校园道路绿化　大（中）专院校校园道路绿带与校园内的道路系统相结合，对各功能区起着联系与分隔的双重作用，且具有交通运输功能。道路绿地位于道路两侧，除行道树外，道路外侧绿地应与相邻的功能区绿地相融合。

校园道路两侧行道树应以落叶乔木为主，构成道路绿地的主体和骨架，浓荫覆盖，有利于师生们工作、学习和生活，在行道树外还可以种植草坪或点缀花灌木，形成色彩、层次丰富的道路侧旁景观。

⑦ 后勤服务区绿化　该区分布着为学校提供水、电、热力及各种气体动力站及仓库、维修车间等设施，占地面积大，管线设施多，既要有便捷的对外交通联系，又要离教学科研区较远，避免相互干扰。其绿地也是沿道路两侧及建筑场院周边呈条带状分布。

要注意水、电、热力及各种其它动力站、仓库，在选择配置树种时，综合考虑防火、防爆等因素。

⑧ 教工生活区绿地　该区为教工生活、居住区域，主要是居住建筑和道路，一般单独布置，或者位于校园一隅与其它功能区分开，以求安静、清朗。其绿地分布及绿化设计与普通居住区无差别。

6.5.4　案例分析

案例1：美国努埃瓦小学（Nueva School）（ASLA）（来源：南京盖亚景观规划设计有限公司）

（1）项目概况

美国努埃瓦小学是一所包括了从学前到八年级学生的实验小学，强调社交和情感学习。

它致力于鼓励终身学习，培育社交和情感的敏锐度，激发孩子们的想象力。努埃瓦小学的校园扩建的设计也是以这些原则为基础，同时展示了在环境管理方面的领先性。设计元素配合学校的课程，创造了能使孩子们参与当地生态系统过程的户外空间。

（2）设计理念

新设计用学校设施和一个中心广场代替了原来的停车场，而这个中心广场也将成为扩建后新努埃瓦校园的中心。设计团队进行了详细的地形、小气候和生态分析。学校的建筑都聚集在山脊线附近，随着自然地形错落分布以减少对环境的影响。设计者还利用了太阳和暖季的西北风。图书馆和学生中心坐落在通向中心广场的轴线的较低位置处，减少了太阳和东风对建筑物的影响。建筑和园林的协调也体现在崖径上，崖径上种植的乡土草本植物掩盖着图书馆东边的高起，也使它更加耐热。图书馆和学生中心的屋顶也进行了绿化，这又为乡土植物提供了1万平方英尺❶的生境。设计团队和当地的艺术家在水泥带上刻上了橡树叶、悬铃木、大叶枫等能在周围树林里找到的植物种类。这种刻印丰富了广场的铺装，还将树林的元素融入到校园中（图6-75）。

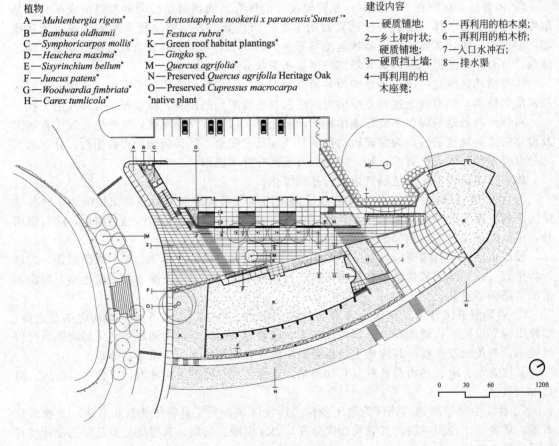

植物
A—*Muhlenbergia rigens**   I—*Arctostaphylos nookerii x paraoensis* 'Sunset'**
B—*Bambusa oldhamii*   J—*Festuca rubra**
C—*Symphoricarpos mollis**   K—Green roof habitat plantings*
D—*Heuchera maxima**   L—*Gingko* sp.
E—*Sisyrinchium bellum**   M—*Quercus agrifolia**
F—*Juncus patens**   N—Preserved *Quercus agrifolla* Heritage Oak
G—*Woodwardia fimbriata**   O—Preserved *Cupressus macrocarpa*
H—*Carex tumlicola**   *native plant

建设内容
1—硬质铺地；   5—再利用的柏木桌；
2—乡土树叶状、   6—再利用的柏木桥；
    硬质铺地；   7—入口水冲石；
3—硬质挡土墙；   8—排水渠
4—再利用的柏
    木座凳；

图6-75　平面图

（3）作品赏析

生长着耐旱植物的洼地将新中心广场的不同层次分隔开来。在雨季，雨水从广场的硬质

铺装流入这些洼地，有助于防止形成暴雨径流（图6-76）。为了在旱季也能保持景观效果，项目引入了一套新的灌溉系统来帮助优化用水。这套系统被设定为依据卫星提供的天气数据和当地收集的土壤、坡面、光照强度等信息自动运行（图6-77）。这个建成的加利福尼亚州草地环境就像是在包围着新图书馆建筑，土壤和植物材料对里面的房间起到了隔热的作用，有助于减少调节室内温度所需的能源损耗（图6-78）。新建筑需要移除一些蒙特利柏树。幸好，这些树在新的整体景观中也发挥了它们的作用，它们被作为木材回收，加工成铺装材料和户外家具。它们加入到新景观里来，在资源的可持续利用方面对学生起到了教育意义（图6-79）。一条由卵石镶边的混凝土沟渠允许孩子们亲眼见证暴雨时的水流，这种与水的交流提供了一个环境，可以教育学生们与暴雨径流相关的环境问题，如水污染和洪水等（图6-80）。

图 6-76　暴雨管理

图 6-77　新的灌溉系统产生
的景观效果

图 6-78　利用植物来调节室内
温度所需能耗

图 6-79　景观的可持续利用

设计过程从与教职工讨论开始，然后是"理想教师"体验。该设计始终关注时间的流逝，既有季节性体验，又考虑该设计的长久影响力。该项目努力成为可持续性的典范，减缓温室气体影响，保护水环境、生物多样性，倡导资源的有效利用。

案例 2：南京六十六中校园环境设计（来源：南京盖亚景观规划设计有限公司）

（1）设计背景

南京六十六中位于南京市区城北东井亭附近，整个学校校园平面呈不规则形。由于校园整体属于老旧校区，其中新建和拆除了部分建筑，因此本次校园环境设计是改造与新建相结合的环境整合。

（2）设计指导思想

该校园环境设计力图打破常规的、普通的环境设计思想和方法。中学是青少年受教育的场所，因而校园环境的设计不单是种树栽花、绿化植草、铺装修路，或只是单纯满足人

图 6-80 景观注重学生的参与

们的视觉审美要求，校园环境更应该是把环境作为学生受教育、获得知识与资讯的场所的一部分。设计者通过对学生室外活动需求及心理特点的认真分析与探讨，并相应地对户外环境设计要素精心构思与合理组织，从而创造出一个具有教育意义和吸引力，并具有一定青少年生活气息与情趣的积极意义活动空间（图 6-81、图 6-82）。

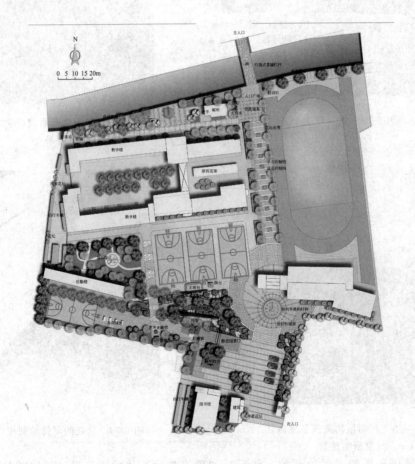

图 6-81 平面图

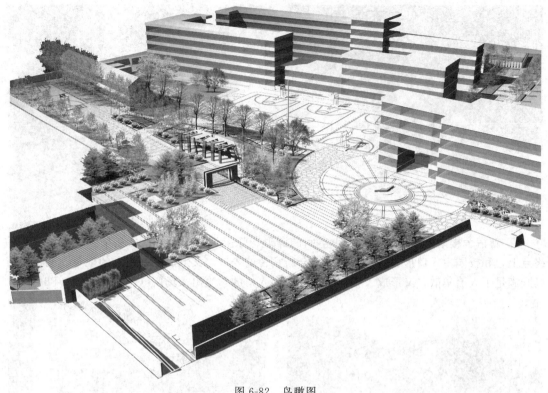

图 6-82 鸟瞰图

（3）特色景观

① 校园主入口轴线处理 北入口为进入校园的主入口，进入学校北大门即为十里长沟的桥。过了桥为一入口铺装小广场，广场铺地上刻钥匙造型，广场后的学校主干道形成一个以新宿舍楼为背景的轴线，称为"学习的轴线""成长的轴线"。在轴线铺地上刻"语文、数学、英语、政治、物理、化学、历史、地理、生物"九门功课文字（图 6-83），而前面铺装广场的钥匙喻示着高中正是开启这九门功课的钥匙（图 6-84）。

图 6-83 铺装——课程名字、功课名字

图 6-84 铺装—钥匙

② 西北部林下铺装 教学楼之北现状为大树所形成的林荫地，树下为水泥铺地并凌乱地停放自行车。拟保留这些大树，林下设置各种材质铺装及花池、座凳以形成林荫休息空间（图 6-85、图 6-86）。

图 6-85 保留大树，设置树池

图 6-86 林下铺装

③ 新宿舍楼南部圆形小空间　小空间的圆形花坛上设校训石景，处在校园主入口轴线的终点上，和校园主入口形成对景，同时结合新宿舍的入口，又形成了轴线上的框景。圆形小广场既满足了人流集散，又形成了独立的宿舍楼南入口的学生出入场所（图 6-87、图 6-88）。

图 6-87 校训石景 1

图 6-88 校训石景 2

④ 升旗台南侧休闲绿地　这部分的绿地是较为轻松休闲的学生休息空间。学生在此可以晨读、谈心、举行小型露天的讨论会等。绿地中部有一构架，造型活泼，颜色丰富，充分反映了青少年生机勃勃的朝气，是学生休息的地方。此处附近设一小雕塑，以思考者或读书学生为主题创作，充分比喻人的学习在于对事物的思考这一主题（图 6-89～图 6-93）。

图 6-89 休闲运动

图 6-90　休闲思考

图 6-91　休闲树池

图 6-92　休闲廊架

图 6-93　休闲廊架

案例 3：美国加州理工学院景观总体规划（California Institute of Technology Landscape Master Plan）（ASLA）

（1）项目现状

美国加州理工学院成立于 1891 年，坐落在美国加利福尼亚州帕萨迪纳市区，校园占地面积 123 英亩❶。在过去一个世纪中，校园已超出其原有的总体规划的范围。现有的校园景观：建筑物 20%，铺设路面 32%，草坪 22%，种植面积 26%。目前，约 52% 的加州理工学院的校园覆盖不透水表面，雨水无法渗透。因此，相当数量的雨水进入城市排水管运行，它携带了大量污染和洪水风险。根据校园总体规划建议，将部分不透水区域转换为本土植物种植面积 32% 的低维护成本的草坪空间，并将一些草坪空间设计为休闲空间，供人们休闲使用。

（2）设计理念

加州理工学院的景观框架计划体现了三个相互关联的价值观：静谧、新奇和可持续性。六大资金建设项目的设计和建设将产生更新总体规划的需要，因此设计者提出几个可持续发展战略。这些景观工程将全面展示加州理工学院的潜力，揭示保存、再利用雨水资源的匮乏，同时收回"失去的风景"，并加强户外环境的特殊品味，促进教师与学生之间的交流。

---

❶　1 英亩＝0.405 公顷。

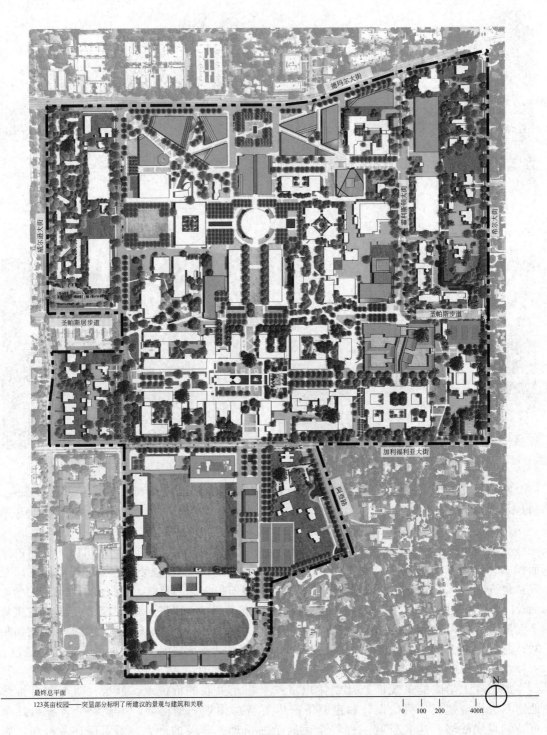

最终总平面

123英亩校园——突显部分标明了所建议的景观与建筑和关联

0 100 200   400ft

图 6-94　加州理工学院景观总体规划平面图

（3）项目赏析

通过分析，加州理工学院的景观改造计划含有几个最基本的景观元素——水、植物、地形及地表，这些都关系到校园的文化及历史。设计者恰当地运用这些元素去设计一个实用且美丽的校园。该工程的一个潜在目的，就是要把加州理工学院的校园环境营造推上像其在科学界一样的领先地位，通过提高可持续性发展的理念，诸如保护水体、减少在景观维护上的能源消耗以及采用本土植物进行景观设计，以利于本土植物的繁衍并降低维护成本。加州理工学院采纳了这一框架设计及其理念，并且也已经有捐赠人协助落实各项工程。

近几十年来，加州理工学院已发展壮大，在如何影响整体校园方面开发了一些已经升值的小项目。原有的建筑和景观不能反映科技大学的构架。为了打破这种格局，景观建筑师做了一个可持续发展的景观总体规划的设想，重新设计校园的未来发展（图6-95）。

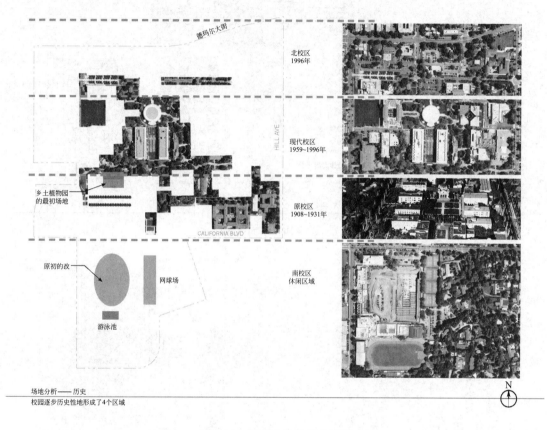

图 6-95　景观总体规划的设想

景观设计师经过仔细分析，将校园分为四个不同气候区——植物、地形、土壤、水文。每个区域的特点是由不同季节优势树种组成。通过确定每个区域的不同边界和发挥植物的调色板作用，未来发展过程中可以保持校园的历史景观，并提高其生物多样的生态系统（图6-96）。

景观设计师经过调查，认为本次设计既要满足充分的水、化肥设施，还要尽量保持和发展原生态植物，在草坪空间上的空间能够起到提供娱乐休闲的环境空间的作用，体现校园的气氛（图6-97）。

创建室外的社会空间是整体规划的一个优先事项。景观建筑师提出扩大红门咖啡在户外用餐露台，通过校园的主要行人路线，使其更接近三的帕斯奎尔城。这种变化将为更多非正式的师生互动创造新的机会，并促进知识和思想的交流（图6-98）。

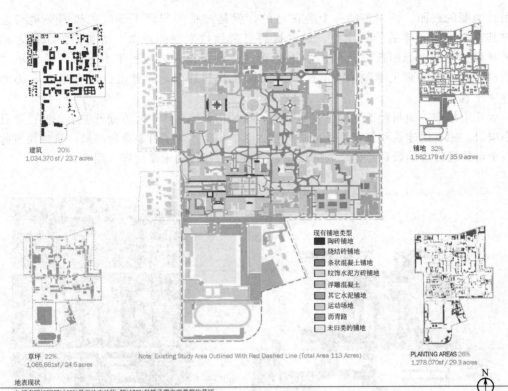

建筑　20%
1,034,370 sf / 23.7 acres

铺地　32%
1,562,179 sf / 35.9 acres

现有铺地类型
- 陶砖铺地
- 烧结砖铺地
- 条状混凝土铺地
- 纹饰水泥方砖铺地
- 浮雕混凝土
- 其它水泥铺地
- 运动场地
- 沥青路
- 未归类的铺地

草坪　22%
1,065,661sf / 24.5 acres

Note: Existing Study Area Outlined With Red Dashed Line (Total Area 113 Acres)

PLANTING AREAS 26%
1,278,070sf / 29.3 acres

N

地表现状
分析表明校园超过50%是无法改动的,超过20%种植了需高度养管的草坪。

图 6-96　四个不同气候区

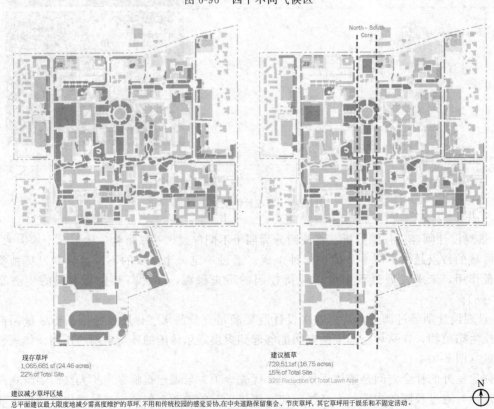

North - South Core

现存草坪
1,065,661 sf (24.46 acres)
22% of Total Site

建议植草
729,511sf (16.75 acres)
15% of Total Site
32% Reduction Of Total Lawn Area

N

建议减少草坪区域
总平面建议最大限度地减少需高度维护的草坪,不用和传统校园的感觉妥协,在中央道路保留集会、节庆草坪,其它草坪用于娱乐和不固定活动。

图 6-97　保持和发展原生态植物

图 6-98　促进知识和思想的交流

案例 4：南京二十九中御龙湾中学景观设计（南京盖亚景观规划设计有限公司）

本项目位于重要的科教中心和航运中心——南京栖霞区迈皋桥附近，地理位置优越，交通便捷顺畅。项目总用地面积 23025.2m²。建筑风格为褐石风格。本设计以生命基本单位——细胞为灵感来源，以细胞寓意教师，象征良师为学生发展提供了无限可能，同时设计注重学习、生活、生态三者之间的有机融合，以此为师生提供现代人文校园环境（图 6-99）。

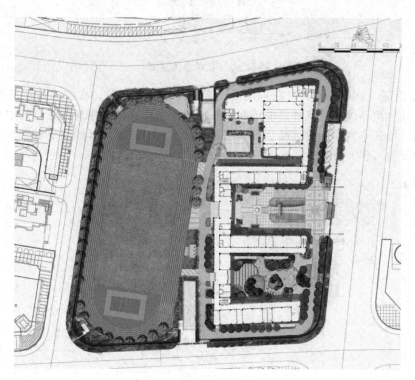

图 6-99　南京二十九中御龙湾中学景观总平面图

（1）场地背景

项目北邻栖霞大道，西接丰青路，西看和燕路，南望玉尚路，可经地铁 1 号线快速到达南京火车站与南京奥体中心，交通便捷顺畅。

（2）景观总体规划

① 功能分区　校园分区以建筑围合方式为划分依据，除操场区外，均为三面围合的半私密区域。其中学海无涯广场区为核心景区，奠定人们对校园环境的第一印象；风华正茂园

是一处让学生在学习之余可以放松身心的自然式场地。五味植物园种植可食用植物；操场区则以绿化作为点缀，且设有升降国旗的主席台（图 6-100）。

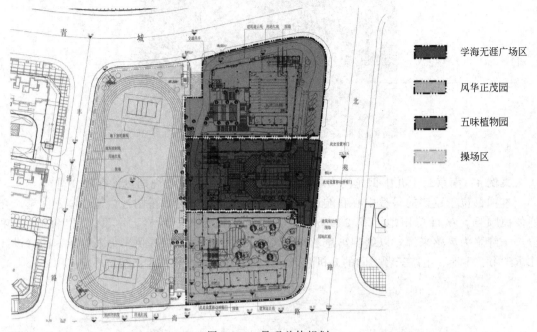

图 6-100 景观总体规划

② 交通流线　该校主要入口在东侧，设有校外临时停车位，次要入口在南侧，北侧是后勤入口。其主要路线是建筑外围的环路以及校园主入口通向各建筑物正门的主干道路，人流量最大的路线是东西向主要道路。次要道路人流量相对较少，其他路线根据学生的活动需求相对自由设置（图 6-101）。

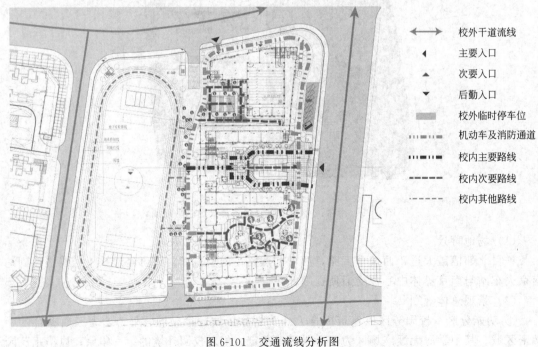

图 6-101 交通流线分析图

③ 景观视线 该校的核心景观节点都在东门主入口东西向的核心景观轴线上，建筑物内以及校门外侧的人群视线易集中在其上。

操场上的主席台，方便升国旗以及全校集体活动的演讲等，视线较为开阔。

次要景观节点以绿宜人，各点状节点呈均匀分布态势，各个角度均可满足游览者观景赏景的视线需求（图6-102）。

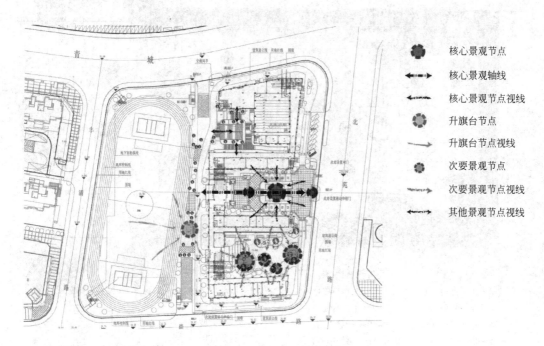

图 6-102 景观视线分析图

（3）特色景观

① 学海无涯广场区 该区设计融入"渡"人理念，通过设置渡桥暗喻教师传道授业解惑的奉献和对学生成人成材的美好祝愿。该区以规则对称布局为主，从整体到局部均体现浓厚的书香文化气息。

a. 校园主入口：将石刻校名标识置于入口中间，大气恢宏，校门后设置求学广场，以龙纹地刻彰显龙马精神，入口两侧以宣传栏播放教学动态，以此拉开众多学子的求学帷幕。

b. 无涯广场：该广场为整个广场区的中心区域，以"渡桥"象征教育是场渡人渡己的修行，以"智慧之门"引发学生深思，以菊兰雕花教导学生德行端正，在桥的尽端设感悟平台，作为整个景点序列上的高潮（图6-103、图6-104）。

c. 教学楼前广场：该处为学海无涯广场区的最后一段，包括进阶广场和收获广场，两个广场交接之处放置书海雕塑，点明整个片区"学海无涯"的主题。以两个广场作为收尾，既与入口的求学广场相呼应，又满足了放学时大量人群的集散需求。

② 风华正茂园 该区以细胞作为意形，以自然不规则式为主，形成曲折幽静的花园小径和安静闲适的休息空间，旨在为师生提供一处充分接触自然、感悟生命的乐园。其内部的春色满园种植春季开花植物，啼鸟园种植蜜源植物来吸引鸟类及昆虫，凌寒园种植蜡梅等冬季开花树种，夏花园绿荫繁盛，秋实园硕果耀目，四季不同而景色各异（图6-105、图6-106）。

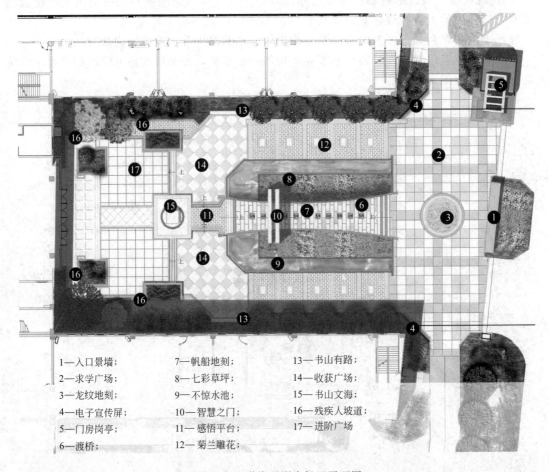

1—入口景墙;	7—帆船地刻;	13—书山有路;
2—求学广场;	8—七彩草坪;	14—收获广场;
3—龙纹地刻;	9—不惊水池;	15—书山文海;
4—电子宣传屏;	10—智慧之门;	16—残疾人坡道;
5—门房岗亭;	11—感悟平台;	17—进阶广场
6—渡桥;	12—菊兰雕花;	

图 6-103　学海无涯广场区平面图

图 6-104　学海无涯广场区效果图

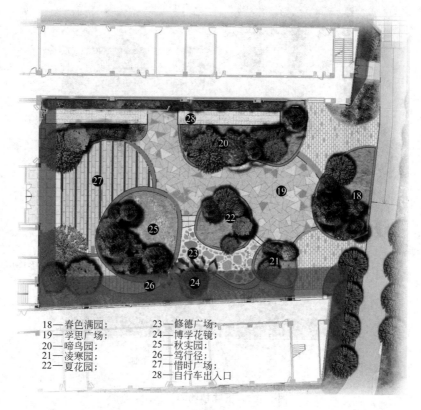

18—春色满园；   23—修德广场；
19—学思广场；   24—博学花镜；
20—啼鸟园；   25—秋实园；
21—凌寒园；   26—笃行径；
22—夏花园；   27—惜时广场；
                    28—自行车出入口

图 6-105 风华正茂园平面图

图 6-106 风华正茂园效果图

③ 五味植物园 本分区临近食堂，意在打造一个高参与性的园林环境。蔓藤植物枝蔓优美，既是立面绿化装饰的理想材料，又可以安全食用，并使学生充分感受自然的美妙（图 6-107）。

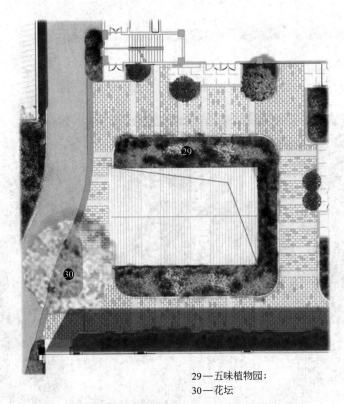

29—五味植物园；
30—花坛

图 6-107   五味植物园平面图

6.6   办公及研发机构建筑外环境

办公及研发机构主要是指一些行政部门（如市政厅）、科研开发、软件开发的部门机构。这些部门的绿地环境通常都是为了美化环境，消除外界干扰，提高工作环境，为内部人员提供休息、娱乐的场所而设计的。

6.6.1   办公及研发机构建筑外环境的功能特点

（1）交通联系与组织

办公楼尤其是高层与超高层办公楼，其室外的交通联系与组织有其本身的特点。一则因为办公楼外环境中人流与车流量大，进出的时段较为集中。二则基地、建筑以及车库的出入口呈现分散、立体分布的特征，人流车流较为复杂。三则地面还需考虑一定数量的各类室外的停车位。而与此相对的是城市中心区用地紧张使得室外空间一般都很局促。所以交通的联系与组织往往是在环境设计中首先需要满足的基本功能，也是平面布局的出发点。

（2）外部活动空间的创造

办公外环境中应考虑为人的户外活动创造适宜的空间。一些办公楼的外环境较为独立，局限于内部使用，可为办公人员休憩、交谈、赏景之用。另一些办公楼则能为城市提供良好的开放空间，这在拥挤的中心区显得尤为可贵。如辛辛那提的 P&G 总部办公楼的室外广场，建筑师完全将其作为一个公众广场融于城市环境之中。强烈韵律感的图案配合水池与树木，为市民提出了一个良好的活动空间（图 6-108）。

（3）建筑形态的烘托

建筑外环境为人们从近处感受建筑的形态提供了最佳的
观赏点，同时环境中的绿化、铺地、雕塑构成了画面的前景，
具有丰富、柔化建筑形态的作用。在办公楼林立的城市中心
区，和谐统一的外环境往往成为联系建筑形态之间的纽带，
使开放空间周围形成整体的建筑景观。对于建筑近前的人来
说，良好的外环境设计又能消除因高层办公楼的巨大体量给
人带来的压迫感，使环境更显亲切。

6.6.2　办公及研发机构建筑外环境的分区设计

办公外环境的绿地主要包括：入口处绿地、办公楼前绿
地（主要建筑物前绿地）、附属建筑旁绿地、庭院休息绿地
（小游园）、道路绿地等。

（1）大门入口处绿地

图 6-108　辛辛那提的 P&G
总部办公楼的室外广场

大门入口处是单位形象的缩影，入口处绿地也是单位绿
化的重点之一。绿地的形式、色彩和风格要与入口空间、大门建筑统一协调，设计时应充分
考虑，以形成机关单位的特色及风格。一般大门外两侧采用规则式种植，以树冠规整、耐修
剪的常绿树种为主，与大门形成强烈对比，或对植于大门两侧，衬托大门建筑，强调入口空
间。在入口对景位置可设计成花坛、喷泉、假山、雕塑、树丛、树坛及影壁等。

大门外两侧绿地，应由规则式过渡到自然式，并与街道绿地中人行道绿化带结合。入口
处及临街的围墙要通透，也可用攀绕植物绿化。

（2）办公楼绿地

办公楼绿地可分为楼前装饰性绿地（此绿地有时与大门内广场绿地合二为一）、办公楼
入口处绿地及楼周围基础绿地。

① 楼前装饰性绿地　一般指大门入口至办公楼前的场地，根据空间和场地大小，往往
规划成广场，供人流交通集散和停车，绿地位于广场两侧。若空间较大，也可在楼前设置装
饰性绿地，两侧为集散和停车广场。大楼前的广场在满足人流、交通、停车等功能的条件
下，可设置喷泉、假山、雕塑、花坛、树坛等，作为入口的对景，两侧可布置绿地。办公楼
前绿地以规则式、封闭型为主，对办公楼及空间起装饰、衬托、美化作用；以草坪铺底，绿
篱围边，点缀常绿树和花灌木，低矮开放，或做成模纹图案，富有装饰效果。办公楼前广场
两侧绿地，视场地大小而定，场地小宜设计成封闭型绿地，起到绿化美化作用，场地大可建
成开放型绿地，兼顾休息功能。

② 办公楼入口处绿地　一般结合台阶，设花台或花坛，用球形或尖塔形的常绿树或耐修
剪的花木，对植于入口两侧，或用盆栽的苏铁、棕榈、南洋杉、散尾葵等摆放于大门两侧。

③ 办公楼周围基础绿带　位于楼与道路之间，呈条带状，既美化衬托建筑，又进行隔
离以保证室内安静，还是办公楼与楼前绿地的衔接过渡。绿化设计应简洁明快，绿篱围边，
草坪铺底，栽植常绿树与花灌木，达到低矮、开敞、整齐且富有装饰性的效果。在建筑物的
背阴面，要选择耐阴植物。为保证室内通风采光，高大乔木可栽植在距建筑物 5m 之外，为
防日晒，也可于建筑两山墙处结合行道树栽植高大乔木。

（3）庭园式休息绿地（小游园）

如果机关单位内有较大面积的绿地，可设计成休息性的小游园。游园中以植物绿化、美
化为主，结合道路、休闲广场布置水池、雕塑及花架、亭、桌、椅、凳等园林建筑小品和休

息设施，满足人们休息、观赏、散步活动之用。

（4）附属建筑绿地

单位附属建筑绿地指食堂、锅炉房、供变电室、车库、仓库、杂物堆放等建筑及围墙内的绿地。这些地方的绿化首先要满足使用功能，如堆放煤及煤渣、垃圾、车辆停放、人流交通、供变电要求等。其次要对杂乱、不卫生、不美观之处进行遮蔽处理，用植物形成隔离带，阻挡视线，起卫生防护、隔离和美化作用。

（5）道路绿地

道路绿地也是机关单位绿化的重点，它贯穿于机关单位各组成部分之间，起着交通、空间和景观的联系与分隔作用。

道路绿化应根据道路及绿地宽度采用不同的行道树及绿化带种植方式。

机关单位道路较窄，建筑物之间空间较小，行道树应选择观赏性较强、分支点较低、树冠较小的中小乔木，株距3～5m。同时，也要处理好与各种管线之间的关系，行道树种不宜繁杂。

6.6.3 案例分析

案例：南京新城科技园（来源：南京盖亚景观规划设计有限公司）

（1）项目背景

南京新城科技园是南京市主城区最大的高新技术产业园，江苏省和南京市共同打造的南京河西新城现代服务业核心区。由新城科技园投资建设的现代企业加速器项目，位于建邺区河西大街以南的高端产业聚集区，四周边界分别是：青山路、香山路、白龙江东街、嘉陵江东街。项目占地面积4.5hm^2。基地分为A、B两个地块，每个地块内各有3幢高层企业研发办公建筑（图6-109、图6-110）。

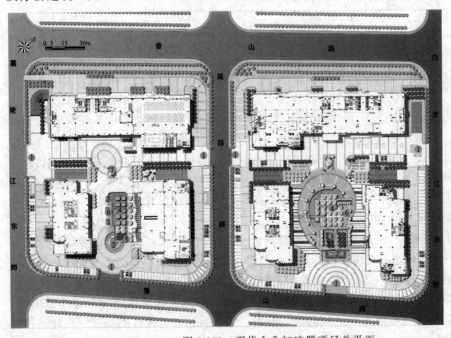

图 6-109　现代企业加速器项目总平面

景点名称：
① —入口；
② —跌水瀑布；
③ —景观构架；
④ —树阵；
⑤ —景墙；
⑥ —木平台；
⑦ —植物岛

南京新城科技园现代企业加速器项目产业定位为高端研发总部，是软件产业、物联网和移动互联网科技综合体，周边遍布大型企业集团总部。

（2）设计思路

① 满足功能要求，安排多种空间，满足各类室外使用功能。

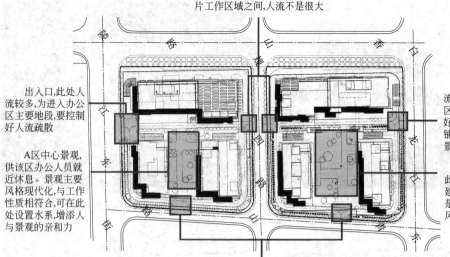

此处的出口主要负责连接两片工作区域之间,人流不是很大

出入口,此处人流较多,为进入办公区主要地段,要控制好人流疏散

A区中心景观,供该区办公人员就近休息。景观主要风格现代化,与工作性质相符合,可在此处设置水系,增添人与景观的亲和力

出入口,此处人流较多,为进入办公区主要地段,要控制好人流疏散,并将铺装进行设计,凸显景观效果

B区核心景观,此区比A处略大,被建筑包围,主要功能是供办公区人员休憩,风格与A区相协调

出入口,此处均与中心景观相连,同时也承接人流进入办公区

图 6-110　基地解读

② 设计合理路线,方便人流、车流交通聚散。

③ 基于项目的背景,景观元素应体现高科技文化内涵,景观风格应体现时代感,景观设计手法应体现创新性。

④ 由于大部分景观都是在地库顶板上建成,景观设计应采用可操作的工程技术,充分考虑荷载、地库顶板覆土等各种限制因素(图 6-111～图 6-117)。

图 6-111　A 区鸟瞰

图 6-112　A 区人视效果

图 6-113　A 区夜景鸟瞰

图 6-114　B 区鸟瞰

图 6-115　B区人视效果

图 6-116　B区夜景鸟瞰

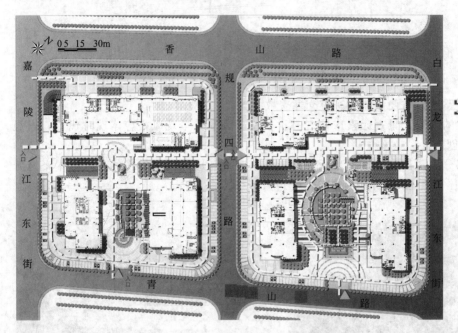

图 6-117　交通分析平面

6.7　医院环境

　　医院环境主要是指医院用地中供患病者、康复期患者及健康人员治疗与休养的室外环境。其主要功能是满足患者或疗养人员游览、休息的需要，起着治疗、卫生和精神安慰的作用，同时可利用一些天然的疗养因子，达到预防和治疗疾病的目的，给医疗机构创造一个安静优雅的绿化环境。

6.7.1　医院的类型、特点及其规划原则

　　（1）医院的类型

　　① 综合型医院　一般设施比较齐全，包括内、外科的门诊部和住院部。

　　② 专科医院　主要是指某个专科或几个相关医科的医院，例如口腔医院、儿童医院、妇产医院、传染病医院等。

③ 休、疗养院　主要是指专门针对一些特殊情况患者的医疗机构，供他们休养身心、疗养身体的专类医院。

④ 小型卫生所　主要是指一些社区、农村的小型医疗机构，医疗设施相对较为简单。

（2）规划特点

综合型医院和专科医院由多个使用功能要求不同的部分组成，在对其进行总体规划时，要严格按照各功能分区的要求进行。一般可分为医务区和总务区两大组成部分。医务区又分为门诊部、住院部、辅助医疗等部门。门诊部是接纳各种患者、诊断病情、确定门诊治疗或者住院的场所，以方便患者就诊为主要目的，通常靠近街道设置，另外还要满足医疗需要的卫生和安静的条件；住院部是医院重要的组成部分，要有专门的一块区域，设置单独的入口，要求安排在总体规划中卫生条件最好、环境最好的地方，以保证患者能安静地休养，避免一切外界的干扰和刺激；辅助医疗部门主要是由手术部、药房、化验室等组成，一般是和门诊部、住院部相结合设计。总务区属于服务性质的地方，包含厨房、洗衣房、锅炉房、制药间等，一般设在较为偏僻的地方，与医务区既有联系又有隔离。行政管理部门可以单独设立，也可以与门诊部相结合设置，主要针对全院的业务、行政和总务管理。

休、疗养院的规划一般要求周围的环境条件较好，通常设置在风景区内。根据周围具体的环境进行总体规划，主要是给疗养人员提供良好的休养环境。

小型卫生所的规划更为简单，因为它主要是针对某个范围内的人群设立的，通常只有几间房屋，周围设计一些小块的绿地就可以满足要求。

（3）医院环境的设计原则

① 创造生态环境　医院是城市的一部分，所以医院生态环境应该是城市生态环境的一个局部。恰当的绿化不仅可以起到美化环境的作用，还具有提高空气质量、保持湿度、阻隔噪声等作用。因此，在设计之初就应考虑减少土方开挖量，尽量保持原有的植被和自然形成的景观。同时，还应当考虑环境的地域特色，根据当地的气候，布置室外景观空间和采取具有当地地域文化特色的植物。

② 可识别性　医院是个庞大的系统，科室繁多、功能复杂，特别是对于门诊患者与其陪同人员来说，他们并不熟悉医院的户外空间位置、到达路径以及不同科室的位置，这样很容易造成他们的盲目流动，而且对于院方所需要的秩序与效率也无法保障。创造各具特色的室外景观节点，利用不同的植物形成视觉中心，这样做可以标示医院院区中不同的建筑入口，从而快速引导各类人员出入。在室内空间中，特别是候诊空间和交通节点上，用不同的盆栽、雕塑、绿化围合等手段，使各类人员形成心理地图的标示点，从而消除他们的烦躁、不安情绪，为提高医院诊疗效率创造条件。

③ 可达性强的景观交往空间　医护人员之间要经常交流医学知识及临床经验，医护人员与患者之间可能需要交流对病情的看法和意见，患者之间要通过病情的交流获得支持与安慰，这都要求医院具有交往空间，这不仅表现在室内交往空间的营造，也表现在室外交往空间的设计。交往空间具有公共性、可参与性，这就要求交往空间具有较强的可达性。可达性除了对通往景观绿化空间通道的便捷性提出要求外，也对景观空间内部的畅通性提出要求，例如，考虑轮椅、轮床患者的使用。医院庭院中应有无障碍坡道的设计，使患者仅靠自己的努力就可以到达目的地。

6.7.2　医院环境设计的模式及要素

（1）中心区域景观

医院的核心区域通常是以医疗综合区的空间，这一区域内的景观，应以开放、有序的气氛为主。同时，作为整个院区的中心，其景观应该具有突出的特点，能够代表某种精神，给患者及过往行人留下深刻印象。

（2）边缘区域景观

边缘指的是医院与周围环境交融的一块区域，可以将其理解为广义上的"灰空间"，它是指医院与人工环境之间区域和医院与自然环境之间的区域。前者一般是指医院基地周围城市道路红线以内的区域，后者一般指基地原有自然景观区域。它们都具有调节局部气候、提升环境质量的作用，所以不能用常规的围合空间尺度概念去限制。

（3）建筑物院落内的景观

建筑物内的院落空间通常给人安全感和亲近感，所以景观设计要把握好人的尺度和人的心理感受，可以借鉴中国古典园林的设计手法，运用借景和移步换景的方式造园，使建筑与室外景观充分融合。

（4）建筑物之间的景观

医院规划设计与形态设计能够大致确定建筑物之间的空间形态，通常这种空间是需要景观的二次划分和围合的，所以这类景观设计一般是利用植物的多样性，形成高低、疏密的搭配，结合构筑物和景观建筑，形成具有层次感的室外景观。

（5）道路景观

道路具有线性的特点，因此导向型很强，这就为景观空间的可达性提供了条件。在医院的人行道路或是车行道路两旁，适当布置绿化放大空间，便可提供更多的停留交往空间。

（6）标志性景观

具有地标性的景观是医院景观设计中画龙点睛之处，是视觉中心点。它可以是一个高耸的构筑物，也可以是一块极具特色的景观绿地。

6.7.3　案例分析

案例： 美国伊丽莎白与诺娜埃文斯恢复花园（The Elizabeth and Nona Evans Restorative Garden）（来源：IFLA）

（1）项目背景

该项目位于美国俄亥俄州克里夫兰市，是克里夫兰植物园的一部分，曾荣获 2006 年度 ASLA 普通类设计荣誉奖。花园面积 $1115m^2$，由美国德特沃克景观设计公司（Dirtwork P. C.）设计完成。ASLA 专业评审团对该设计的评价为："景观设计师创造细节美丽的花园，充满了恢复性财富"（图 6-118）。

该项目的董事会成员之一伊丽莎白·埃文斯是园艺治疗的早期拥护者之一。项目设计师从使用者的特殊要求出发，更注重项目中受限制的方面，而不是重复设计。伊丽莎白与诺娜埃文斯恢复花园整体分为三部分：静思园、探索花园、园艺治疗园。花园处在一个斜坡上，但坡度经过精确的计算，最大限度地降低行人的疲劳度。

（2）使用人群

① 严重行动障碍者　如使用轮椅的大脑麻痹症患者或者正在经受累进性退化的老年人。

② 轻微行动障碍者　如推婴儿车的人、行为不便的老年人。

③ 暂时性行动障碍者　大多数骨伤患者。

④ 健康人群。

（3）在选择植物和材料方面

设计者考虑了现有植物的养护和新植物物种的收集以及该地点的地形条件。为了方便园

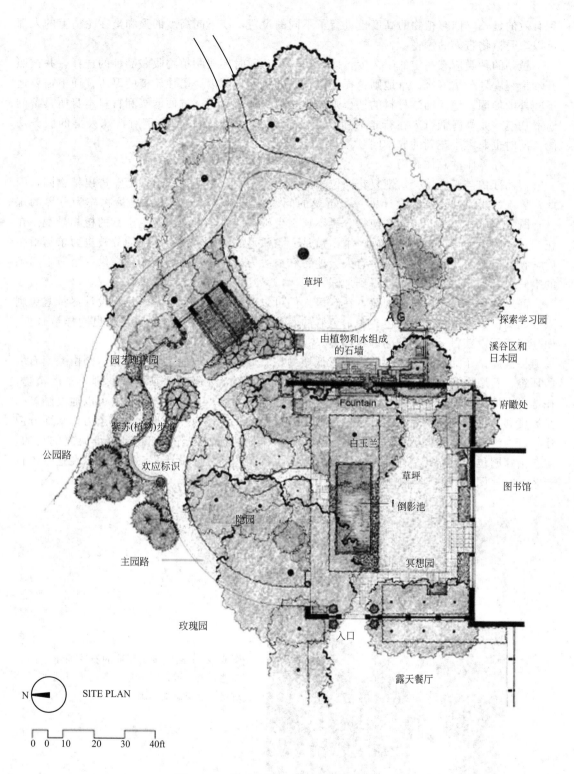

草坪

探索学习园

由植物和水组成
的石墙

溪谷区和
日本园

园艺理疗园

Fountain

府瞰处

紫苏(植物)步道

白玉兰

公园路

草坪

图书馆

欢应标识

倒影池

隐园

冥想园

主园路

玫瑰园

入口

露天餐厅

N SITE PLAN

0 0 10 20 30 40ft

图 6-118 伊丽莎白与诺娜埃文斯恢复花园

艺治疗的开展，种植了具有保健作用的植物群落，例如，种植不同种类罗勒属植物，该类植
物的芳香可以调节人的神经系统，使人精神愉悦。不同花期的植物使得花园植物的观赏期得

到有效的延长，同时植物的高度也进行了不同的设置，使不同高度的人和坐在轮椅上的人都可以享受植物带来的愉悦。

植物的种类应有一定的耐久度，以方便养护。同时还兼顾植物收藏品种的选择，并按照其珍惜程度划分了等级。草地则选择了莓系属的牧草，可以经受住轮椅的碾压，而不需要地下额外的加固。地面铺装材料的选择则注重材料的牢固耐用、方便购买和材料本身所具备的防滑功能，并能降低行人在行走时所产生的疲劳感。花园的设计注重对特殊人群的服务功能，同时也兼顾了花园的成本问题。

（4）疗养院的总体布局

伊丽莎白与诺娜埃文斯恢复花园位于克里夫兰植物园内，人们可以随意进出植物园，因此疗养院的私密性是花园设计中一个重要的问题，花园较多地选用绿色植物作为分界的工具，既保护了花园的私密性又使得分界不那么生硬，同时也赋予花园更丰富的植物景观。在花园总体的道路设计上清晰明确，主干道是一条弧形的道路，主干道上的分枝也力求清晰明确，在这样的花园中穿行，很少有人会迷路和失去方向感，从而给使用者提供一个清晰明确的空间环境，使空间的可控性得到加强。

静思园位于疗养院的东南角，在这里人们可以静坐和冥思，这里的色彩设计尽量避免刺激性的颜色，整个色调以绿色为主，色彩的对比也力求达到最低。硬质景观也同样被减少，使疗养者可以获得一个幽静的静思环境。

探索园位于疗养院的背面，由一座低矮的挡土墙将其和静思园分开。探索园由一面石墙所环绕，石墙由当地的不同质地的石头铺成，石墙上有流水及芳香四溢和纹理丰富的植物，在这里人们可以充分体验触觉、嗅觉、视觉上的不同感受。有视觉障碍的人可以通过触摸感受温度和湿度的变化。这样的细节设计使得来疗养的人较多地产生非自主注意力，从而分散疗养者的注意力，使他们在心理上忘记病痛，带来愉快的心情，从而达到辅助康复的目的。园艺治疗园位于疗养园的西北角，它是专门为进行园艺治疗而设计的，病人可以在这里进行园艺治疗（图 6-119～图 6-122）。

图 6-119　池内布满苔藓的石块间不断地冒出水泡，视力障碍者也可以通过水墙感受温度和湿度的变化

图 6-120　不同气味和颜色的植物以及质感丰富的石景，
使人们很容易感受到不同的触觉和嗅觉体验

图 6-121　经由欢迎区进入园艺治
疗区。欢迎区宽敞开阔，人们在这里
可以了解植物学及造园方面的知识

图 6-122　沿小路的植被使游客有
不同的视觉体验

第7章 城市公共空间园林规划设计

7.1 城市公共空间园林概述

7.1.1 城市公共空间概述

7.1.1.1 城市公共空间概念

城市公共空间指城市中室外的、面向所有市民的、全天免费开放的、经过人工开发并提供活动设施的场所。它是城市或城市群中建筑实体之间存在着的开放空间，是城市居民进行公共交往和举行各种活动的开放性场所，其作用是为广大公众服务。城市公共空间的形成是与城市居民的生活密切相关的，是城市居民进行交往和交流的开敞空间。城市公共空间在其形成过程中反映了城市发展的过程和历史。"可望、可游、可行、可憩"的城市公共空间最能展现一个城市特色，可成为识别城市文化的符号和特定地域人群的身份证。

7.1.1.2 城市公共空间特征

① 它是一个空间体的概念，具有空间体的形态特征（如围合、界定、比例等）。

② 它还是一个公共场所，"公共性"决定了城市公共空间园林和市民及市民生活是相联系的，它要为城市各阶层的居民提供生活服务和社会交往的公共场所。当然，"公共性"还意味着利益和所有权上的共享，说明它是被法律和社会共识所支持的。

③ 城市公共空间受城市多种因素的制约，要承载城市活动，执行城市功能，体现城市形象，反映城市问题等。

④ 城市公共空间既是物质层面上的载体，又是与人类活动联系的载体，还是城市各种功能要素之间关系的载体。

⑤ 公共空间具有多重目标和功能。

⑥ 公共空间同时又是空间资源和其它资源保护运动中的重要对象。

⑦ 城市公共空间在历史发展中，因城市功能的发展、市民生活内容的变化而变化。

7.1.1.3 城市公共空间的作用

首先是城市特色的重要载体。许多城市具有独特魅力，不仅因为它们拥有许多优美的建筑，还因为它们拥有许多吸引人的公共空间。一方面，富有历史内涵的公共空间能够唤起人们的记忆，强化人们对城市的认知与认同，在产生民族自豪感的同时，传承了地域文化。另一方面，富有美学意义的城市现代公共空间设计，在创造了宜人空间环境的同时，往往形成地域景观鲜明的场所，成为体现城市风貌的橱窗。

其次是展现城市社会生活的真实舞台。好的城市往往有着清晰的文脉可寻，这个文脉就隐身在城市的社会生活之中。城市公共空间是人们户外活动、休闲、交流的场所，是最具代表性的市民社会生活舞台。古往今来的城市公共空间设计都很关注人类的需求，并以提供多样化的城市社会生活为主要功能。此外还是引导城市有序发展的必然途径。城市空间的有序发展离不开科学的城市设计，公共空间设计则是城市设计的重要内容，是增强城市形态可识别性的重要元素，是有效分割城市边界、区域和视觉中心的手法之一。就宏观尺度而言，公共空间可以是绿环、绿带、绿色走廊和开阔的缓冲地带，成为引导城市形态发展的路径与边界；而对中微观尺度而言，作为公共空间的街道、广场、绿地等，往往成为地域特色鲜明的节点标志，大大增强了城市的可识别性。

7.1.1.4　城市公共空间的要素

城市公共空间是一个多层次、多功能的空间，其实质是以参与活动的人为主体的，因此，活动主体、活动事件和活动场所构成了城市公共空间的三要素。

① 活动主体　人是活动的主体，是空间的使用者，同时也是空间景观的组成要素，包括了不同年龄、阶层、职业、爱好和文化背景的人，他们都可以在这里自由地选择机会进行交流，正是由于有了人的参与才使城市公共空间具有了公共性、开放性。

② 活动事件　主要指社会活动，由使用者的行为构成。人在户外公共空间的社会活动中的活动可以归纳为三种类型：必要性活动、选择性活动和社交性活动。必要性活动是人类因为生存而必需的活动，它基本上不受环境品质的影响；选择性活动就是像饭后散步等根据心情、环境等做出决定的休憩类活动，与环境品质有很大的关系；社交性活动，如在公园里的聚会、在步行商业街里聊天等。在社会生活中，必要性、选择性、社交性活动交汇发生，尤其是后两种活动对公共空间环境的要求越来越高，越来越需要对人性的关注。

③ 活动场所　即人的活动事件的发生地，也就是进行设计的城市公共活动空间。

活动主体、活动事件、活动场所三者的有机结合才能构成人性化的城市公共空间。主体创造了活动，活动强化了场所，场所又吸引了主体，一个城市的空间才具有了公共的含义。

7.1.2　城市公共空间园林及其规划设计原则

城市公共空间园林指城市公共空间中风景园林景观部分的内容，包括道路环境景观、城市广场、街旁绿地、城市滨水空间、城市公园、专类园、主题公园等。城市公共空间园林规划设计主要有以下几个基本原则。

① 系统性原则　城市公共空间园林是城市开放空间体系的重要组成部分。通常分布于城市入口处、城市的核心区、街道空间序列中或城市轴线的交点处、城市与自然环境的结合部、城市不同功能区域的过渡地带等。城市公共空间园林在城市中的趣味及其功能、性质、规模、类型等应有所区别，各自有所侧重。每个公共空间园林都应根据周围环境特征、城市现状和总体规划的要求，确定其主要性质、规模等，只有这样才能使多个城市公共空间园林相互配合，共同形成城市开放空间体系中的有机组成部分。所以城市公共空间园林必须在城市空间环境体系中进行系统分布的整体把握，做到统一规划、合理布局。

② 人本原则　今天对人文主义思想的追求是一种新的社会发展趋势，具体到城市公共空间环境的创作上，则要充分认识和确定人的主体地位和人与环境的双向互动关系，强调把关心人、尊重人的宗旨具体体现于空间环境的创作中。现代城市公共空间是人们进行交往、观赏、娱乐、休憩活动的重要场所，其规划设计的目的是使人们更方便舒适地进行多样性活动。因此现代城市公共空间设计要贯彻以人为本的人文原则，要特别注重对人在空间中的环境心理和行为特征进行研究，创作出不同性质、不同功能、不同规模、各具特色的城市公共空间，以适应不同年龄、不同阶层、不同职业市民的多样化需求。人本原则涉及与人相关的环境心理学、行为心理学，这种理论在城市公共空间园林设计中有重要地位。

③ 步行化原则　步行化是现代城市公共空间的主要特征之一，也是城市公共空间园林的共享性和良好环境形成的必要前提。城市公共空间和各因素的组织应该保证人的自由活动行为，如保证公共活动与周边建筑及城市设施使用连续性。在大型公共空间，还可根据不同使用功能和主题考虑步行分区规划设计。随着现代机动车占据城市交通主导地位，城市公共

空间规划设计的步行化原则更显得重要。

④ 传承与创新原则　城市公共空间环境，作为人类文化在物质空间结构上的投影，其设计尊重历史、延续历史、继承文脉，又必须站在当前的历史地位，反映历史长河中目前的特征，有所创新，有所发展，实现真正意义上的历史延续和文脉传承。因此继承和创新有机结合的文化原则在城市公共空间园林设计中应充分重视、大力倡导。

⑤ 公众参与原则　参与是指人以各种行为方式，参与事件活动之中，与客体发生直接和间接的关联。在公共空间环境中应引导公众积极投入"活动参与"和"决策参与"，使"人尽其才，物尽其用"，发挥主客体的直接交换的互动作用。公共空间的活动内容具有吸引力，可诱发参与者的活动积极性，使参与者在活动中发挥自己创造性的潜力，促使活动内容深化，扩大活动的深度与广度，从而实现在更大范围内进行社会交往、思想交流和文化共享，并为参与者提供自我表现、扮演角色的机遇。参与性，不仅表现在人们对公共活动的参与，也体现在设计师在公共空间园林初步设计过程中充分了解到市民的意愿、意见并发挥市民的群体智慧，使公共空间园林设计更具有其设计的合理性。对于设计师而言，应该注重公众参与政策、方案制订的全过程，让公众了解规划的全部内容，使公众的自身利益得到设计的保护，让公众真正成为公共空间园林的主人。

⑥ 生态性原则　人不是单独的人，而是生活在自然和社会中的人，必须保持人与自然的和谐共生才能有持续和健康的发展。城市公共空间是城市整体生态环境的一部分，一方面要保持城市公共空间的植物配置等与整体城市的生态环境条件相协调，另一方面也要建立和保持城市公共空间内部的生态环境和微气候。

⑦ 个性特色原则　城市公共空间是城市的窗口。每个公共空间都应有自己的特色。特色不只是公共空间形式的不同，更重要的是公共空间园林设计必须适应城市的自然地理条件，必须从城市的文化特征和基地的历史背景中寻找公共空间发展的脉络。

⑧ 多样性原则　城市公共空间虽应有一定的主导功能，但却可以具有多样化的空间表现形式和特点。由于公共空间是人们共享城市文明的舞台，它既反映作为群体的人的需要，也要综合兼顾特殊人群（如残疾人的需要和使用要求）。同时，服务于公共空间的设施和建筑功能也应多样化。

7.2　城市道路绿地景观

城市道路作为组成城市的骨架和城市公共空间，已从单一的交通功能进化为景观、交通、休憩等功能兼存的多元化载体。为此，近些年道路绿地景观设计作为道路设计的重要补充部分已自然纳入到道路设计中。城市道路绿地设计也不仅局限于"一条路"的简单概念，而是在满足交通功能的同时，处理好道路与环境、人与自然、历史与文化等关系，使道路成为改变城市环境、提高群众生活质量及品位的重要载体，这种城市道路绿地景观的营造方式已成为各国城市道路绿地建设的未来趋势。

7.2.1　道路绿地概述

7.2.1.1　城市道路绿地景观的概念

① 城市道路绿地的界定　道路绿化是一种在道路绿地内栽植植物以改善道路环境的活动。我国行业标准中《城市道路绿化规划与设计规范》（CJJ 75—1997）对道路绿地的规定是指《城市用地分类与规划建设用地标准》（GB 50137—2011）中确定的道路及广场用地范围内的可进行绿化的用地，包括道路绿带、交通岛绿地、广场绿地和停车场绿地。

② 城市道路绿地景观的概念　城市道路绿地景观除了包括道路绿带（含交通岛绿地）、广场绿地和停车场绿地范围内的植物种植绿化景观，还包括道路绿带（含交通岛绿地）、广场绿地和停车场绿地范围内喷泉、座椅、花坛、亭廊等小品及与景观相关的周边建筑、广告、铺装等。在道路绿地景观的设计过程中通常可以通过研究道路绿地各景观元素的生态设计、人文内涵、色彩运用以及垂直绿化等来分析城市道路绿地范围内相关的所有景观元素。

7.2.1.2　城市道路绿地景观构成的基本要素

道路绿地景观设计，就是要把道路绿地景观整体中的各种要素进行分配协调，使各种要素所具有的功能得到充分的发挥和利用，组成反映不同性质的城市道路景观，使城市道路景观更富于变化以期能达到最佳效果。因此，只有提出具体的景观设计要素，才能有针对性、目的性地进行道路绿地景观设计。城市道路绿地景观是通过各种物象表现出来的，我们称这些构成景观的物象为"要素"，具体分析，城市道路绿地景观是由动态和静态两种景观要素构成的。

（1）静态景观要素

静态景观要素包含自然景观要素和人工景观要素两部分。

① 自然景观要素　景观道路的自然景观要素包含道路线形（地形、地势）、水体、山岳和季节天象等。

道路线形的变化具有很重要的视觉、功能以及心理结果。对绝大多数的观察者来说，具有适度但可感受到道路线形变化的道路绿地景观比那些完全平坦的绿地更具有美学吸引力。道路是一种线形空间，道路绿地景观尤为注重这种空间的布局，在道路上人的视线随着道路的转折、起伏而变化，感受也全然不同（图7-1）。

水在城市景观体系中的表现形式有自然水体、人工水体两种，后者属于次生自然环境。水是生命之源，是最富有灵气的自然元素。将江、河、湖、海之水引入城市景观或依水建设滨水大道，将使道路空间景观更加丰富，同时有利于改善城市气候，提高环境质量。水的光、景、声、色、味是城市中最动人的景观素材，城市"因水而得佳景"。道路绿地景观设计借助水体的主要手法是结合水体建滨水大道和休闲娱乐广场的空间。

图7-1　某道路鸟瞰图

季相变化是城市景观道路空间形态中可利用的自然景观要素。景观道路的设计可将浮云作为一种移动的景观，也可将蓝天白云作为城市轮廓的背景。如雾气弥漫的重庆山城石路，夜幕中炫丽缤纷的巴黎爱丽舍大街都具有动人心魄的美丽。充分利用季节天象的变化，尤其是朝霞满天的黎明和残阳如血的黄昏，应注意结合城市的天际线创造优美的城市道路景观。

② 人工景观要素　构成道路绿地景观的人工景观要素，实质上是通常所说的道路空间的构成元素，它直接影响着道路空间的形象与气氛。构成道路景观的人工景观要素大致可分为道路路面、建筑与构筑物、绿化、道路交通设施、景观建筑及小品等。

a. 道路路面：道路路面是塑造道路空间的底界面。道路路面、人行道铺砌的质感、色彩、图案都是道路景观设计中引人注目的特征。路面建设先要根据交通功能的需求，对路面材料、结构、形式等加以选择，以提供有一定强度、耐磨、防滑的路面，同时也要注意用路者的视觉感受。对用路者来说，路面的色彩、材料的质感尤显重要。彩色水泥的应用改变了单调的沥青混凝土路面，使街道面貌有了很大的改善，同时色彩的运用还要注意色调、浓淡，并且要与当地气候、道路性质、周围环境相配合；路面的材料与质感则对使用者的心理有一定影响，平整的沥青路面很受驾驶员的欢迎，而石板路则看上去古老又亲切（图7-2）。

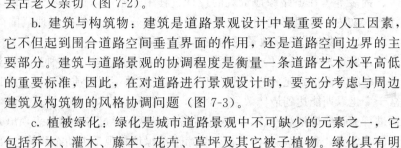

图7-2　石板路

b. 建筑与构筑物：建筑是道路景观设计中最重要的人工因素，它不但起到围合道路空间垂直界面的作用，还是道路空间边界的主要部分。建筑与道路景观的协调程度是衡量一条道路艺术水平高低的重要标准，因此，在对道路进行景观设计时，要充分考虑与周边建筑及构筑物的风格协调问题（图7-3）。

c. 植被绿化：绿化是城市道路景观中不可缺少的元素之一，它包括乔木、灌木、藤本、花卉、草坪及其它被子植物。绿化具有明显的生态效应，它可以调节气温、减轻噪声污染、净化空气，与道路结合的绿化可以成为城市绿色通道，为动植物提供栖息地和迁徙走廊，对城市生物流、物质流、能量流均起到重要作用，道路中的绿化还起到分隔交通、修饰美化街景的作用。与一般道路路面、建筑物等硬质景观相比，绿化是一种软质景观，它更适合当今大众所需要的生活性景观环境，突出表现在它的软质特性和形、色、声、香所创造出来的意境，同时它也是造成四季景象和表现地方特色的至关要素。

图7-3　重庆广安思源广场鸟瞰图

d. 交通设施：道路交通设施主要指立交桥、高架桥、人行过街天桥、各种交通标志、隔离设施等，这些设施对保障交通安全及发挥道路功能都是不可缺少的。由于对道路视觉环境有重大影响，其景观功能应引起足够重视。如隔离设施以往总是从单纯的实用功能出发，经常是形式单一的栏杆、隔离墩等，很少考虑景观功能。随着经济水平的提高，造型丰富的隔离设施大大地丰富了城市道路绿地景观。

e. 景观建筑及小品：景观建筑及小品种类十分丰富，街头售货亭、电话亭、花坛、座椅、雕塑以及围墙等均属街道小品。它们在道路景观中常起到画龙点睛的作用，使人感到生动有趣，富有生活气息。景观建筑及小品应根据不同的街道性质来选择它的不同内容、形式、尺度，以创造出富有时代感的作品。

（2）动态景观要素

动态景观要素是指与道路静态景观要素相对立的要素。动态景观要素包括交通流和人的活动，它们从不同角度对城市道路绿地景观起到充实的作用。在道路景观设计过程中，虽然动态景观要素不是直接设计的对象，但也要充分考虑它们对景观构成的影响作用。

7.2.1.3 城市道路绿地景观设计的控制要素

景观控制是通过分析景观的各构成要素及它们彼此间的连接关系来控制其物质组成设计的科学方法。由于城市道路绿地景观构成的复杂性，将城市道路绿地根据用地的不同分为道路绿带（含交通岛绿地）、广场绿地、停车场绿地三大块，对一些优秀的道路绿地景观加以分析总结，通常情况下，可从景观特性的确定、道路绿地空间形态、周边建筑形态、尺度、景观轮廓线、质感、色彩等方面来理解景观控制要素。

① 景观特性的确定 道路绿地景观设计应根据道路绿地的不同属性、不同功能及自身特点，挖掘可以利用的景观要素，以形成不同的主体和个性。交通干道以交通景观为主，并具有以汽车尺度为主的景观特性；步行商业街则以商业、文化景观为主，街道则以亲切可人的形象出现；滨水步道更强调自然生态环境，未经人工雕琢的景观特性；广场则以休闲、文化景观为主（图7-4）。

② 道路空间形态 城市道路空间总是呈现出一定的形态，规则或不规则。规则的大多是经过有意设计的，如大多数现代城市主道路。不规则的多数是自然形成的，如许多古老城镇中的街道。同建筑空间一样，道路、广场空间也会使人体验到一系列收放和扩展、封闭和开敞的过程，只是程度上比建筑空间弱得多。空间序列要求沿路建筑表面

图 7-4 某商业步行街

不但具有方向，且表面片段宽度与道路宽度要有一定的关系。通过这些片段不断重复和片段的凸出和凹进，使景观不断涌现，观者步移景异，形成一定的节奏和韵律。

③ 建筑形态 建筑形态产生的综合印象来自光影、色彩、形状、构图方式、表面质感，与相邻建筑的关系、与空间的关系和活动等信息。传播这些信息的要素，来自建筑形态中的尺度、体量、屋顶轮廓、开窗形式、材料、入口、色彩装饰以及它们之间的相互构成关系。由于道路是一种线形空间，沿路景观中建筑不可能作为一座单体出现，它必定要结合上述要素来求得和谐统一。

④ 尺度 尺度是一种比例关系，是道路绿地景观设计中一个很重要的控制要素，它的把

握恰当与否直接影响着景观设计的成败。对尺度的探讨,可以从距离开始。20m左右的道路空间使人感觉比较适宜,10m或小于10m会使人感到亲切,但如果再增大距离,就有被排斥的感觉。除了距离之外,建筑物高度与道路宽度比例关系不同,也会带来不同的景观感受。

⑤ 景观轮廓线 景观轮廓线主要指的是对城市道路景观影响较大的建筑轮廓线。在道路景观中,一条平淡的轮廓线不能激起人的任何兴趣,过于凌乱的轮廓线也不会带给人美的感受,而优美的建筑轮廓线不仅以其自身的存在为人们所识别,还能可以其动感明晰体现场所的张力。

⑥ 质感 质感包含两方面的含义,一是道路景观中各物质要素的质感,如地面的铺装、建筑物的材质等;二是指道路空间中界面的进退与虚实的感觉。不同质感的合理运用与搭配,可以形成虚实、软硬、疏密、明暗等和谐的感受。质感的感受与人的速度有关,飞驰汽车上的乘客只能感受到路旁空间界面的进退、明暗、虚实等总体关系,而步行者速度较慢,有充分时间来注意单个物体细部的质感。

⑦ 色彩 色彩是最容易引人注目的因素。色彩往往能表达某些事物的特殊性或重要性,色彩的搭配也能影响人的感受。道路景观设计中色彩的控制和运用是很重要的。恰当地运用色彩可以有效地烘托气氛,协调景观各要素,增加道路的可识别性。但色彩一旦运用不当,则会造成景观呆板或杂乱无章。

7.2.1.4 城市道路绿地景观设计原则

现代城市道路绿地建设已经不再是以前那样简单的种树、栽花和植草皮的问题,它更是城市有机组织中不可或缺的一部分。在进行规划、设计和建设时除了传统的城市规划、建筑设计的手段外,还必须综合行为科学、环境心理学、生态学、文化等人文科学的成果,统筹考虑道路的功能性质、人行与车辆交通的安全要求、景观的艺术性、道路环境条件与植物生长的要求、绿化与道路工程设施的相互影响、绿化建设的经济等因素,并遵循以下设计原则。

① 明确定位,满足功能的原则 不同的道路,由于其性质、功能的差异,导致绿地景观设计的指导思想有所不同,设计的着眼点也有所差异。

② 以人为本的原则 在城市道路绿地景观设计中体现以人为本,主要是强调人在城市中的主人翁地位。道路绿地设计首先要考虑人流及车流交通的便捷,其次要考虑为城市居民提供临时休憩或观赏的景观节点及风景走廊。

③ 保障安全的原则 城市道路绿地景观设计必须要确保人流、车流的安全通行,如在道路交叉口视距三角形范围内和弯道内侧栽植的植物要留出足够的通透视线,以免影响驾驶员的视线;在弯道外侧的植物沿边缘整齐连续栽植,预告道路线形变化,对驾驶员进行提醒,诱导行车视线等。

④ 整体性的原则 城市道路并不是单纯的元素,而是多种景观元素的相互作用的结合体。城市道路格局的设计要从城市整体出发,城市道路景观的设计要体现和展示城市的形象和个性。要在城市总体规划过程中确定清晰合理的道路格局,应划分出明确的道路等级,要有明确的方向性和方位的可判断性,明确各条道路在城市整体景观中的地位和作用。

⑤ 倡导、承继与创新的历史文脉原则 城市景观环境中那些具有历史意义的场合往往给人们留下较深刻的印象,也为城市建立独特的个性奠定了基础。

7.2.2 各类型道路景观设计

城市道路绿地应有较好的景观,符合人们的审美要求,关注人的感知和视觉的舒适性及其与周边环境的协调关系，从而具有一定的观赏价值。城市道路绿地的类型主要有以下几个方面：行道树绿带、分车绿带、路侧绿带、交通岛绿地、停车场绿地及节点绿地几个主要类型。这些类型的一种或多种共同构成了城市的道路景观。

7.2.2.1 行道树绿带景观设计

行道树绿带通常位于城市道路人行道与非机动车道或机动车道交界的区域，行道树绿带的设计主要从以下几个方面来考虑。

① 行道树布置方式　目前，行道树的布置方式主要有两种形式，即树带式和树池式。

树带式是在人行道和车行道之间留出一条不加铺装的种植带，一般宽不小于 1.5m，种植一行大乔木和树篱。在交通、人流不大的路段用这种方式。

树池式是在交通量大、行人多而人行道又窄的路段，设计正方形、长方形或圆形空地，种植花草树木，形成池式绿地。正方形树池以 1.5m×1.5m 较合适，长方形以 1.2m×2m 为宜；圆形树池以直径不小于 1.5m 为好。

② 行道树的株距与定干高度　行道树定植株距，应以其树种壮年期冠幅为准，最小种植株距应为 4m。行道树树干中心至路缘石外侧最小距离宜为 0.75m。分枝角度大的干高在 3.5m 以上，分枝角度小的干高在 2.0m 以上。

③ 行道树的选择　在行道树的选择应用上，城区道路多以绿荫如盖、形态优美的落叶阔叶乔木为主。而郊区及一般等级公路，则多种植速生长、抗污染、耐瘠薄、易管理等植物。甬道及墓道等纪念场地，则多以常绿针叶类及棕榈类树种为主，如圆柏、龙柏、雪松、马尾松等。近年来，随着城市环境建设标准的提高，常绿阔叶树种和彩叶、香花树种的选择应用有较大发展并呈上升趋势。目前使用较多的行道树种有悬铃木、椴树、榆树、七叶树、枫树、喜树、银杏、杂交马褂木、樟树、广玉兰、乐昌含笑、女贞、梧桐、杨树、柳树、槐树、池杉、榕树、水杉等。

7.2.2.2 分车绿带的景观设计

(1) 分车绿带的类型

分车绿带按其功能及在道路中的布置不同，可分为中央分车绿带和两侧分车绿带两种形式。

(2) 分车绿带的布置方式

分车绿带根据其所处位置和功能要求的不同，可分为封闭式和开敞式两种布置形式。

(3) 分车绿带的设计要点

① 分车绿带的植物配置应形式简洁，树形整齐，排列一致。乔木树干中心至机动车道路缘石外侧距离不宜小于 0.75m。

② 中央分车绿带应阻挡相向行驶车辆的眩光，在距相邻机动车道路面高度 0.6~1.5m 的范围内，配置植物的树冠应常年枝叶茂密，其株距不得大于冠幅的 5 倍。

③ 两侧分车绿带宽度大于或等于 1.5m 的，应以种植乔木为主，并宜乔木、灌木、地被植物相结合。其两侧乔木树冠不宜在机动车道上方搭接。分车绿带宽度小于 1.5m 的，应以种植灌木为主，并应使灌木、地被植物相结合。

④ 被人行横道或道路出入口断开的分车绿带，其端部应采取通透式配置。

7.2.2.3 交叉路口、交通岛的种植设计

交叉路口是两条以上道路相交之处。这是交通的咽喉，种植设计需先调查其地形、环境特点，并了解"安全视距"及有关符号。安全视距是行车司机发觉对方来车、立即刹车而恰好能停车的视距距离。在视距三角形内布置植物时，要使其高度不得超过 0.65~0.7m，宜选矮灌木、丛生花草种植。

交通岛，设在道路交叉口处。主要为组织环形交通，使驶入交叉口的车辆，一律绕岛作

逆时针单向行驶。中心岛不能布置成供行人休息用的小游园或吸引游人的地面装饰物，而常以嵌花草皮花坛为主或以低矮的常绿灌木组成简单的图案花坛，切忌用常绿小乔木或灌木，以免影响视线。

7.2.2.4　路侧绿带设计

① 路侧绿带应根据相邻用地性质、防护和景观要求进行设计，并应保持在路段内的连续与完整的景观效果。

② 路侧绿带宽度大于 8m 时，可设计成开放式绿地。开放式绿地中，绿化用地面积不得小于该段绿带总面积的 70%。路侧绿带与毗邻的其它绿地一起辟为街旁游园时，其设计应符合现行行业标准《公园设计规范》（GB 51192—2016）的规定。

③ 濒临江、河、湖、海等水体的路侧绿地，应结合水面与岸线地形设计成滨水绿带。滨水绿带的绿化应在道路和水面之间留出透景线。

④ 道路护坡绿化应结合工程措施栽植地被植物或攀缘植物。

7.2.3　步行街景观设计

在市中心地区公共建筑、商业与文化生活服务设施集中的重要地段，设置专供人行、禁止或限制车辆通行的道路，称为步行街。其利用形式基本可以分为两类，一种是只对部分车辆实行限制，允许公交车辆通行，或是平时作为普通街道，在假期中作为步行街，被称为过渡性步行街或不完全步行街。这种步行街仍然沿用普通街道的布置方式，但为了创造一个良好的休闲环境，应提供更多便利于行人的休息设施，如北京的王府井大街、前门大街，上海的南京路，沈阳的中街等。另一种是完全禁绝一切车辆的进入，称完全式步行街。由于消除了车辆的影响，可使人的活动更为自由和放松，而原先留做车道的位置可以进行装饰类与休憩类小品的布置，用花坛、喷泉、水池、椅凳、雕塑等要素予以装点，为街道增添优美和舒适，如沈阳的太原街、大连的天津街等。

自 20 世纪 50～60 年代以来，世界上许多国家在审视和探讨步行街在城市中的作用和意义方面做出了巨大的努力，并进行了大量的实践。长期以来的实践证明，这样的措施较为有效地缓解了机动车的废气、噪声污染问题以及人车争道的问题。在为市民提供更多的游憩、休闲空间，在优化城市环境、美化城市景观等方面具有积极的作用。在商业区设置步行街则有利于促进销售，而历史文化地段的步行街还可以有效地对街道原有的历史风貌进行必要的保护。

步行街包括以下三种类型：

① 商业步行街　这是我国目前最为常见的步行街类型，设置在城市中心或商业、文化较为集中的路段，由于根除了人车混杂现象，从而消除了人们对发生交通事故的担心，使行人的活动更为自由和放松。正是由于步行街所具有的安全性和舒适感，可以凝聚人气，对于促进商业活动也有积极的意义。

② 历史街区步行街　国外有些城市为保护某些街区的历史文化风貌，将交通限制的范围扩大到一定区域，成为步行专用区。随着城市的发展，方便出行通常是人们普遍关心的问题之一。我国许多城市，包括具有相当长历史的古城，解决交通的主要方法就是拆除沿街建筑以拓宽道路，其结果势必改变甚至破坏原有的城市结构和风貌。如果改为禁止车辆进入，既可以在一定程度上缓解人车混杂的矛盾，同时也能避免损害城市的原有格局，达到保护历史环境的目的。当然，与步行专用区相配套的是在其周边需要有方便、快捷的现代交通体系。

③ 居住区步行街　在城市居民活动频繁的居住区也可以设置步行街，国外称之为居住

区专用步道。居住区需要有一个整洁、宁静、安全的环境，而禁止机动车辆的通行就能使之得到最大限度的保证。然而在居住区设置步行街除了舒适、安全的目的之外，还要考虑便利性和利用率的问题，所以当机动车流量不是太大时，是否有必要完全或分时段禁止车辆通行就应根据实际情况予以考虑。

步行街两侧均集中商业和服务性行业建筑，步行街不仅是人们购物的活动场所，也是人们交往、娱乐的空间。其设计过程就是创造一个以人为本，一切为"人"服务的城市空间过程。步行街的设计在空间尺度和环境气氛上要亲切、和谐，人们在这里可感受到自我，完全放松和"随意"。可通过控制街道宽度和两侧建筑物高度，以及将空间划分为几部分、采取骑楼的形式、采取建筑物逐层后退的形式等，来改变空间的尺度和创造亲切宜人的街道环境。在步行街当中充分的灯光照明可以为夜间的活动提供方便，而借助灯光还可以突出建筑、雕塑、喷泉、花木以及各种小品的艺术形象，从而为夜景增添情趣，所以对灯光的精心设计也是提高步行街品质的重要方面。此外，步行街上的各种设施，包括装饰类小品、服务类小品以及铺装材料、山石植物等都要从人的行为模式及心理需求出发，经过周密规划和精心设计，使之从材料的选择到造型、风格、尺度、比例、色彩等方面的运用都能达到尽可能的完美，使人倍感亲切。

与游憩林荫道不同，步行街需要更多地显现街道两侧的建筑形象，尤其是设置在商业、文化中心区域的步行街还要将各种店面的橱窗展示在游人及行人的面前，所以步行街绿地种植要精心规划设计，与环境、建筑协调一致，使功能性和艺术性呈现出较好的效果。在绿化树种的选择上，步行街与普通街道一样，应首先考虑植物的适应性，当地的适生品种应该占有较大的比重，为丰富景观的需要，经过驯化的外来新品种也应适量运用。其次，应当运用生态学方法进行植物的搭配，也就是模拟自然界的植被共生关系，设计出适宜于不同植物都能良好生长的人工群落，用以改善特定范围内的生态环境。一般在用地较为狭窄时，以布置规则式花坛、花境比较适宜，使用生命力强且花期较长的草本花卉或耐修剪的花灌木，可将游憩林荫道或步行街内装点得花团锦簇，但人工的痕迹较重。如果用地宽裕，则可考虑自然风景式布置，利用不同株形、不同花期和不同花色的乔木、灌木、林下植物自由搭配，则能让人们在其中的感觉更为放松，这样的景观处理看似随意，其实对设计者的要求会更高，因为在设计时不仅要把握各种植物的相互关系，以使建成之后给人以自然、优美的感受，还需要考虑各种植物在四季更迭中的季相变化乃至数年或更长的生长之后的姿形状态。再次，要特别注意植物形态、色彩要和街道环境相结合，树形要整齐，乔木要冠大荫浓、挺拔雄伟，花灌木无刺、无异味，花艳、花期长。特别需考虑遮阳与日照的要求，在休息空间应采用高大的落叶乔木，夏季茂盛的树冠可遮阳，冬季树叶脱落，又有充足的光照，为顾客提供不同季节舒适的环境。第四，地区不同，绿化布置上也有所区别，如在夏季时间，气温较高的地区，绿化布置时可多用冷色调植物；而在北方则可多用暖色调植物布置，以改善人们的心理感受。

同时，步行街的地面要进行装饰性铺装，通过材质的变化和细节的处理增加街景的趣味性和特色性。还可以布置花坛、小品、雕塑等，以及供人们休息的坐椅、凉亭、电话间等。不仅能丰富景观，还能体现地方特色。例如，上海南京路商业步行街通过建筑风格的延续和街道设施及小品风格的创新，在保留了城市独有的历史文化的基础上，显示了现代城市的景观特征。

总之，步行街绿化设计既要充分满足其功能需要，同时又要经过精心的规划设计达到较好的景观效果。

7.2.4 案例分析

案例：盐城市大丰区通港大道绿地景观设计

① 项目背景　本项目为盐城市大丰区的通港大道景观绿化工程，道路全长 30km，连接大丰区与大丰港区，路幅总宽 60m，中央分车带宽度 2m，两侧机非分车带宽度各 2m，人行道外缘路侧景观绿带宽度 20m，外围防护景观林带宽度 30m。

② 设计定位　将通港大道打造成连通大丰城区与大丰港的一条"景观大道""生态廊道""绿色通道"。

景观设计主题见图 7-5。

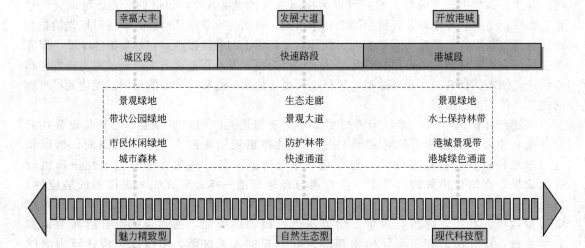

图 7-5　景观印象轴

③ 城区标准段　将城区段绿化带定位为能满足未来周边市民休闲、健身和城市街道景观绿化功能的城市带状公园绿地，在景观设计的同时充分考虑盐碱土土壤改良与排水要求（图 7-6）。

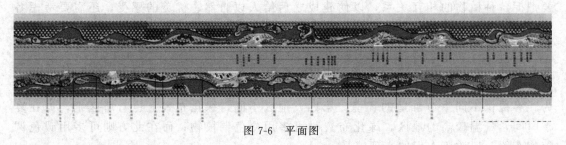

图 7-6　平面图

曲线形流水、景观节点和绿化造景共同组成一个标准段，树种选择以乡土树种为主，注重常绿植物施用，沿河道边缘种植柽柳和旱柳，并注重紫荆、碧桃等植物的综合搭配，强化临水景观效果（图 7-7）。

④ 郊区标准段　根据水渠的走向规整地栽植乔木，加以模纹的点缀及灌木层的配置，形成一个乔灌地被相结合的景观群落。选用的造景植物主要有臭椿、小叶女贞、黄栌、石楠、大叶女贞、棣棠、海桐、蜡梅、桂花、垂丝海棠、毛白杨、金边黄杨、黄山栾树、金叶女贞、朴树、白蜡、碧桃等（图 7-8）。

鸟瞰图

局部效果图

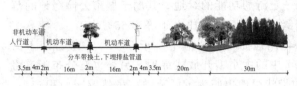

非机动车道
人行道 机动车道   机动车道
          分车带换土，下埋排盐管道
3.5m 4m 2m   16m   2m   16m   2m 4m 3.5m   20m   30m

标准段断面图

局部效果图

图 7-7　城区标准段

⑤ 港区标准段　大小不一的生态群岛、或曲或直的栈道、连接岛与道路之间的绿化共同组成一个标准段，沿河道边缘种植黑松和柽柳，并注重连翘、紫荆等植物的综合搭配，强化临水景观效果。选用的造景植物主要有黑松、连翘、蜡梅、大叶女贞、金边黄杨、雀舌黄杨、国槐、柽柳、紫荆、黄山栾树、紫花泡桐等（图 7-9）。

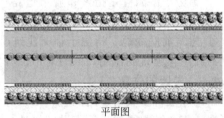

平面图

平面图

效果图

效果图一

效果图二

图 7-8　区标准段

图 7-9　港区标准段效果图

7.3 游园

7.3.1 游园概述

城市公园绿地体系中，除了"综合公园""社区公园""专类公园之外"，还有许多零星分布的小型公园绿地，供市民户外游憩活动。其规模较小、形式多样、设施简单，但是在美化城市景观、改善人们生活环境、保护城市生态环境方面起着举足轻重的作用。

7.3.1.1 游园的定义

2017年《城市绿地分类标准》（CJJT 85—2017）中对游园绿地定义为用地独立，规模较小或形状多样、方便居民就近进入，具有一定游憩功能的绿地。其属于城市公园绿地的范畴。其中带状游园的宽度宜大于12m；游园绿化用地面积占比大于等于65%。

游园是以绿化为主的公共游憩场所，绿化用地面积占比应不小于65%，一般分布于街头、历史保护区、旧城改建区，是散布于城市中的中小型开放式绿地，另外也有分布于道路边、水系旁，规模较小的，宽度大于12m的带状绿地也归为游园范畴。虽然游园面积较小、形式多样，但具备游憩和美化城市景观的功能，是城市中数量多、范围广的一种公园绿地类型。另外，在城市更新过程中，游园的灵活设计与广泛应用，对提高中心城区、老城区的绿化水平，都发挥了重要作用。

7.3.1.2 游园的类型

① 带状游园　分布于道路边、水系旁，形状狭长、规模较小、宽度大于12m，方便居民室外游憩活动的带状绿地。

② 街旁小游园　是指紧邻城市道路、呈点状分布、面积较小的绿地，于其中安排简单的户外活动、休息设施，为周边居民和路人提供一处休憩和停留的场所。

③ 建筑前庭绿地　指位于临街建筑前的小型绿地，主要由建筑的业主投资修建和管理，起到衬托主体建筑的作用，同时对市民开放。

7.3.1.3 游园的位置

游园一般位于城市道路周边、水系旁。根据与道路的位置关系，大致可以归纳为四种基本形式：街角游园绿地、沿街游园绿地、临街建筑前庭绿地以及跨街区的游园绿地。

7.3.1.4 游园的特点

城市游园具备以下四个特点：

① 占地面积小　游园的面积一般不大。这是城市游园与城市公园的区别之一。很多的游园只是一些条带状的街头绿化，一些可进入式的街旁小游园面积并不大，并且绿化用地面积比例一般达到65%以上，活动空间更小。

② 可达性强　城市游园在城市街道旁，离城市居住区和商业区比较近。可以说是分布在人们生活区域的绿地，并且数量较大，分布广泛，是方便人们日常生活的重要部分。

③ 使用率高　城市游园是城市公园的补充，给人们提供了多方面的功能服务，这些绿地区内经常设有坐凳、小路、小型休息建筑等，为居民提供了锻炼身体及休息的场所。这些绿地的利用率高于大公园，弥补了城市公园分布不均带给人们生活的不便。

④ 量大面广　城市游园广泛地建设在城市各地。因地制宜，灵活多样，受周边的建筑影响较小。对城市景观、城市生态、居民使用都有着明显的作用。所以，城市游园的大量建设在现代城市中呈现出不断发展的趋势。

7.3.1.5 游园的功能

① 弥补公园不足，为市民提供便捷的游憩活动场所　游园把自然因素引入城市街头，为市民提供日常游憩活动的场所，满足了人们与自然环境接触的心理需要，使现代城市生活变得更健康、更有活力、更丰富多彩。游园可以把人们吸引到户外生活中来，促进人与人的交流，以及人与自然的交流。可以有效避免在工业时代，城市片面追求经济效益、道路被汽车占领、城市人性化空间消失、人们缺乏交流而产生的"城市病"。绿地内有良好的环境和游憩设施，是人们锻炼身体、消除疲劳、恢复精力的好场所。一个优美亲和的游园空间还能促进人与人的聚集、接触、交流，能有效缓解现代城市紧张、单调生活带来的精神压力。人的聚集也促进了户外集体文化活动的产生，从而引导市民继承与发展具有地方特色的城市文化，形成健康的生活方式（图7-10）。

图7-10　南京某绿地的活动场所

② 发挥园林生态效益，改善城市环境
作为城市绿地系统重要组成部分的游园，具有释放氧气、吸收二氧化碳、杀菌减噪、减轻风沙污染、净化城市空气、蒸腾吸热、缓解"热岛效应"、保持水土、涵养水源等生态作用。因此，城市游园可以有效地改善城市生态环境。游园一般面积较小，这种绿化方便、便捷而有效。而这些零星的游园形成一个整体，在一个城市的尺度上，为构成城市的生态廊道具有重要的意义，对减少噪声污染、汽车尾气等方面也意义重大。

游园不仅有效地改善了城市生态环境，同时也给了被硬质景观包围的市民一个接触自然的机会。美国风景园林大师哈普林曾经说："我们还不能确切地知道，从生态学的角度看，为满足人们生活和个性需要多少城市开放空间，但我们确实知道绿地的重要性，知道我们需要同自然环境要素保持经常的接触。"

③ 文化展示与保护功能　《关于城市未来的柏林宣言》称："城市政府应保护历史遗产，使其成为集艺术、文化、景观和建筑于一体的优美场所，给居民带来欢乐和鼓舞。"人们在游园中休息、游玩的同时，还能获取知识、陶冶情操、提高艺术修养。游园中可设各种小品、纪念物等。更有一些绿地以传达科普知识和文化信息为特色。它使人们在休憩游览的同时增加文化知识，接受艺术熏陶，达到寓教于乐的目的。

事实上，蕴含了文化内涵的绿地是一本无言的书，游人通过它阅读历史，受到教育，它赋予城市性格特征，唤起了市民的乡土自豪感、回归感和责任感（图7-11）。

④ 美化和提升城市形象　城市景观是一个整体，由许多相互关联的景观要素构成，它们相互交错，形成多种多样的关系。理想的城市空间环境应该是一个诸要素有秩序且和谐的有机体。游园是构成城市整体景观的有机组成部分，它与城市硬质景观在功能上互为补充，形式上相和谐，精神上相呼应。这种配合在游园的设计中尤为重要，由于游园大多分布较散，尺度小，在进行景观设计时更是注重其绿化景观与建筑景观的相映成趣、和谐统一，这也是创造动人城市景观的基本方法。

在全球信息化和经济一体化的今天，城市景观面临的重大威胁是个性与特色的逐渐消失，城市风貌的日趋雷同。由于游园受自然环境的影响更大，所以其形式较建筑物有较大的可塑性，比较容易结合当地特有的自然环境和文化，产生有特色的设计，凸显地方景观特色。构思巧妙、风格独特的游园能极大地赋予公共空间乃至城市景观的个性特色（图7-12）。

图 7-11　景墙

图 7-12　某街头绿地效果图

⑤ 防灾避险　当城市遭到如地震、火灾等灾害时，城市游园能够成为城市居民紧急疏散和救灾的最及时有效的通道，其中的开敞空间还能作为居民的临时居住点，而且大量的绿地还能有效地降低建筑密度，降低灾害的破坏程度，并能对火灾等起到一定的隔离作用。游园作为公共绿地的一部分，其防灾避灾功能不容忽视。

7.3.2　游园设计要点

7.3.2.1　注重与城市空间布局的衔接

游园的形成与城市的建设密不可分，目前游园的形成有两种方式，即：旧城更新而形成的游园和新区开发而形成的游园。

① 在旧城区的空间布局形式　在旧城更新过程中，大量游园结合市政建设、旧城改造拆除危房等应运而生，通常其面积不大、形式灵活、临近居民生活区或商服区，是居民使用最多、距离最近、通常在半天时间内可以往返的绿地。

游园作为城市绿地系统构成中"点"的要素，孤立的小型街旁绿地往往是无序的、零散的，规划时应作整体性考虑，或串连成带状，或成片布置。因此，布局应体现出"由点连线""由点组面"及"点、线、面"交融的空间布局模式，这样可以从整体上体现特色，增强城市特色风貌。

② 在新城区的空间布局形式　游园规模相对较大，主要以大面积绿化为主的观赏性植物种植较多，缺少必要的场地和活动设施，因此，其绿化为主的形象功能占据主位，而使用功能等被弱化。这样的绿地要考虑"点、线"成"面"的关系，做好绿地系统的前期规划，把近期绿化为主的形象功能与远期使用功能相结合，这是这种游园形成和发展的重要特征。

7.3.2.2　注重与交通组织的联系

城市游园与城市道路联系紧密，起到划分城市空间、界定道路范围的作用。因此，考虑交通组织的可达性及其绿地的可进入性，是游园设计的重要因素。

① 绿地的可达性　可达性是衡量绿地系统功能的重要指标。距离越近，绿地共享越容易实现；相反，绿地的利用率则降低。因此，在设计游园时，应将服务半径作为首要考虑条件。在新区开发建设时，由于绿地面积增加，因而其服务半径可适当增加。而在旧城区改造中，考虑到周围居民的使用情况，其服务半径一般不超过 0.75km，满足市民步行 5～10min 即可到达一处休息场所的需要。合理的服务半径为周边的城市居民提供了舒适的开放空间。

若这方面内容在规划中得不到相应的重视，城市绿地服务半径不合理，则会出现许多绿化服务的盲区。

② 居民的可入性　就目前园林发展的形势来说，人们更多的是渴望能够"绿地敞开，进去活动"。因此，良好的可入性是作为城市开放空间的必然趋势。游园作为城市人行道的延伸，其入口是连接城市道路与绿地内部空间可入性的重要环节。一般，入口是人们进出绿地的必经之地，是人流集散之地，因此可结合休息设施、小品构筑物等进行设置，结合步行系统，方便过路行人或周围居民使用（图7-13）。

图7-13　南京某街头游园绿地入口

对于交通较复杂的地段，如道路的交叉口或主要干道，在设计时，可使入口部分升高或降低，避免游人与车辆的正面交锋。对地形较复杂的地段，可随高就低布置挡土墙形式或台地式，以增加绿化的层次（图7-14）。

为利于绿地的管理和维护，常用栏杆、绿化隔离带、休息设施等作为游园的外边界，以阻隔内部空间与外部空间的联系，确保绿地行人的安全，创造步行空间，在入口处设置防机动车辆和自行车进入的隔离设施。因此，城市游园建设应满足市民的可进入性的同时，阻止外来车辆等的干扰，为市民提供休闲、娱乐、交往、健身的活动场所。

7.3.2.3　注重与周围环境的结合

城市绿地在城市建设之初，其原始功能单一，仅起到点缀城市、美化环境的作用。但随着经济的发展，单一功能的城市绿地已不能满足人们的需求。城市绿地的性质功能也随着周边用地性质的改变而发生变化。一般来说，商业建筑附近绿地的服务对象是商场中的顾客，该绿地要提供人们休息；居住建筑附近的绿地要为周围居民提供游憩休闲的场所；道路两侧及交叉口处的绿地要起到绿化美化、阻隔噪声的作用；建筑前庭绿地为附近上班族提供闲暇休息的活动空间。因此，在不同位置与性质的环境，城市游园所起到的作用不同，其设计形式及大小也不同。只有真正做到与周围环境相互协调、相互依托、互为借用构成整体的和谐美，才是建设城市绿地的真正用意（图7-15）。

图7-14　某街头游园绿地入口

图7-15　南京八字山公园绿地

7.3.2.4 注重塑造具有个性特色的游园空间

个性和特色是指事物的显著特征，是使该事物不同于其它事物的典型特征。游园依托城市道路，分布于城市的各个角落，在体现城市特色、塑造具有个性特色城市空间中承担者重要任务。针对游园特点，塑造特色空间有以下几条途径。

（1）自然景观的塑造

城市有其独特的地貌特征，地貌的调整和利用是创造出特色空间的重要手法。游园空间应以这些地貌特征为背景来构筑景观空间。例如有的地区地势平坦，为避免空间单调，可在游园布局中适当挖低填高，增加三维空间感。有的地区有坡地山体，游园的布局则可以结合地形布置灵活多变的空间层次。位于有自然水体存在的地区的游园，更是可以利用水面组成秀丽的景色。

（2）通过植物来体现城市风貌

不同地区植物的生长习性也不尽相同，不同的植物种类也反映了不同的城市地理环境。因此，"适地适树"是基本的遵循原则，尽量选择乡土植物作为景观，既满足植物生长环境的需要，也突出城市的地域特色。

（3）历史文化的保护和利用

城市中的历史文化遗存，不但是城市文化延续的标志，也是城市空间环境特色的灵魂。游园的建设在遇到历史文化遗迹之类的问题时，需要考虑的是如何协调好传统景观与现代景观的关系。可以在新建的景观空间中采用与传统景观类似的尺度、形式和比例关系，重复传统景观中的线条、色彩、外部装饰等要素（图7-16）。

（4）塑造富有活力的游园空间

游园是以组织空间为特征的环境艺术，在满足绿地使用功能的基础上，应创造出丰富的景观艺术效果，游园的人工景观中最能体现空间特色的当属景观中的构筑物、小品雕塑等实体形式，也有广场、水面等虚空间的方式。它们也可称为游园空间中的标志点。标志点往往是最易识别，也最易记忆的，它们比一般地区更易给人留下深刻的印象（图7-17）。

图 7-16 某街头游园绿地中的小品　　　　图 7-17 某街头游园绿地中的标志

游园要能成为标志点，体现景观特色，需要具备以下几个因素。

① 位于游园空间重要而独特的位置，能帮助人们识别和理解游园内部或外部的空间结构关系。简单地说就是具有指示作用。

② 具有独特的功能，能提供给人们独特的空间体验。

③ 具有别致的造型，其具有的艺术感染力能烘托游园空间的气氛和魅力。

④ 具有文化内涵，能反映出绿地景观固有的个性风貌。

一个成功的城市空间的基础不仅在于其良好的物质景观，还在于空间内生气勃勃的人的活动。空间给人美的感受的深层内涵在于场所环境和社会行为的完美互动。我们要塑造的游园空间不只是静态的画面，而更应该是人们动态生活的容器和舞台。

扬·盖尔将公共空间中的户外活动简要划分为三种类型：必要性活动、自发性活动和社会性活动。每一类活动类型对于物质环境的要求都大不相同，各种活动以一种交织融会的模式发生，它们的共同作用使得城市的公共空间变得富有生气与魅力。

① 必要性活动是那些多少有些不由自主的活动，它们的发生很少受到物质构成的影响，一年四季在各种条件下都可能进行，参与者没有选择的余地，如上学、上班出差等。

② 自发性活动只有在人们有参与的意愿，并且在时间地点可能的情况下才会产生。这一类型的活动包括了散步、呼吸新鲜空气、驻足观望有趣的事情以及坐下来晒太阳等。这些活动只有在外部条件适宜、气候和场所具有吸引力时才会发生。大部分宜于户外的娱乐消遣活动属于这一范畴，这些活动特别有赖于外部的物质条件。

③ 社会性活动指的是在空间中有赖于他人参与的各种活动，包括儿童游戏、互相打招呼、交谈、各类公共活动以及最广泛的社会活动——被动式接触，即仅以视听来感受他人。人们在同一空间徜徉、流连，就会自然引发各种社会性活动。这意味着只要改善公共空间中必要性活动和自发性活动的条件，就会间接地促进社会性活动。

游园是人流量比较大的地方，人的行为也基本分为以上三种。经过调查，人们在游园中的行为主要有以下几类。

① 观景　观景是人们到绿地的主要目的之一，人们希望通过到游园中赏景来获得身心的愉悦与放松。游园中的观赏活动有：观赏花木、观赏动物（鱼类、鸟类、昆虫等）、观赏游人、观赏街景等。

② 行走　这里主要指路人不做停留的通过和穿越。

③ 约会　这里包括了情侣之间的约会，也包括了人们因为事务的聚会，碰头等。

④ 游玩　亲子活动、儿童乐园、戏水、打牌、放风筝、滑板、滑冰等。

⑤ 休憩　闲坐、散步、静思、晒太阳、聊天、看书报、饮食等。

⑥ 艺术　唱戏、唱歌、演奏、书法、写生、摄影、编织等。

⑦ 运动　打拳、舞剑、体操、散步以及借助运动设施的锻炼等。

这些活动并不是孤立存在的，而是相互影响相互促进的。某一活动常常会引发连锁效应，产生更丰富的活动。比如唱歌引来更多的人参与其中合唱、观看、聆听或学习。再如打牌引来观众，有人坐在旁边，虽不参与，但却体验着热闹的气氛。投喂鸟类引来观鸟的成人和孩子，构成了一幅和谐的画面。可见，活力空间的营造少不了人们丰富多彩的交往活动。我们也要根据人们行为的种类设置足够的、多样的交往空间满足人们的行为要求。

（5）运动空间的营造

在对人们行为活动的观察中发现，一些游园供人们锻炼身体的场地和健身设施远远不能满足人们的需要，而且即使有场地也比较简陋，市民们可以自带比较简单的用品：剑、扇子、绸带、球网与球拍、音响等到公园去找合适的地方活动，有时占据了游园中所有的空间。

因此，在游园中我们不能单一地为了达到绿地的绿化面积要求，而忽视了人们活动的需求，应该把"绿色"和"运动"很好地结合起来。与大型的综合公园不同，游园在考虑人们运动空间营造的时候，更要注意空间尺度的把握和景观细部的处理。

一般游人健身自选的场地是平坦的开阔地，有很好的遮阳、光线明亮而柔和，其次要有帮助界定空间的景观要素，最后场地周围有休息设施。最受欢迎的要数高大乔木下的广场或铺装地。用于成人活动的场地铺装应该平整，在剧烈运动时，稍有不平就可能造成严重的伤害。另外也可以提供多种地面铺装材料、草地、土地或硬质铺地。

7.3.3 案例分析

案例：南京曾水源墓绿地景观整治设计（来源：南京盖亚景观规划设计有限公司）

（1）项目背景

南京曾水源墓绿地位于南京市鼓楼区戴家巷附近，占地面积 3480m² ，是个以保护文物古迹、展示历史文化遗存、满足市民休闲游憩的开放性的街头绿地。

曾水源，广西武宣人，太平天国定都天京后，官至天官正丞相，位居天朝群官之首，是太平天国前期重要领导人之一。1855 年被东王杨秀清误杀，昭雪后为其建墓葬于南京挹江门内戴家巷睦寡妇山。墓于 1953 年 10 月被发现，系黄土堆积而成，是已发现唯一的太平天国高级将领墓葬，发现后曾多次维修保护。曾水源墓 1957 年被列为江苏省文物保护单位。现墓冢用城砖切成，前立青石墓碑。1975 年加修墓道，用古城砖砌筑台阶，共 44 级，道中建墓亭，四周砌围墙。景观整治前，墓地被包围在棚户区内。由于墓地被围墙、铁门封围，游人不能入内，加之常年失修，因此几近荒芜。墓冢所在的小山包杂树丛生，野草遍布，藤蔓纠葛，幽暗森然（图 7-18）。

图 7-18　景观整治前

（2）设计构思与立意

曾水源的故事是南京这座古都中的一个不太起眼的城市故事、历史片段，但是正是因为这些众多的城市故事和历史片段才组成了南京深厚的城市历史文化。对待城市历史文化遗产，僵化的、封存起来的保护策略是没有生命力的。曾水源墓此前一直被围挡起来封闭保护，但其内近于荒芜，几乎成为城市中无人问津、难以接近的一块死地。

因此，如何保存和保护历史文化遗存、如何表达和回顾逐渐遗忘和湮没的历史信息、如何使这些古老的历史文化遗存能够很好地切合现代化城市发展需求是本设计重点关注的问题。曾水源墓景观整治正是从以上三个方面问题的探索和思考而展开的（图 7-19、图 7-20）。

（3）设计手法

① 文物保护　文物保护是历史文化遗存景观整治最基本的原则，这一点应该是在任何情况下都不能改变的。由于清政府对与其作战多年的太平军恨之入骨，因此，在太平天国运动失败后，清政府几乎毁坏了一切太平天国的宫殿、衙署、府第、墓葬，就连洪秀全的尸体也被挖出来，刀戮火焚。所以，曾水源作为一个太平天国的高级官员，其墓葬能够幸存下来

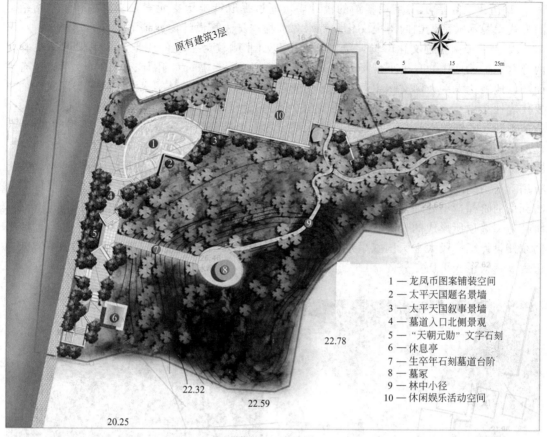

图 7-19　平面图

1 — 龙凤币图案铺装空间
2 — 太平天国题名景墙
3 — 太平天国叙事景墙
4 — 墓道入口北侧景观
5 — "天朝元勋"文字石刻
6 — 休息亭
7 — 生卒年石刻墓道台阶
8 — 墓冢
9 — 林中小径
10 — 休闲娱乐活动空间

就显得尤其可贵，具有重要的历史文化价值。一般墓葬都是坐北朝南，曾水源墓却是位东面西，这是该墓格局最有特点的地方。目前，原曾水源之子曾启彬所立的墓碑已移至南京太平天国博物馆内妥善保存，现有的

图 7-20　曾水源墓全景

墓道、墓碑及墓冢都是该墓 1953 年被发现后所逐年修建的。景观整治中，对现有墓道、墓碑及墓冢均加以保护并根据损毁情况进行适当的修缮（图 7-21）。

图 7-21　修缮后的曾水源墓

图 7-22　残缺的半块龙凤币

② 历史文化展示　景观整治的设计中，通过提取特定历史元素，以隐喻和叙事相结合的方式来展示太平天国的历史文化和曾水源人物本身。其设计内容如下。

a. 太平天国主题文化广场：位于墓冢山包西北侧较为平坦的用地。太平天国历史文化内容众多，在这样的一个小型场地中不可能也不必要一一展示，用什么样的景观形式来有趣而巧妙地表达太平天国文化主题是关键的问题。最终，设计的灵感来源于太平天国时期的重要代表性文物——残缺的半块龙凤币（图7-22）。设计师采用此残币的平面形状设计了一个类似半圆形的铺装空间，并以此来隐喻太平天国这个破碎而不完整的王朝历史。铺装材质为花岗岩，上刻有龙凤纹样及"太""天"字样，这一切造型均与残币图案完全相同（图7-23）。残币铺装空间的方形钱眼处设计了一段平面折形的仿青砖贴面景墙（图7-24），其上有用青石阴刻的"太平天国"4个字，以点明广场主题。景墙顶部做从低至高、然后又从高到低的阶梯造型处理，以喻示这段从开始至高潮并最终归于失败的农民起义历史。另外，阶梯造型墙顶所形成的残破状意向同时也喻示了这个王朝的不完整（图7-25）。残币铺装空间东侧设计了一段太平天国叙事景墙，景墙刻上太平天国大事记等内容以直观的叙事方式向市民展示太平天国历史（图7-26）。

图7-23　残缺的半块龙凤币图案铺装

图7-24　仿青砖贴面景墙

图7-25　仿青砖贴面景墙全景

图7-26　叙事景墙

b. 墓道景观：在墓道入口处设置了一个展示曾水源人物本身的小空间，小空间与西侧的街道之间密布竹林，以形成障景，遮挡城市街道杂乱景观（图7-27）。墓道入口对面设计半斜面景墙，上刻"天朝元勋"4字，以点明曾水源在太平天国中的身份与地位（图7-28）。在墓道台阶的侧面刻上从1831年到1855年的曾水源生卒年数字，以喻示曾水源所走过的人生历程（图7-29）。墓道入口北侧与太平天国主题文化广场相衔接，其景观结合原有地形做台阶处理，以形成较为丰富的空间效果。

图7-27　墓道入口处的小空间

图7-28　"天朝元勋"文字石刻

③ 创造市民休闲娱乐活动空间　由于曾水源墓为城市居民闹市区所环绕，并且其附近方圆1km之内没有绿地，因此，曾水源墓经过景观整治后已成为一个当地居民休闲娱乐的重要街旁绿地。经过改造使得整个墓地变为人们可以自由游憩活动的公共绿地空间。墓地外围山包下的北侧场地整治为市民小型活动空间，以满足市民跳舞、晨练、健身、休息等种种娱乐休闲活动需求。山包下西南侧场地建传统形式的四角攒尖顶亭一座，使市民在此休息的同时也能感受过去岁月的印记（图7-30）。

图7-29　墓道台阶景观

图7-30　休憩空间

通过整治，将曾水源墓打造成为城市非常具有活力的一个场所，老人在此闲坐聊天，孩子在此嬉戏打闹，年轻人在林间寻古探幽……在这里，历史文化已真正融入市民的现代休闲娱乐生活。

7.4 城市广场

广场是现代城市空间环境中最具公共性，最具艺术魅力，也是最能反映现代都市文明和气氛的开放空间。它如同一颗璀璨夺目的明珠，在城市中起着"起居室"的重要作用。

7.4.1 城市广场的概念与类型

7.4.1.1 城市广场的概念

古今中外，对广场定义众说不一。凯文·林奇认为："广场位于一些高度城市化区域的中心部位，被有意识地作为活动焦点。通常情况下，广场经过铺装，被高密度的构筑物围合，有街道环绕或与其相通。它应具有可以吸引人群和便于聚会的要素。"

美国克莱尔·库柏·马库斯与卡罗琳·佛朗西斯指出："广场是一个主要为硬质铺装的汽车不得进入的户外公共空间。其主要功能是漫步、休闲、用餐或观察周围世界。与人行道不同的是，它是一处具有自我领域的空间，而不是一个用于经过的空间。当然可能会有树木、花草和地被植物的存在，但占主导地位的是硬质地面；如果草地和绿化区域超过硬质地面的数量，我们将这样的空间称为公园，而不是广场。"而《中国大百科全书》中认为城市广场是"城市中由建筑物、道路或绿化地带围绕而成的开敞空间，是城市公众社会生活的中心，又是集中反映城市历史文化和艺术面貌的建筑空间。"

由此可以看出，城市广场的概念要广义得多，大到形成一个城市的中心或一个公园，小到一块空地或一片绿地，是城市公共空间的一种重要空间形式，它占据着一定的时间和空间，是人文景观和物质景观的结合体；是城市中环境宜人、适合大众的公共开放空间，体现并继承和发展历史文脉。它对城市有典型意义，是城市风貌、个性的体现，并顺应市民的需求，为市民提供了室外活动和公共社交的场所。

7.4.1.2 城市广场的类型

城市广场发展已有数千年的历史，从早期开放的空地市场到如今的多功能立体式广场，呈现出多种多样的类型特征。广场在城市中的位置、活动的内容、周围建筑物及其标志，决定着广场的性质和类型。一般情况下，一个广场除了主要功能外，常兼有其它多种功能，而主要功能决定着广场的性质。根据性质特点，广场大体可分为集会广场、纪念广场、交通广场、商业广场、文化娱乐休闲广场和附属广场等。

现代城市的规划和设计是一个复杂的系统工程，在城市的总体规划中对广场的布局、数量、面积、分布则取决于城市的性质、规模和广场的功能定位。按照性质、功能和用途的不同，可以将城市广场分为以下几类。

① 集会广场　一般用于政治、文化集会、庆典、游行、检阅、民间传统节日等活动。这类广场不宜过多布置娱乐性建筑和设施。集会广场一般都位于城市中心地区。

② 交通广场　火车站、航空港、水运码头、城市主要道路交叉点，是人流、货流集中的枢纽地段，不仅要解决复杂的人、车分流和停车场问题，同时也要合理安排广场的服务设施和景观问题。

③ 商业广场　商业广场是用于集市贸易、展销购物、顾客休憩的广场，一般设置在商业中心区或大型商业建筑附近，可连接邻近的商场和市场，使商业活动区趋于集中。现代的商业广场以步行环境为主，集购物、休息、娱乐、观赏、饮食和社会交往于一体，内外建筑空间相互渗透，广场设施齐全，建筑小品尺度和内容极富人情味。

④ 市政广场　市政广场是用于进行集会、庆典、游行、检阅、礼仪和传统民间节日活

动的广场。市政广场多毗邻城市行政中心而建，其周围建筑的性质以行政办公为主，也可能会有其它重要的公共建筑物。

⑤ 纪念广场　纪念广场是为了缅怀历史事件和历史人物而修建的广场。纪念广场多结合城市历史，与有重大象征意义的纪念物配套设置。纪念性广场通常突出某一主题，形成与主题一致的环境气氛，广场内布置有各种纪念性建筑物、纪念碑和纪念雕塑等，供人们瞻仰、凭吊而用。

⑥ 文化广场　文化广场是用于进行文化娱乐活动的广场，常与城市的文化中心或有价值的文物古迹结合设置，其周围安排有文化、教育、体育和娱乐性公共建筑。

⑦ 游憩广场　游憩广场是用于进行文化娱乐活动的广场，周围一般是商业、文化、居住和办公建筑。游憩广场是城市居民进行城市生活的重要行为场所，与城市居住区联系密切，并常与公共绿地结合设置。游憩广场贴近市民的生活，它是城市中富有生气的场所，也是最为普遍的广场类型。

⑧ 宗教广场　早期的广场多修建在教堂、寺庙及祠堂前面，是为举行宗教仪式、集会、游行所用。在广场上一般设有尖塔、平台、敞廊、宗教标志等构筑物。

7.4.2　城市广场规划设计要点

7.4.2.1　广场的规模与尺度

广场尺度处理适当与否，是广场设计成败的关键之一。许多城市广场之所以失败，就是由于地面太大，以致建筑物看上去像是站在空间的边缘，空间的墙面和地面分开，不能形成有形的空间体。绿地广场与一般绿地的一个重要的不同点就在于广场需要有一定的空间围合，因为它是城市的"起居室"。我们现在的城市广场建设，有一种片面追求大广场的倾向，这种倾向往往使建成的广场的实际效果差。另外，广场的大小要与广场所在的城市的地位以及广场在城市中的功能相匹配。广场尺度处理的关键是尺度的相对性问题。广场的大小是受活动内容、分区布局、视觉特征、建筑边界条件、光照条件等诸多因素共同决定。广场究竟应该有多大，没有一个定论，但是有关研究可以为我们提供参考。

卡米洛·西特（Camillo Sitte）认为古老城市中的巨大广场的平均尺度是 465 英尺×190 英尺（142m×58m），并且认为问题的重要性在于空间的高与宽的比例以及建筑的特征，他还说"广场宽度的最小尺寸等于建筑高度，最大尺寸不超过建筑高度的 2 倍"。从视觉上分析，我们可以发现，人在观看人的面部表情时的最大视距为 20～25m，观看人体活动的距离为 70～100m。凯文·林奇（Kevin Lynch）把 25m 作为社会环境中的最佳尺寸，并指出超过 110m 的空间尺度在城市中是罕见的；芦原义信也表达了类似的观点。我们传统的"百尺为形""千尺为势"的空间理论也与此相符合。所以从这个角度分析，现代大型城市广场以不超过 5hm^2 为宜。

除了距离以外，实体的高度与距离的比例关系，对视觉感受的影响也十分关键。如果实体的高度为 H，观看者与实体的距离为 D，则有：

① $D：H=1$，即垂直视角 45°，可看清实体细部，有一种内聚、安定、又不至于压抑的感觉；

② $D：H=2$，即垂直视角 27°，可看清实体的整体，内聚、向心，而不至于产生离散感；

③ $D：H=3$，即垂直视角 18°，可看清实体与背景的关系，空间离散，围合性差；

如果 $D：H$ 继续增大，则空旷、迷失、荒漠的感觉相应增加。

广场的尺度除了大的结构关系外，还要充分考虑到人的尺度，特别是在细部设计中，如台阶、花池、坐凳、电话亭、广告标识、铺装图案等，这样才能更好地体现"以人为本"的设计思想（图 7-31）。

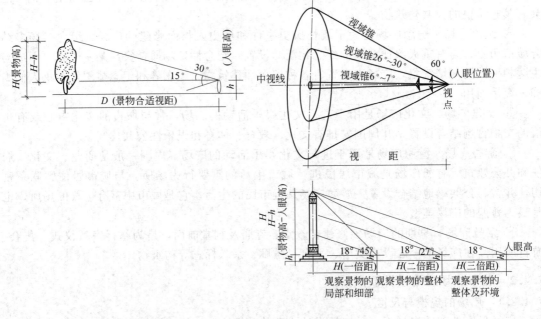

图 7-31 视点、视域、视距关系示意及空间感受图

7.4.2.2 广场的限定与围合

广场是经过精心设计的外部空间，它是从自然环境中被有目的地限定出来的积极空间。如果说建筑空间是由地板、墙壁、天花板三要素所限定的，那么广场作为"没有屋顶的建筑"就是由地面和墙壁所限定的。

广场空间限定方式的主要手段是设置，它包括点、线、面的设置。在广场中间设置标志物是典型的中心限定，围绕这个标志物，形成一个无形的空间。从广场使用中可以看到人们总是围绕一些竖向的标志物活动。中心限定往往能形成一种向心的吸引作用。通过墙面，包括建筑、绿化围合所需的空间是广场空间限定最常用的方法，不同的构建及围合方式产生封闭与开放强弱不同的空间感觉。为了保证广场视觉上的连续，形成开阔整体感，同时又能划分出不同的活动空间，打破单调感，常运用矮墙和敞廊。广场的覆盖主要是指运用布幔、华盖或运用构架遮住空间，形成弱的虚的限定。运用绿地大乔木形成林荫空间，在广场的覆盖中具有很强的实用性。广场地坪的升高与下沉，可以形成广场不同的空间变化，但是升高与下沉要适度，避免造成人群活动的不便。广场地面质感的变化，主要是通过铺地的材质、植物配置组合图案的变化，造成不同的肌理，作为空间限定的辅助手段（图7-32、图7-33）。

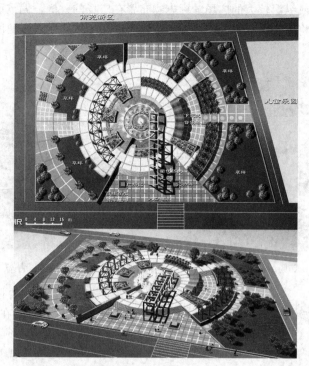

图 7-32　某广场平面图和鸟瞰图

图 7-33　广场材质的对比

图 7-34　深圳市水围广场鸟瞰图

　　建筑物对于广场空间的形成具有重要的作用，传统的古典广场主要是由建筑物的墙面围合所形成。通过建筑的围合，广场具有一种空间容积感。广场的封闭形态首先是通过道路将广场地面与空间分离，使广场形成独立的空间。第二是进入广场的每条道路能够封闭视线，增强广场的围合感。第三是将广场角部封闭，中间开口，也能形成较为完整的空间围合。广场空间与周围建筑形态的关系第一种情况是，一般高层建筑物与低层建筑物共同围合形成广场空间，高层建筑物的裙房或低层的敞廊可以与邻近建筑物建立联系。第二种情况是主体建筑后退，以突出广场空间体量。第三种情况是有的主体建筑向广场空间内扩展，打破单一的广场空间形式，使广场空间变化多样。第四种情况是相互联系的广场空间通过柱廊、敞廊的过渡或围合形成广场空间，这种广场形式可以形成多样的、多层次广场的使用功能（图 7-34、图 7-35）。

7.4.2.3　广场标志物与主题表现

　　在广场上设置雕塑、纪念柱（碑）等标志物是表现广场主题内容的常用方法。一般布置在广场中央的标志物，应当体积感较强、无特别的方向性。成组布置的标志物，应当具有主次关系，同时适宜大面积或纵深较大的广场。标志物布置在广场的一侧，偏重于表现某个方向或侧重轮廓线的表现，而将标志物布置在广场一角，则更适用于按一定观赏角度来欣赏（图7-36）。

图 7-35　广场的层次

图 7-36　青岛五四广场

图 7-37　主题建筑与广场

在布置标志物特别是雕塑时，除了要按视觉关系进行考虑外，还要注意透视变形校正问题。人们在观察高而大的物体时，由于仰视，必然会出现被视物体变形问题，包括物象的缩短，物象各部分之间比例失调，这些透视变形直接影响了人们对广场雕塑的观赏。为了克服这种变形，最简单的办法是将雕塑的形体稍加前倾，但这种前倾是有限度的，同时还要考虑中心问题，另外前倾只能解决局部视点问题，广场雕塑大都是四面环境观赏的。为了解决透视变形问题，最好是将原有各部分比例拉长，但要视实际情况而定。

建筑对广场主题的表现至关重要。广场中的主要建筑决定了广场的性质，并占据着支配性作用，其它建筑则处于从属地位，起到提供连续感和背景的作用。这种主次关系不仅表现在位置上，还在尺度、形态、人流导向上有明显的差异。许多现代广场周边的建筑群功能复杂，形式多样，统一感和连续性差，主题建筑（支配性建筑）不仅在体量上，而且在精神上表现的不是十分明显。与古典广场相比，广场与建筑（空间与实体）间的关系，包括视觉和艺术上存在着许多明显的不足（图7-37）。

广场周边的建筑与广场要有一种亲密关系，特别是对于市民广场。建筑要有较强的社会性，建筑如同是室内集会空间，广场是室外集会空间。与广场关系密切的公共建筑有市政厅、议会大厦、美术馆、博物馆、图书馆、歌剧院、音乐厅等，但是也要防止过多重要建筑围绕着一个广场，因为这样做较难解决它们在建筑形式上的冲突，同时城市其它部分往往会因为失去某种重要性而变得死气沉沉。一般来讲，广场周边有一两个重要的公共建筑，并且引入一些功能不同的其它建筑，特别是商业服务建筑，这样有利于在广场中形成变化和连续的活动。

7.4.2.4　广场的使用与活动

广场绿地、建筑、铺地、设施等具体布置，主要应以公共活动为前提。从行为心理角度考虑，在广场设计中应注意以下几个方面。

①边界效应　行为观察表明受欢迎的逗留区域一般是沿着建筑立面的地区和一个空间与另一个空间的过渡区，在那里同时可以看到两个空间。心理学家德克·德·琼治（Derk de Jonge）提出了颇有特色的边界效应理论，他指出：森林、海滩、树丛、林中空地等的边

缘都是人们喜爱逗留的区域，而开敞的旷野或滩涂则无人光顾，除非边界已人满为患。实际上广场上的活动也是这样，驻足停留的人倾向于沿广场边缘聚集，靠门面处、门廊之下、建筑物的凹处都是人们常常停留的地方。只有停留下来，才可能发生进一步的活动。活动是由边缘向中心扩散的。

边界地区之所以受到青睐，是因为处于空间的边缘为观察空间提供了最佳条件。人们站在建筑物的四周，比站在外面的空间中暴露得要少一些，并且不会影响任何人或物的通行，这样既可以看清一切，个人又得到适当的保护。克里斯托弗·亚历山大（Christopher Alexander）说："如果边界不复存在，那么空间就绝不会富有生气。"所以在广场设计中，要注意广场空间与周边建筑、道路交汇处小环境的设计处理，切忌简单化，像是一条人行道。广场的边缘地区要有一定的活动空间和必要的小品布置，这样才能做到对过往行人的吸引，使他们自然而然地来到广场上活动（图7-38）。

图7-38 空间界面

图7-39 济南泉城广场喷泉

② 场地划分　在广场设计中，按照人们不同需要和不同活动内容，适当地进行场地划分，以适应不同年龄层、不同兴趣层、不同文化层的人们开展社交和活动的需要。既要有综合性的集中大空间，又要有适合小集体和个人分散活动的空间。场地划分是一种化大为小、集零为整的设计技巧，要避免相互干扰和大而不当，但是也不宜过分琐碎。特别应注意的是，广场作为一种高密度的公共活动场所，在空间上应以块状空间为主，尽量减少细部的线状空间的使用（图7-39）。

③ 活动的界面　广场上的活动，可以在水平面上划分，亦可将它抬高（或架空）、下沉或起坡（或台阶）。界面的不同，其领域界限、视线、活动，以及相互联系都有不同的效果。从公共活动的开放性与空间的延伸性角度看，无论是抬高或下沉，都容易影响不同领域间活动内容的联系和视线交流，容易造成视觉阴影区，形成空间的凝滞，从而成为活动的死区。所以在采用抬高和下沉界面时，须注意开放性处理。为了界面的变化及领域的划分，可以优先采用缓坡、慢丘、台阶等形式来丰富广场的空间形态。

④ 环境的依托　据观察，人们在广场中用于进进出出和行走的时间只占20％左右，而用于各种逗留活动的时间约占80％。然而，人们的活动很少把自己置于没有任何依托和隐蔽的众目睽睽的空地中，无论是聊天、观看、静坐、站立、漫步、晒太阳……总是选择那些有依靠的地方就位。美国学者怀特（William H. Whyte）遍察了纽约市的广场后认为广场的可坐面积达到广场的总面积的10％～26％时，对满足人的行为需要是比较合适的。对于依托物的选择，人们常常选在建筑台阶、凹廊、柱子、树下、街灯、花池栏杆、街道和建筑阴角，两建筑空隙间、山墙、屋檐下。值得一提的是人在广场中的活动除了选择依托之外，还需要一个不受自然气候和使用时效限制的物理环境，如在烈日、

寒风、雨雪、风沙的气候条件下，一般的广场即失去效用了。所以，有不少广场设计利用现代科技手段和建设条件，力求创造一种全天候的广场。与此相似的另一种办法，就是在室内创造室外景色的中庭广场。

⑤ 活动的参与　人在广场中充当什么样的角色，是检验广场环境质量的一种重要标准。所以，现代广场十分重视调动参与者的积极性，使人充当活动的主角，而不是处于被排斥，或仅从旁观者的身份进入广场。参与活动是多种多样的，拍照、小吃、戏耍、玩水、聊天、观景、利用广场设施、交往、选购等都是一种参与。

7.4.2.5　广场的种植设计

狭义地讲，植物是城市广场构成要素中唯一具有生命力的元素。作为自养生物和城市生态系统的生产者，植物在其生命活动中通过物质循环和能量交换来改善城市生态环境，具有净化空气、保持水土、调节气温等生态功能；它还具有空间构造、美学等功能，是建造有生命力的城市广场空间必不可少的要素。

广场绿地种植设计有四种基本形式。

① 排列式种植　这种形式属于整形式，主要用于广场周围或者长条形地带，用于隔离或遮挡，或作背景。单行的绿化栽植，可采用乔木、灌木、灌木丛、花卉搭配，但株间要有适当的距离，以保证有充分的阳光和营养面积。为了近期取得较好的绿化效果，在株间排列上可以先密一些，几年以后再间移，又能培育一部分大规格苗木。乔木下面的灌木和花卉要选择耐阴品种，并排种植的各种乔木在色彩和体型上注意协调，形成良好的水平景观、立体景观效果。

② 集团式种植　规整形式的一种，是为避免成排种植的单调感，把几种树组成一个树丛，有规律地排列在一定地段上。这种形式有丰富浑厚的效果，排列整齐时远看很壮观，近看又很细腻。可用花卉和灌木组成树丛，也可用不同的灌木或（和）乔木组成树丛。植物的高低和色彩都富于变化。

③ 自然式种植　这种形式与规整形式不同，是在一个地段内，植物的种植不受统一的株行距限制，而是疏落有序地布置，从不同的角度望去有不同的景致，生动而活泼。这种布置不受地块大小和形状限制，可以巧妙地解决与地下管线的矛盾。自然式树丛的布置要密切结合环境，才能使每一种植物苗壮生长，同时，在管理工作上的要求较高。

④ 花坛式（图案式）种植　花坛式就是图案式种植，是一种规则式种植形式，装饰性极强，材料可以选择花卉、地被植物，也可以用修剪整齐的低矮小灌木构成各种图案。花坛的位置及平面轮廓要与广场的平面布局相协调。花坛的面积占城市广场面积的比例一般最大不超过广场的1/3，最小也不小于广场的1/15。华丽的花坛是城市广场最常用的种植形式之一。

为了使花坛的边缘有明显的轮廓，并使种植床内的泥土不因水土流失而污染路面和广场，也为了不使游人因拥挤而践踏花坛，花坛往往利用边缘石和栏杆保护起来，边缘石和栏杆的高度通常为10~15cm。也可以在周边用植物材料作矮篱，以替代边缘石或栏杆。

7.4.2.6　广场的环境小品设计

城市广场是市民的"起居室"，市民休闲、交往有赖于城市广场舒适的环境，舒适的环境主要包括休憩设施以及环境设施两个方面。

① 休憩设施　现代城市广场必须为市民提供足够的休憩设施，这是体现以人为本设计原则的最基本需求。美国学者威廉·怀特（William H. Whyte）通过对曼哈顿广场的调研，提出关于广场座位的参数值：每 $2.5m^2$ 的广场应提供 1.3m 长度的座位。该数值提供了一个提高广场可坐率的定量参考值，但需综合考虑广场人流量、地理区位及服务半径等内容。鉴于此，城市广场的设计应充分利用花坛边缘、树池台阶以增加休息场所，提高可坐率。如大连人民广场

每 2.5m² 提供了 0.012m 长的座位，可坐率差，使得本地市民活动较少；而南京新街口花园广场及汉中门市民广场则每 2.5m² 提供了 0.6m 长的座位，从而使广场成为真正意义上的市民的"起居室"。

② 环境设施 包括照明、音响、电话亭、标示牌、果皮桶、盥洗室等不仅是市民休闲功能上的需求，也是视觉上的需要。环境设施作为广场中的元素，既要支持广场空间，又要表现一定的个性，在使用便利的前提下，注重整体性、识别性和艺术性。

7.4.3 案例分析

案例 1：广场景观设计——索尼中心广场

（1）项目概况

索尼中心（Sony Center）位于德国柏林波茨坦广场北部的一块三角地上，这里在第二次世界大战前曾是繁荣的都市文化及交通中心，战后荒废多年，两德统一后重新开发。现在这一带已经成了柏林新面孔的代表地区，在这里摩登建筑群与古典城区交互辉映，令人耳目一新。

2000 年 6 月开张的索尼中心已经成为这里最吸引人眼球的标志性建筑，该建筑占地 26400m²，共由 8 座建筑组成，其中包括索尼公司欧洲总部、电影媒体中心、写字楼、商业服务、住宅公寓、休闲娱乐设施等。索尼中心的中部修建了一个面积 4000m²、顶部为遮阳篷的广场。那里光线充足，四周环绕着饭店、咖啡店、商店和娱乐场所，广场中央还设有喷泉和植被，为人们举办文化活动和朋友聚会提供了方便的场所（图 7-40～图 7-45）。

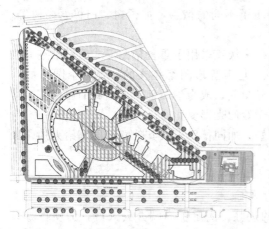

图 7-40　柏林索尼中心景观设计平面图

图 7-41　办公楼庭院规整的几何绿篱

图 7-42　半月形跌级绿篱种植池

图 7-43　中心广场 LED 灯带及圆形水池

图 7-44　中心广场喷泉水景及跌级花池　　　　　　　图 7-45　中心广场夜景

（2）景观设计

索尼中心的精华在于其公共空间的丰富多彩和人性化的尺度与亲切的气氛。中心丰富的室内外空间转化和神秘的景观变化是景观设计师彼得·沃克（Peter Walker）用简单的植物种植和一些工业材料如不锈钢和玻璃以简单、重复的形式来塑造的。在这里，人们在转换空间时就能看到不同的景观。环境中材料的使用与建筑相呼应，细部体现为玻璃、金属材料、石材和植物的巧妙组合和衔接，在不同的区域种植了不同的植物，如椴树、白桦、杨树等，这些都是当地的乡土树种。

中心广场是环境中最精彩的区域，这里，彼得·沃克采用了重复构图形式的三维空间概念。建筑的首层和地下层之间是一个半月形花坛，与半月形图案相交的，是一个圆形的水池，水池大部分位于广场上，一部分悬在地下采光窗上，成为建筑地下层透明的屋檐。在楼下电影媒体中心的酒吧里可以欣赏到水池带来的奇妙的光影变化。

索尼中心的整体设计简约、干净、利落、巧妙，如同德国以及其他欧洲国家给人的印象一样，严谨但不古板，谦虚内敛又不乏亲切之感。

（3）项目分析

① 处于柏林核心区的综合体项目，交通较为便利。

② 地处商业核心区的写字楼由于公司集团的进驻，圈定了高端办公人群，为项目凝聚了高端商务氛围。

③ 在全国拥有最多的 2D 和 3D 英文原版电影种类的 CineStar Original/EVENT Cinema 和 Legoland Discovery Centre——游乐场给项目增添了不少娱乐色彩。

④ 广场中央有喷泉和植被，并且布置了很多咖啡座，为访客提供了一个交流和休闲的平台。

⑤ 中心广场的标志性屋顶，形成了该项目的象征，使其在竞争中脱颖而出，成为吸引商户和个人消费者的著名目的地，也是一个游客旅游观光的好去处。

⑥ 索尼中心的建设充分考量了土地各使用功能的市场竞争状况，由于周边区域零售功能日趋饱和，限制了索尼中心的零售使用面积，而将娱乐作为商业部分的主导，极大地扩大了索尼中心的辐射能力。

⑦ 索尼中心选择合适的物业形态混合开发，并将各个部分有机地组合在一起，成功地加强了各物业形态的经营。

彼得·沃克是当代极简主义景观设计大师，在他的经典作品柏林索尼中心广场景观设计中，可以清楚地看到现代景观从大地艺术汲取的灵感源泉，简单的造型、传统的元素在现代设计思想下，焕发出全新的品格。大地艺术是现代艺术的重要表现形式之一，是现代主义景观极简风格的重要思想源泉。极简主义景观风格借鉴大地艺术的表现手法，在景观基址上用景观语言进行大地艺术创作，感官上强调简约整洁，但在品格和思想上更为优雅从容。

案例 2：金象城·王府井购物中心商业广场设计方案（南京盖亚景观规划设计有限公司）

项目位于江苏省南京市江北新区核心商圈，本设计致力于将金象城·王府井购物中心商业广场设计成江北新地标性景观，形成一个商业活力空间，景观形式与建筑样式相呼应、协调，形成有活力、有人气又活泼的景观（图7-46、图7-47）。

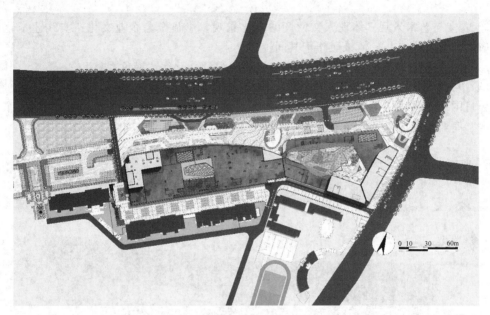

图 7-46　金象城·王府井购物中心商业广场平面图

图 7-47　金象城·王府井购物中心商业广场鸟瞰图

（1）场地背景

金象城·王府井购物中心商业广场位于江苏省南京市江北新区，桥滨路与江山路交汇处，紧邻南京著名地标——南京长江大桥。基地交通便利，2条地铁S8号线与11号线（规划中）双地铁交汇于大桥站与项目无缝连接，4条城市主干道、2条过江隧道与12条公交线路停靠组成的立体交通网络，使得项目辐射范围广，吸引人流量大。

（2）设计思路

① 互动景观　打造形成非静态、有活力、有人气又活泼的景观，运用互动水景设施等，增强人与景观的互动性。

② 实用而舒适的景观　景观结合周边市民的休闲娱乐以及商业综合体的业态与营业空间。

③ 人文与艺术景观　体现人文情怀的文化景观，彰显金象企业文化；实践艺术化的街区，应用公共艺术小品、情景雕塑于其间。

④ 生态与绿色景观　室内外都保证有足够的绿量，营建"绿色森林"。

（3）功能分区

项目围绕金象城·王府井购物中心主要分为西入口广场区、多功能活动广场区、东入口广场区、商业后街区以及酒店通道区（图7-48）。

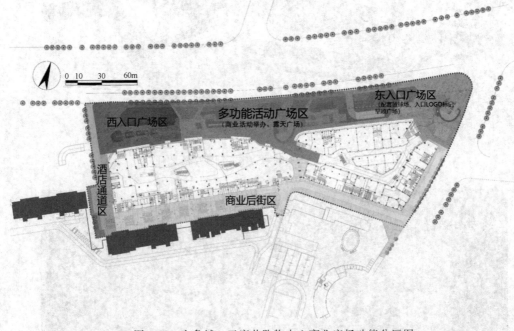

图7-48　金象城·王府井购物中心商业广场功能分区图

（4）分区设计

① 东入口广场区　东入口广场区是人员集散以及活动的场所，设置旱喷广场、配套篮球场等活动空间，此外人行步道起着通行的作用。设置入口雕塑、商业指示牌、非机动车停车区域（图7-49、图7-50）。

② 西入口广场区　西入口广场较空旷，视野开阔。设置入口雕塑（图7-51、图7-52）。

③ 多功能活动广场区　此区域主要用于举办商业活动、宣传活动等，设置下沉广场，此外还设有地下入口，是一处承载着多功能活动的广场（图7-53、图7-54）。

① 入口雕塑

② 旱喷广场

③ 配套篮球场

④ 人行步道

⑤ 商业指示牌

⑥ 配套顾客非机
动车停车区域

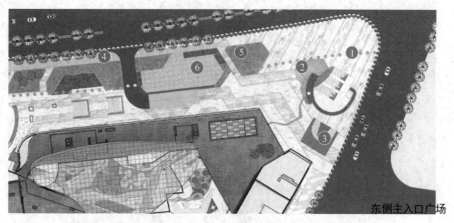

图 7-49　东入口广场区平面图

图 7-50　东入口广场效果图

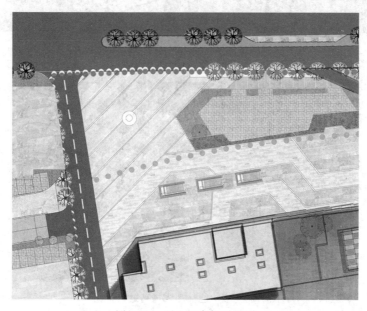

图 7-51　西入口广场平面图

图 7-52　西入口广场效果图

① 露天商业
　活动广场

② 下沉广场

③ 地下入口

④ 雕塑

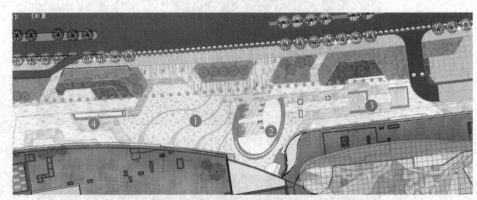

图 7-53　多功能活动广场平面图

图 7-54　多功能活动广场鸟瞰效果图

7.5 滨水带状绿地

滨水带状绿地是城市中临河流、湖沼、海岸等水体的带状绿地，是城市的生态绿廊。其具有生态效益和美化功能。滨水绿地多利用河、湖、海等水系沿岸用地，多呈带状分布，形成城市的滨水绿带。滨水游憩绿地应有机地纳入城市绿地系统之中，充分利用水体和临水道路，规划成带状临水绿地，点缀以园林小品和装饰小品，成为附近居民及游人的休息、娱乐、观光场所。滨水路毗邻自然环境，其绿化应区别于一般道路绿化，与自然环境相结合，展示出自然风貌。其侧面临水，空间开阔，环境优美，是城镇居民休息游憩的地方，加以绿化，可吸引大量游人，特别是夏日的傍晚，其作用不亚于风景区和公园绿地。

水生生态系统被认为是最重要的生态系统。一个完整的滨水绿地景观是由水面、水滩和水岸林带等组成。这种空间结构为鱼类、鸟类、昆虫、小型哺乳类动物以及各种植物提供了良好的生存环境以及迁徙廊道，是城市中可以自我保养和更新的天然还原。同时，由于滨水水岸与城市发展之间的密切关系，滨水景观中还保留了丰富的城市历史文化痕迹。

滨水地区景观设计，应确定其总体功能定位，在此基础上考虑土地使用功能是否恰当以及调整的可能，进而改善相关河道与道路的关系，扩大滨水地区的绿化系统，确定景观布局的方式，充分发挥城市河湖沿岸的环境优势。

7.5.1 滨水绿地的类型

（1）临海城市中的滨海绿地

在一些临海城市中，海岸线常常延伸到城市的中心地带，由于海岸线的沙滩、礁石和海浪都具有相当的景观价值，所以滨海地带往往被辟为带状的城市公园。此类绿地宽度较大，除了一般的景观绿化、游憩、散步道路之外，有时还设置一些与水有关的运动设施，如海滨浴场、游船码头、划艇俱乐部等。此类滨海绿地在大连、青岛、厦门等城市中较为普遍。

（2）临湖城市中的滨湖绿地

我国有许多城市滨湖而建，最为人们所熟悉的滨湖城市是浙江的杭州。此类城市位于湖泊的一侧，甚至将整个湖泊或湖泊的一部分围入城市之中，因而城区拥有狭长的岸线。虽然滨湖绿地有时也可以达到与滨海绿地相当的规模，但由于湖泊的景致较大海更为柔媚，因此绿地的设计也应有所区别。

（3）临江城市中的滨江绿地

大江大河的沿岸通常是城市发展的理想之地，江河的交通、运输便利常使人们很容易地想到将沿河地段建设港口、码头以及运输需求的工厂企业。随着城市发展，为提高城市的环境质量，如今已有许多城市开始逐步将已有的工业设施迁往远郊，把紧邻市中心的沿河地段开辟为休闲游憩的绿地。因江河的结构变化不大，此类绿地往往更应关注与相邻街道、建筑的协调。类似的滨江绿地在上海、天津、广州等城市中较普遍。

（4）贯穿城市的滨河绿地

东南沿海地区河湖纵横，过去许多中小城镇大多由位于河道的交汇点的集市逐步发展而来，于是城内常有一条或几条河流贯穿而过，形成市河。随着城市的发展，有些城市为拓宽道路而将临河建筑拆除，河边用林荫绿带予以点缀；而在城市扩张过程中，原处于郊外的河流被圈进了城市，河流也需用绿化进行装点。由于此类河道宽度有限，其绿地尺度需要精确地把握。

7.5.2 滨水绿地的设计要点

滨水绿地设计在整个景观设计中属于比较复杂的一类，牵涉到诸多方面的问题，不仅有陆地上的，还有水里的，更有水陆交接地带——湿地的，与景观生态的关系极为密切。要使滨水绿地景观设计取得较为理想的成效，应该注意以下设计要点。

（1）目标兼顾

城市水岸治理不单纯是解决一个防洪问题，还应注重水体所具有的多方面作用，如运输功能，包括货运和客运，沿岸如有众多历史、文化和景观意义的古迹，可以开发旅游娱乐功能；水体能美化城市风貌，体现城市形象；自然生态保护功能，补充城市自然要素，调节城市生态平衡。因此，必须统筹兼顾，整体协调。滨水绿地景观设计必须能够为此提供多样性的结构、功能组合，以满足现代城市社会生活多样性的要求。

（2）生态设计

水岸和湿地往往是原生植物保护地，以及鸟类和动物的自然食物资源地和栖息地。在滨水绿地的规划中，应该依据景观生态学与水岸生态系统原理，保护滨水绿地的生物多样性，形成水绿结合的生态网络，构架城市生境走廊，促进自然循环，增加景观异质性，实现景观的可持续发展。

（3）文化保护

滨水区往往是人类生存的起源地，自然也是人类文化的发源地，滨水绿地的自然景观设计应注重现代与传统的交流和互动，维护历史文脉的延续性，合理开发利用历史文化资源，形成文化的"时间通道"，恢复和提高景观活力，塑造城市新形象。

（4）系统性

系统性原则是指在城市中，各水体共同组成一个生态水系网络。同时每一条滨水绿地作为整个城市绿地的组成要素，发挥自身的功能，和其它形式的城市绿地相互关联，相互作用，构成统一的城市绿地系统。

（5）注重水位变化

水位的变化是水岸断面设计的重要依据。一般来说，水位有常水位、最低水位与最高水位三种，设计中要考虑这三种水位的变化，做出合理的水岸断面设计与滨水绿地的竖向设计。

（6）植物配置

在滨水绿地上除采用一般行道绿地树种外，还可在临水边种植耐水湿的树木或花草，如垂柳、菖蒲等。

树林种植要注意林冠线的变化，不宜种得过于闭塞，要留出景观透视线。如果沿水岸等距离密植同一树种，则显得林冠线单调闭塞，既遮挡了城市景色，又妨碍观赏水景及借景。

在低位的河岸上或一定时期水位可能上涨的水边，应特别注意选择能适应水湿和耐盐碱的树种。

滨水路的绿化，除有遮阳功能外，有时还具有防浪、固堤、护坡的作用。斜坡上要种植草皮，以免水土流失，也可起到美化作用。

滨水地带通常有大量的水生原生植物，要注意保留原有种类和增加种植一些新的品种，改善滨水环境。

7.5.3 滨水绿地的活动

城市的公园绿地能为当地的居民提供休息、活动的场所，滨水绿地除了具有与其它绿地相类似的绿化空间之外，因有相邻水体的存在，可使游人的活动以及所形成的景观得以丰富和拓展，因而滨水绿地的规划设计中需要对有可能展开的相关的活动予以考虑，使人们不仅在进入绿地时感觉到赏心悦目，并有机会满足亲近水体、接触流水的需求。

① 水中的活动与景观因为有与绿地相邻水体的存在，不仅水体固有的景色能够融入绿地之中，还可考虑相应的水上活动，使之成为滨水绿地中的特殊景观。可参与性的有游泳、划船、冲浪等；观赏性的如龙舟竞渡、彩船巡游等；公共交通性的像渡船水上巴士等。当然

具体选择何种活动要根据水体的形态、水量的多少以及水中情况而定。于是绿地中的岸线附近就应设置与之相配合的设施，如更衣室、码头、栈桥、水边观景席等。

② 近水的活动与景观 用地情况较为紧张的滨水绿地，或小型水体之侧的滨水绿地，近水的岸线一侧通常做成亲水的游憩步道，供人散步、观景。但如果水体是规模较大的湖泊、大海，岸线一侧往往保留相当宽度的滩涂，利用不同的滩涂形貌可以开展诸如捡拾贝类、野炊露营、沙滩排球、日光浴等的活动，兴建与之相关的配套设施，从而形成另一种滨水景观。

③ 临水的活动与景观 在水体岸线到绿线范围内，一般被设计成游园的形式。虽然依据不同的布置，可区分为规则式、自然式或混合式等多种类型，但游人在其中的主要活动都可以纳入静态利用的范畴。其实因滨水绿地有良好绿化以及水体的存在，空气会变得格外清新，只要绿地面积允许，还能设置更多的参与性活动，除了现在已为人们逐渐重视的健身广场外，还可以考虑各种小型的露天运动，如迷你高尔夫、五人制足球、双人或多人自行车场地等。这对滨水绿地的形式更为多样、内容更为丰富、特色更为显著提供了可能。

7.5.4 案例分析

案例：海口市海甸溪北岸沿河景观带规划（来源：南京盖亚景观规划设计有限公司）

（1）项目背景

本项目为海口市海甸岛南侧、海甸溪北岸的滨水商业景观带，其东起横沟河，与海甸溪交汇，西至海甸三西路与环岛路交汇点。总规划面积 21hm²，被和平大道和人民大道区分为东、中、西三段。项目规划内容包括长 3.92km、宽 30m 滨水岸线绿地景观及中、西段商业建筑景观。

（2）理念策略篇

① 总体思路 打造一个具有浓郁亚热带特色滨水休闲区、地方文化背景下的旅游商业地产景观带。通过滨水景观的改造，提升环境品质，最终提高该地块的商业价值，打造非常具有人气的商业景观带，使之成为海口城市生活休闲的新亮点。

② 都市滨水景观规划理念

a. 遗产廊道理念 本项目地段中的仁心寺、海甸村的一至六庙、新安村的关康庙、关圣庙等一系列历史遗存都是弥足珍贵的文化遗产，在景观设计中应充分挖掘地方文化，用景观的语言来诉说当地故事，发展具有浓郁地方特色的旅游商业地产。

b. 城市景观界面理念 从长堤路隔河相望海甸岛，海甸溪水岸线形成了海甸岛城市景观的大立面，体现了海口城市风貌，是城市的新地标。平面上，通过挑台等形成富于变化而不单调的岸线；立面上，结合临水高差的处理，形成不同高程的多级驳岸，形成丰富多变的视觉层次；空间上，通过植物、景观小品以及景观节点，并结合地形高差形成不断变化的空间体验；在总的布局上，以点带线，线状空间上有韵律地镶嵌着不同的点状空间，从而形成视觉丰富的城市滨水景观界面。

c. 绿色亲水休闲通道理念 人们与生俱来的亲水本性决定了该地段应是最具城市活力休闲空间之一，也是城市中最具吸引力的地方之一；是城市居民步行、自行车的最佳通道。规划道路分为两级，一级道路紧邻商业建筑，为商业街区的休闲通道并兼顾消防，也是自行车通道；二级道路为临水的亲水步道，提供最受人们欢迎的亲水空间。连续的公共开放空间系列沿岸线布置，形成人们交流活动的场所。

d. 生态廊道理念 在现代景观生态学意义上，河流廊道具有维护大地景观系统连续性和完整性的重要意义，是水和各种营养物质的流动通道，是各种乡土物种的栖息地。适当保留滩涂地，并进行湿地植被恢复，营造湿地生境及湿地生态系统。

e. 景观分区与规划构思 规划的景观分区为东、中、西三个片区（图 7-55），每个片区做如下景观主题构思：时尚海口、海甸风情、南洋叙事（表 7-1）（图 7-56～图 7-58）。

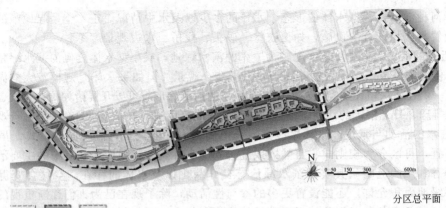

分区总平面

东段片区　中段片区　西段片区

图 7-55　景观分区

表 7-1　规划的景观分区

三大片区	东段片区	中段片区	西段片区
景观主题	时尚海口	海甸风情	南洋叙事
主题阐述	表现引领海口时尚与未来的景观；体现南洋文化包容的现代元素,喻义为海口新兴安居发展之路,与新安村的历史文化相契合	表现海口当地风土人情的景观；海甸村是海口最初留居定居安居点之一,景观通过海甸渔村意向体现海口当地原住民村落风貌,与海甸村的历史文化相契合	表现大南洋民俗背景文化的景观；景观表现大南洋的意向,与南洋是海口发展起源的大背景相契合
景观核心	关帝与康王二神的主题文化展示；以新安民事广场、财富广场及祈福广场为主要文化休闲活动中心	六庙众神主题文化展示,移建五庙为主要文化休闲活动中心	观音护佑主题文化展示,仁心寺为主要文化休闲活动中心
景点设计	社区乐园、过港渡口、财富广场、关康庙、新安民事广场、关圣庙、祈福广场、新新海口	五庙广场、琼戏剧场、水上戏台、海甸印记、众庙敞廊、水荡花田、保留六庙	法国领事馆旧址、仁心寺活动中心及莲花广场、海上丝绸之路、港口旧事、码头驿站、文化民俗街

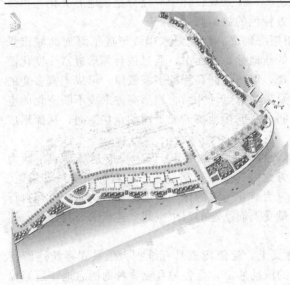

东区平面图

东区鸟瞰图

临水步道效果图

图 7-56　东区

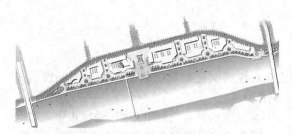

中区平面图

五庙广场效果图

中区鸟瞰图

临水步道效果图

图 7-57　中区

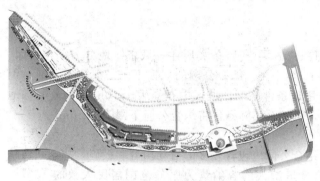

西区平面图

仁心寺广场效果图

西区鸟瞰图

仁心寺广场鸟瞰图

图 7-58　西区

7.6 综合公园

7.6.1 综合公园概述

城市综合公园是公园绿地的"核心"，它是群众性的文化教育、娱乐、休息的场所，并对城市面貌、环境保护、社会生活起着重要的作用。

按我国《城市绿地分类标准》（CJJ/T 85—2017）条文所述："公园绿地"是城市中向公众开放的、以游憩为主要功能，有一定的游憩设施和服务设施，同时兼有健全生态、美化景观、防灾减灾等综合作用的绿化用地。该标准按各种公园绿地的主要功能和内容，将其分为综合公园、社区公园、专类公园和游园4个中类6个小类。按其定义，综合公园是公园绿地中内容丰富、有相应设施、适合公众开展各类户外活动的规模较大的绿地。

7.6.1.1 综合公园功能作用

综合公园除具有绿地的一般作用外，还具有丰富的户外休憩活动内容，是适合于各种年龄和职业的居民从事一日或半日休闲活动的城市公园。

① 游乐休息　为增强人们的身心健康设置游览、娱乐、休息设施，要全面考虑不同年龄、性别、职业、爱好、习惯等不同的要求，尽可能使游人各得其所。

② 公共社会生活　作为城市公共空间的重要内容，综合公园也承担着公共领域所要求的一些功能，宣传政府的政策及有关法规，介绍时事新闻，举办节日游园活动和国际友好活动，为社会团体的组织活动提供场所。

③ 科普教育　宣传科学技术的新成就，普及工农业生产知识，普及军事国防知识，普及科学教育，提高群众科学文化水平。

7.6.1.2 综合公园类型

按我国《城市绿地分类标准》（CJJ/T 85—2017）条文所述，城市绿地分为综合公园、社区公园、专类公园和游园4个中类及12个小类。综合公园的规模下限一般为10hm^2，但某些山地城市、中小规模城市等由于受用地条件限制，城区中布局大于10hm^{2}的公园绿地难度较大，为了保证综合公园的均好性，可结合实际条件将综合公园下限降至5hm^2。

7.6.1.3 综合公园的面积、规模

根据综合公园的性质和任务要求，综合公园应包含较多的活动内容和设施，故用地面积较大，一般不少于10hm^2，在假日和节日里游人的容纳量为服务范围居民人数的15%～20%，每个游人在公园中的活动面积为10～50m^2。在50万人口以上的城市中，全市性综合公园至少应容纳全市居民中10%的人同时游园。

综合公园的面积还应结合城市规模、性质、用地条件、气候、绿化状况、公园在城市中的位置与作用等因素全面考虑。

7.6.2 综合公园规划设计

7.6.2.1 综合公园的布局

综合公园可以构成城市绿地系统中的"面"的要素，在布局的选择上应考虑如何与绿地系统中的"点"要素、"线"要素的布局相结合，共同构成完整的绿地系统，以利于城市生态环境和城市景观的改善，在城市中的位置应结合城市总体规划和城市绿地系统规划来确定。

① 综合公园的服务半径应方便生活居住用地内的居民使用，并与城市主要道路有密切的联系，有便利的公共交通工具供居民使用。

② 利用不宜于工程建设及农业生产的复杂破碎的地形和起伏变化较大的坡地建园。要充分利用地形，避免大动土方，要因地制宜地创造多种多样的景观，既节约城市用地和建园的投资，又有利于丰富园景。

③ 可选择在具有水面及河湖沿岸景色优美的地段建园，使城市风景园林绿地与河湖系统结合起来，充分发挥水面的作用，有利于改善城市的小气候，增加公园的绿色，并可利用水面开展各项水上活动，丰富公园的活动内容。另外，利用这些地段还有利于地面排水，沟通公园内外的水系。

④ 可选择在现有树木较多和有古树的地段建园。在森林、丛林、花圃等原有种植的基础上加以改造建设公园，投资少，见效快。城市公园从规划建设开始到形成较好的环境和一定的规模需要较长的一段时间，而如果利用原有的植被则可以早日形成较好的绿化面貌。

⑤ 可选择在有历史遗址和名胜古迹的地方建园。将现有的建筑、名胜古迹、革命遗址、纪念人物事迹和历史传说的地方，加以扩充和改建，补充活动内容和设施。在这类地段建园，不仅丰富公园的景观，还有利于保存民族遗产，起着爱国主义和民族传统教育的作用。

⑥ 公园规划应考虑近期与远期相结合。社会的进步与发展影响着人们的观念及思想，人们追求更完善的休闲与娱乐的场所，对景观质量的需求也越来越高。因此在公园规划时既要尊重现实，又要着眼于未来，尤其是对综合公园的活动内容，人们会提出更多的项目和设施的要求，作为设计者在规划时应考虑一定面积的发展用地的规划。

在城市风景园林绿地系统规划时还应重视综合性公园的出入口位置，考虑应设置的主要内容和设施的规模，以使综合公园进行规划设计时能有全局观点的依据。

总之，在进行综合公园规划时其面积和位置的确定应遵循服从城市总体规划的需要、布局合理、因地制宜、均衡分布、立足当前、着眼未来的原则。

7.6.2.2 综合公园的项目设置

综合性公园，应根据公园面积、位置、城市总体规划要求以及周围环境情况综合考虑，可以设置各种内容或部分内容。如果只以某一项内容为主，则成为专类公园。如：以儿童活动内容为主，则为儿童公园；以展览动物为主，则为动物园；以展览植物为主，则为植物园；以纪念某一件事或人物为主，则为纪念性公园；以观赏文物古迹为主，则为文物公园；以观赏某类园景为主，亦可成为岩石园、盆景园、花园、雕塑公园、水景园……综合性公园规划时应注重特色的创造，减少内容与项目的重复，使一个城市中的每个综合性公园都有鲜明的特色。

（1）综合公园项目、内容

① 观赏游览　观赏风景、山石、水体、名胜古迹、文物、花草树木、盆景、花架、建筑小品、雕塑、动物……

② 安静活动　品茶、垂钓、棋艺、划船、散步、健身、读书……

③ 儿童活动　学龄前儿童与学龄儿童的游戏娱乐、障碍游戏、迷宫、体育运动、集会、各类兴趣小组、科学文化普及教育活动、阅览室、青少年气象站、自然科学园地、小型动物园、植物园、园艺场……

④ 文娱活动　露天剧场、游艺室、俱乐部、戏水、浴场、观赏电影、电视、音乐、舞蹈、戏剧、技艺节目的表演及公众的团体文娱活动……

⑤ 政治文化和科普教育　展览、陈列、阅览、科技活动、演说、座谈、动物园、植物园、纪念性广场……

⑥ 服务设施　餐厅、茶室、休息处、小卖部、摄影部、租借处、公用电话亭、问讯处、物品寄存处、导游图、指路牌、园椅、园灯、厕所、垃圾箱……

⑦ 园务管理　办公室、民警值班室、苗圃、温室、花圃、变电站、水泵房、广播室、工具间、仓库、车库、工人休息室、堆放场、杂院……

（2）影响综合性公园项目内容设置的因素

① 当地人们的习惯爱好　公园内可考虑按本地人们所喜爱的活动、风俗、生活习惯等地方特点来设置项目内容，使公园具有明显的地方性和独特的风格。这是创造公园特色的基本因素。

② 公园在城市中的地位　在整个城市的规划布局中，城市风景园林绿地系统对该公园的要求是确定公园项目内容的决定因素。位置处于城市中心地区的公园，一般游人较多，人流量大，而且游人停留时间较短，因此，规划这类公园时要求内容丰富，景物富于变化，设施完善。而位于城郊地区的公园则较有条件考虑安静观赏的内容，规划时以自然景观或以自然资源为娱乐对象构成公园主要内容。

③ 公园附近的城市文化娱乐设置情况　公园附近如已有大型文娱设施，公园内就不应重复设置，以便减少投资，降低工程造价和维护费用。如公园附近已经有剧院、保龄球馆、健身馆等设施，则公园内就可不再设置类似项目。

④ 公园面积的大小　大面积的公园设置的项目多，规模大，游人在园内的停留时间一般较长，对服务和游乐设施有更多的要求。

7.6.2.3　综合公园规划设计原则

综合性公园的规划设计除遵从一般的规划设计原则外，还应遵循以下原则：

① 表现地方特色和风格，每个公园都要有其特色，避免景观的重复建设。

② 充分利用现状及自然地形，充分认识和了解原有的自然条件，尽可能利用原有地形、水体、植被等条件，减少对原自然环境的破坏，有机地组织公园各个部分。

③ 规划设计要切合实际，有较强的可操作性，便于分期建设及日常的经营管理。

④ 综合公园规划设计时，应注意与周围环境配合，与邻近的建筑群、道路网、绿地等取得密切的联系，使公园自然地融合在城市之中，成为城市风景园林绿地系统的有机组成部分。应避免以高围墙把公园完全封闭起来的做法。为管理的方便，可利用地形、水体、绿篱、建筑等综合地隔离。例如镇江的金山公园，利用金山河与城市道路分隔，不再另砌围墙，使人在城市道路上行走就有了到公园的感觉。

7.6.2.4　综合公园功能分区

公园中不同的活动需要不同性质的空间承载。由于活动性质的不同，这些功能空间应相对独立，同时能相互联系。这些不同功能空间之间的界定就是功能分区。

为了避免各种活动相互的交叉干扰，在综合性公园的规划设计中应有较明确的功能划分。根据各项活动和内容，综合性公园一般分为以下几个功能区：入口区、安静游览区、文化娱乐区、儿童活动区、园务管理区及服务区等。

（1）入口区

公园出入口位置的选择，是公园规划设计中的一项重要工作。公园出入口选择是否恰当，直接关系到游人是否能方便、安全地进入公园，还影响到城市的交通秩序及景观，同时对整个公园的结构、分区的形成以及活动设施的设置等都有一定的影响。

综合性公园一般可设置一个主入口、一个或多个次入口以及专用入口。主入口应与城市主要道路及公园交通有便捷的联系，同时还应考虑有足够的用地解决大量人流疏散及车辆的回转停靠等问题；另外，还应考虑主入口位置的选定是否利于园内组织游线和景观序列等。

次要出入口一般为局部区域居民使用，位置可设于人流来往的次要方向，还可设在公园有大量人流集散的设施附近，例如园内的表演厅、露天剧场等项目附近。专用出入口是为公园园务管理的需要设置的。可根据公园的实际需求决定是否设置。它的位置可根据园务管理区的设置而定，一般由园务管理区直接通向街道。专用出入口位置宜相对隐蔽，不供游人使用。

入口区除公园大门以外还应有以下的项目及内容：

① 大门内外都要设置游人的集散广场，园门外广场还应考虑设置汽车停车场及非机动车的停放。

② 根据需要布置园门建筑、售票处、收票处、小卖部、休息廊、公用电话、物品寄存、值班、办公、导游图、宣传廊等。入口区是游人对公园的第一印象，也是整个公园景观序列的序曲部分。因此，在空间感受、视线控制、植物配植、小品设计等方面都应突出特色，让游人有耳目一新的感觉。

（2）安静游览区

安静游览区主要供游人参观、观赏及休息用。这一区域在园内占的面积比例最大，自然风景条件和绿化条件最好，而且能为人们提供一个安静的环境。该区一般远离出入口和人流集中的地方，并与喧闹的文化娱乐区和儿童活动区之间有一定的隔离，规划时应注意选择一些地形复杂、自然景观元素丰富、原有植被条件较好的地段，有利于组织游览路线和景观序列。

（3）文化娱乐区

文化娱乐区是进行表演、游戏活动、游艺活动等的区域。这一功能区的特点是人流集中，人流量大，气氛热闹，人声喧哗。针对这些特点，在该区应设置足够的道路及场地来组织交通，解决人流疏散的问题；同时，为了避免各项活动之间相互干扰，应利用树木、建筑、地形等因素进行适当的隔离，使各项活动顺利进行；另外，由于大量人流集中于该区，则还应有足够的生活服务设施，如餐厅、小卖、冷饮、茶室、厕所等。因此，这一区域也是园内建筑最为集中的区域，在用地选择上应考虑有一定的平地和可利用的自然地形地段用于建筑的修建。由于该区是主要人流和建筑集中的地方，因此往往是整个公园的布局重点。

（4）儿童活动区

儿童活动区在综合性公园中是一个相对独立的区域，与其它功能分区之间需要一定的隔离。儿童活动区的位置宜选在公园出入口的附近，并与园内的主要游线有简捷明确的联系，便于儿童辨别方向。区内的各项活动应按不同年龄段进行划分，分别设置适合各年龄段的活动区域，如供学龄前儿童使用的沙坑、转椅、跷跷板，适合学龄儿童的少年之家、滑板、自行车、冒险游戏等。区内的植物配置、建筑、小品等其它设施的造型、色彩、质地的设计都应符合儿童的心理及行为特征。此外，在该区的设计中还应考虑家长的需要，设置座椅、小卖部等服务设施。

（5）园务管理区

园务管理区是为公园经营管理的需要而设置的内部专用区。区内可分为：管理办公部分、仓库工场部分、花圃苗木部分、职工生活服务部分等。这些内容可根据用地情况及使用情况，集中布置于一处，也可分散成几处。布置时应尽量注意隐蔽，不暴露在风景游览的主要视线上，以避免误导游人进入。该区的设置一方面要考虑便于执行公园的管理工作，另一方面要与城市交通有方便的联系，对园内园外均应有专用的出入口，为解决消防和运输问题，区内应能通车。

（6）服务设施

服务设施类的项目和布置形式与公园规模大小、游人数量及游人分布情况相关。在较大的公园里，可设1~2个服务中心区，另外再按服务半径的要求在园内设几处服务点，并将休息座椅、休息亭、廊等小品建筑、指路牌、垃圾箱、厕所等分散布置于园内适当的位置供游人使用。服务中心区考虑为全园游人服务，位置宜定在活动项目多、游人集中、停留时间长的地方，区内可设置餐饮、休息、电话、问询、寄存、购物等项目。服务点为园内局部地区游人服务，可根据服务半径的需要及各区具体活动项目的需要，选择合适的位置设置，一般内容有饮食、小卖部、休息、电话等。

景区的划分与功能区的划分既相互关联又不完全一致，功能分区突出不同性质的活动空间，景区的划分则根据各区的不同景观主题而形成。不同的景区应有不同的景观特色，而通过不同的植物搭配、不同风格的建筑小品以及不同的水体可以创造出不同的景观特色。各景区应在公园整体风格统一的条件下，突出自己的景区特点，同时还应注意景观序列的安排，通过合理的游览线路组织景观序列空间。

7.6.2.5　综合公园游人容量计算

公园游人容量是指游览旺季高峰期时同时在公园内的游人数。

公园游人容量是确定内部各种设施数量或规模的依据，也是公园管理上控制游人量的依据，通过游人数量的控制，避免公园因超容量接纳游人，造成人身伤亡和园林设施损坏等事故，并为城市部门验证绿地系统规划的合理程度提供依据。

公园的游人量随季节、假日与平日、一日之中的高峰与低谷而变化；一般节日最多，游览旺季、星期日次之，旺季平日相对较少，淡季平日最少，一日之中又有峰谷之分。确定公园游人容量以游览旺季的星期日高峰时为标准，这是公园发挥作用的主要时间。

公园游人容量应按下式计算：

$$C = \frac{A}{A_m}$$

式中，C 为公园游人容量（人）；A 为公园总面积（m^2）；A_m 为公园游人人均占有面积（平方米/人）。

7.6.2.6　综合公园的交通游线及景观序列的组织

（1）公园的道路

公园的道路不仅要解决一般的交通问题，更主要的应考虑如何组织游人到达各个景区、景点，并在游览的过程中体验不同的空间感觉和景观效果。因此游线的组织应该与景观序列的构成相配合，使游人在规划设计者所营造的景观序列中游览，让游人的感受和情绪随公园景观序列的安排起伏跌宕，最终达到精神放松和愉悦的目的。

早在19世纪，美国著名的景观园林大师弗雷德里克·劳·奥姆斯特德（Frederick Law Olmsted）就发表了关于公园游线组织的论述。他认为，穿越较大区域的园路及其它道路要设计成曲线形的回游路，主要园路要基本上能穿过整个公园。这些观点对我们现代公园的游线组织仍具指导意义。

为了使游人能游览到公园的每个景区和景点，并尽可能少走回头路，公园的游线一般可采取主环线＋枝状尽端线、主环线＋次环线、主环线＋次环线＋枝状尽端线等几种形式。这样，游线与景点间形成串联、并联或串联＋并联混合式等几种关系。

大型公园可布置几条较主要的环线供游人选择，中、小型的公园一般可有一条主环线。

公园内的道路游线通常可分为三个等级，即主路、支路和小路。主路是公园内主要环路，在大型公园中宽度一般为 5～7m，中、小型公园 2～5m，考虑经常有机动车通行的主路宽度一般在 4m 以上；支路是各景区内部道路，在大型公园中宽度一般为 3.5～5m，中、小型公园 1.2～3.5m；小路是通向各景点的道路，大型公园中宽度一般为 1.2～3m，中、小型公园 0.9～2.0m。

为了使游人在游览过程中体会不同的空间感觉，观赏不同的景色，公园游览线路的形式一般宜选用曲线而少用直线。曲线可使游人的方向感经常发生变化，视线也不断变化，沿途游线可高、可低、可陆、可水，既可有开阔的草坪、热闹的场地，又可有幽静的溪流、陡峭的危岩。道路的具体形式也可因周围景色的不同而各不相同，可以是穿过疏林草地的林间小道，也可是水边岸堤，还可是跨越水面的小桥、汀步，附于峭壁上的栈道等。总之，游览道路的处理宜丰富，可形成具有不同空间及视觉体验的断面形式，以增加游览者的不同体验。

（2）景观序列

景观序列的规划设计是公园规划设计的一项重要内容，一个没有形成景观序列的公园，即使各个景区设计都非常精致，游人也可能会产生一种混乱无序的感觉，难以形成一个总体的印象。而经过景观序列设计的公园，游人往往会对其产生更为清晰的回忆，对各个景区景点也有更深的印象。

景观序列的设计与功能分区、景区的布局、游览路线的组织等密切相关。我们应该用一种内在的逻辑关系来组织空间、景观及游览路线，使空间有开有闭有收有放；景色有联系有突变，有一般，有焦点。这样可在主要的游览线路上形成序景——起景——发展——转折——高潮——转折——收缩——结景——尾景的景观序列，或形成序景——起景——转折——高潮——尾景的景观序列。游人按照这样的景观序列进行游览，情绪由平静至欢悦到高潮再慢慢回落，真正感到乘兴而来、满意而归。

7.6.2.7 综合公园的植物配植与景观构成

植物是公园最主要的组成部分，也是公园景观构成的最基本元素。因此，植物配植效果的好坏会直接影响到公园景观的效果。在公园的植物配植中除了要遵循公园绿地植物配植的原则以外，在构成公园景观方面，还应注意以下两点。

（1）选择基调树，形成公园植物景观基本调子

为了使公园的植物构景风格统一，在植物配置中，一般应选择几种适合公园气氛和主题的植物作为基调树。基调树在公园中的比例大，可以协调各种植物景观，使公园景观取得一个和谐一致的形象。

（2）配合各功能区及景区选择不同植物，突出各区特色

在定出基调树、统一全园植物景观的前提下，还应结合各功能区及景区的不同特征，选择适合表达这些特征的植物进行配置，使各区特色更为突出。例如公园入口区人流量大，气氛热烈，植物配置上则应选择色彩明快、树形活泼的植物，如花卉、开花小乔木、花灌木等。安静游览区则适合配置一些姿态优美的高大乔木及草坪。儿童活动区配置的花草树木应结合儿童的心理及生理特点，做到品种丰富、颜色鲜艳，同时不种植有毒、有刺以及有恶臭的浆果之类的植物。文化娱乐区人流集中，建筑和硬质场地较多，应选一些观赏性较高的植物，并着重考虑植物配置与建筑和铺地等人工元素之间的协调、互补和软化的关系。园务管理区一般应考虑隐蔽和遮挡视线的要求，可以选择一些枝叶茂密的常绿高灌木和乔木，使整个区域遮映于树丛之中。

7.6.3 案例分析

案例 1：唐山市北寺公园（来源：南京林业大学风景园林学院）

（1）项目背景

用地位于唐山市古冶区中心偏东位置，基地西临古赵路；东北以铁路线为界（含房地产用地在内），与玻璃制品厂相邻；南部与伊家清真食品有限公司及加油站相邻。用地内原有北寺，建于唐贞观年间。现寺院及砖塔已无迹可寻，被毁于何时已无可考证。新中国成立后，该处原为开滦矿塌陷坑水域，现改为公园。

（2）设计思路（图 7-59）

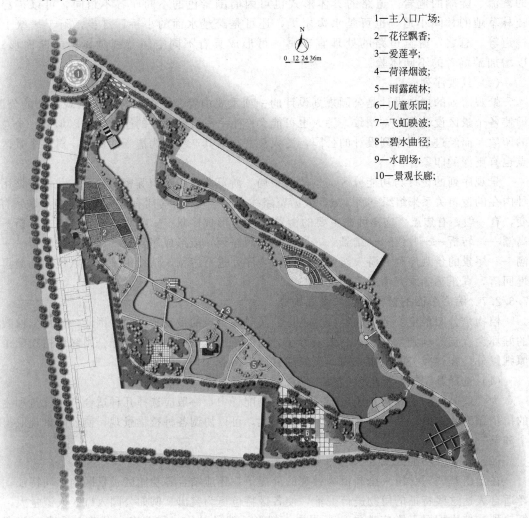

1—主入口广场；
2—花径飘香；
3—爱莲亭；
4—荷泽烟波；
5—雨露疏林；
6—儿童乐园；
7—飞虹映波；
8—碧水曲径；
9—水剧场；
10—景观长廊；

图 7-59 平面图

① "自然、开放、现代"的风景园林风格。

② 将公园景观与周边地产开发相结合，创造一个充满趣味的空间和生动的环境。

③ 把公众的使用需求组织进公园开放空间里，为整个周边开发区带来活力。

④ 根据"因地制宜"的造园原则，利用现有地形"挖湖堆山"，构建起伏的空间层次，开发各景点，重点处理好水、绿之间的关系。

⑤ 建筑与设施布局合理，在挖掘特有地域文化的同时又能融入时代气息。

（3）规划结构与功能分区（图 7-60）

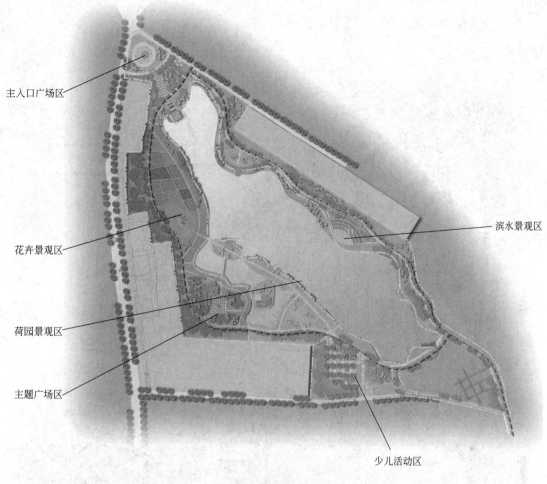

主入口广场区

花卉景观区

荷园景观区

主题广场区

滨水景观区

少儿活动区

图 7-60　结构与功能分区图

① 规划结构　规划采用"一环、八区、十景"的空间结构，合理组织园区布局。通过园内主游线的沟通与串联，使得各个功能片区衔接自然，成为一个有机整体，又各有特色、相互独立。

一环：主游览路贯穿全园，组织各个功能区和规划布局，成为全园的主体景观脉络。

多功能片区：结合整个公园的功能要求，针对不同地形特色，合理布局各功能片区，形成丰富多彩、统一协调的整体景观效果。

② 主要功能分区

a. 主入口广场区　主入口设在园西侧，与城市干道古赵路相接。

b. 花卉观赏区　在原有的苗圃基础上进行改造，布设花圃、花径和温室花房，营造现代花艺的景观氛围。

c. 荷园景观区　以"荷花"为主题的水景园，该区成为一处独立幽闭的空间景观，与整个公园的开阔大湖面形成强烈的反差，丰富了游览时的视觉效果。

d. 少儿活动区　与公园南侧次入口相接，以儿童娱乐活动为主，儿童游戏场区设置一些活泼、自然且与公园风格相协调的游戏设施。

e. 主题广场区　为位于公园南侧铺装广场，在广场中央设置反映当地历史的主题雕塑。

f. 滨水景观区　包括公园水面东北沿岸的滨水景观带，此区设有水剧场、沿水景观长廊等。

（4）交通组织（图7-61）

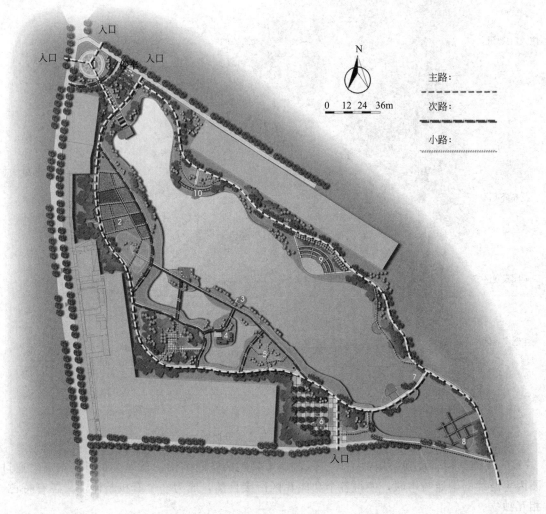

图 7-61　交通组织图
（图中1～10序号同图7-59图注）

① 道路系统　在满足功能要求的基础上，合理组织游览路线，做到步步有景、步移景异。道路系统分为三级。

a. 主路　为园区内部主干环路，主要起着与外部城市道路联系以及串联公园内部主要景区的功能，道路宽度4.5m。

b. 次路　辅助性联系道路，主要起到辅助交通、串联景点的作用，道路宽2.5m。

c. 小路　在景区之间以及景区内部设置宽1.2m的步行道联系道路，为游人提供多种游览线路的选择，营造别致的游览景观。

② 入口及停车场设置　入口有两处，南北各一个。北入口为主入口，从城市干道古赵路进入公园，北入口圆形广场东侧设停车场与园内环路相连。

（5）景观视线分析（图 7-62）

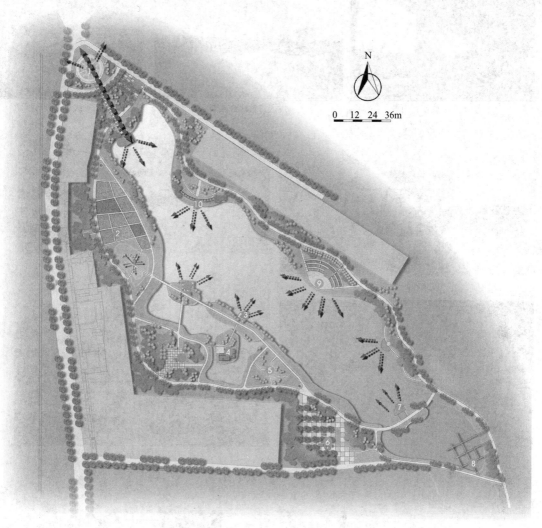

图 7-62　景观视线分析图
（图中 1～10 序号同图 7-59 图注）

① 主入口景观视廊　从北入口圆形广场至公园水面观景平台形成一景观轴线，从而把游人的视线引向美丽的湖光山色。

② 环湖景观视线带　景随湖变，沿湖设多个观景节点，如游船码头、水剧场、爱莲亭等。游人驻足而观，边游边赏。这些景观丰富了环湖景观，同时相互之间也形成很好的对景观赏效果。

③ 主游路景观视线带　游览全园的同时，景观空间随地形起伏开合有序，丰富多变，达到步移景异的景观效果（图 7-63）。

案例 2：惠山中央公园景观概念方案设计（南京盖亚景观规划设计有限公司）

惠山新城位于无锡市区最北部，北接江阴腹地，南连中心城区，是无锡"北展"战略的重要承载区域，更是无锡近期城市发展建设的重要区域。本项目位于惠山新城的中心地段，城市绿地系统的核心位置，是具有代表性的城市综合公园。规划面积约 117000m² 。设计旨在将基地打造成为惠山新城的城市客厅、百姓生活的舞台剧场、龙形绿带的核心地段，展示新城的核心生命力、市民幸福的生活，融入自然的生机活力（图 7-64、图 7-65）。

临水廊内景

主入口轴线终点湖面

主入口轴线起点圆形广场

临水廊

水中栈道

荷泽烟波

剧场看台

图 7-63 效果图

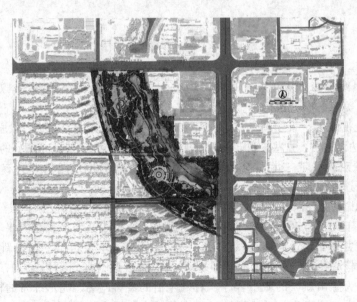

图 7-64 惠山中央公园总平面图

图 7-65　惠山中央公园景观鸟瞰图

（1）场地背景

中央公园在新城的绿地系统中居于核心位置，位于惠山新城核心景观带，西南为居住区，规划范围东至惠山大道、无锡生命科技产业园，北至堰新路。项目服务于周边企事业单位及居民小区，乃至服务于整个惠山新城的居民，是附近居民健身休闲的主要场所。

场地现状为建成公园，但因建成时间较长，现状设施陈旧，铺装、园路破损较严重，内部乔木长势过于旺盛，需要进行公园景观改造，以提高惠山新城核心区环境。

（2）设计理念

① 生命映像　展示新城核心生命力的生命之园。产业是惠山新城的生命，健康公园是中央公园的主题之一。设计保留并突出公园原有轴线，并以此作为概念的基底，展现新城核心生命力与人的生命健康活力。抽象细胞及碳元素概念，形成六个细胞盒，展示城市生命活力，提取 DNA 意向，形成主轴——生命大道，展现生命健康活力。

② 生活乐章　展现市民幸福乐章的生活之园。在原有园路的基础上，完善园路系统，以优化交通，并结合场地人群活动与需求，充分利用现有功能合理增加新功能，对公园进行较小的干预与改造，实现大的形象变化与提升，融入高新技术打造智慧公园。

③ 生息清境　融入自然生机活力的生息之园。设计充分利用基地自然条件，对原有地形达到最小干预，利用地形设计其丰富的空间体验，将水系串联并净化水质，丰富滨水活动空间，同时对原有树木最小干预，将长势过密的植物向场地内移栽，利用密林设计林下空间。

（3）景观结构

项目景观结构为"一轴两带五区"，其中"一轴"为生命大道，"两带"为滨水景观带及运动健康带，"五区"为山林观光区、滨水活动区、中心广场区、休闲活动区及法治园区（图 7-66）。

（4）功能分区

项目共有六大功能区，包括城市山林、沙岛绿洲、生生之境、阳光草坪、欢乐之谷、法治之园（图 7-67）。

（5）特色景观

① 城市山林　城市山林位于中央公园的南端，东接公园主入口，北邻城市河道。此区南侧为较宽的道路铺装，植被稀少，改造成为动态的健身活动广场。北侧为密林区，对密林进行适当梳理，充分利用林下空间打造为休闲活动场地。构建桥体打通末端道路，增加与北侧园区的联系（图 7-68、图 7-69）。

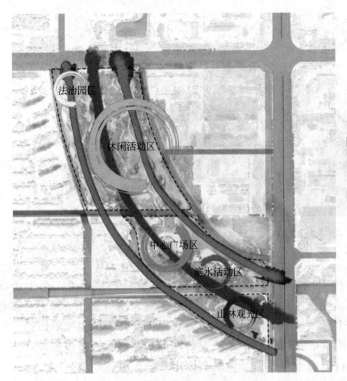

一轴两带五区

一轴：
生命大道
两带：
滨水景观带
运动健康带
五区：
山林观光区
滨水活动区
中心广场区
休闲活动区
法治园区

法治园区

休闲活动区

中心广场区

滨水活动区

山林观光区

图 7-66　惠山中央公园景观结构图

欢乐之谷

法治之园

阳光草坪

生生之境

沙岛绿洲

城市山林

图 7-67　惠山中央公园功能分区图

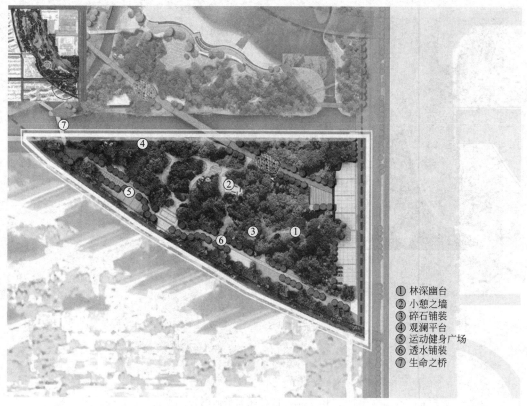

①林深幽台
②小憩之墙
③碎石铺装
④观澜平台
⑤运动健身广场
⑥透水铺装
⑦生命之桥

图 7-68 城市山林平面图

图 7-69 生命之桥效果图

　　② 沙岛绿洲　场地四面环水，充分利用滨水资源与现状沙滩，在北部的滨水区打造为滨水阶梯广场与戏水沙地。南部林地打造为休闲活动场地，增加服务设施卫生间（图 7-70、图 7-71）。

①沙滩剧场
②林中漫步
③公园厕所

图 7-70　沙岛绿洲平面图

图 7-71　沙滩剧场效果图

　　③ 生生之境　将中心活动区打造为人群凝聚点，体现城市与居民生命活力的生生之境，扩大生生广场面积，取消高差，包容更多活动。保留与提升滨水场地的吸引力，优化健身活动广场（图 7-72、图 7-73）。

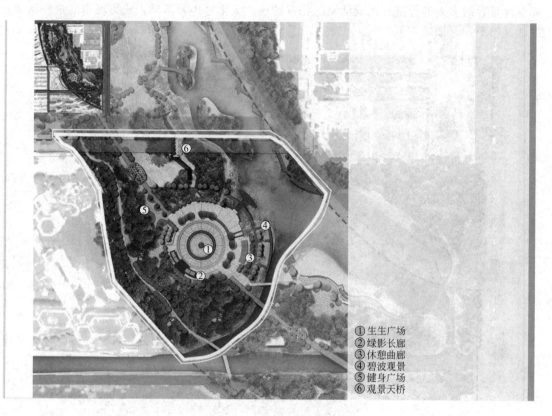

①生生广场
②绿影长廊
③休憩曲廊
④碧波观景
⑤健身广场
⑥观景天桥

图 7-72　生生之境平面图

图 7-73　生生广场效果图

④ 阳光草坪　根据场地现有植被空间疏密，选择草地聚集区整合打造为阳光草坪。阳

光草坪可容纳多人进行室外拓展活动、儿童嬉戏、文化宣传等活动，成为城市的户外活动开展地（图 7-74、图 7-75）。

①阳光草地
②滨水健身步道
③公园厕所

图 7-74　阳光草坪平面图

图 7-75　阳光草坪效果图

7.7 专类公园

7.7.1 植物园
7.7.1.1 概述

植物园有着悠久的发展历史。在欧洲5～8世纪被称为基督教美术时代，僧侣们生活所需的物资几乎全部都在修道院内生产。后来，逐步地由目的截然不同的实用庭园和装饰庭园组成了修道院庭园，其中有菜园、药草园。药草园除有药用植物以外，还有观赏植物，可供识别、观赏，并被公认为是西方植物园的起源。

中国在汉代，约在公元前138年，汉武帝初修上林苑时（汉武帝刘彻把秦代的上林苑加以扩建），从远方进贡的名果木、奇花卉达2000余种之多。在一座宫苑内展示如此众多的植物种类，说明中国在汉代已具有植物园的雏形。晋代葛洪《西京杂记》具体地记载了其中的98种树木花草的名称（大多名为古植物名，可能与现今植物名称有区别），如梨十（即10个梨的品种或种，下同）、枣七、栗四、桃十、李十五、奈三（奈是花红一类）、查三（即山楂）、椑三、棠四（指海棠属种类）、梅七、杏二、桐三（指柯桐、梧桐、荆桐，实是3个不同的种）、林檎（可能指南方的番荔枝，或指北方的苹果）、枇杷、橙、安石榴（即石榴）、白银树、黄银槐、千年长生树、万年长生树、扶老木、守宫槐（可能是龙爪槐）、金明槐、摇风树、鸣风树、琉璃树、池离树、离娄树、楠、枞、白榆、蜀漆树、榕、栝、枫等。

宋代司马光在《独乐园记》中描述了他的独乐园中的采药圃，其中有120畦种植"草药"，并挂有药名牌。此外，还有藤本的"蔓药"攀缘于竹上，形成步廊，四周种植"木药"。上述的记载，恰似一座小型药用植物园。

14世纪，意大利开始进行植物的收集、引种工作，出现以植物科学研究为主要内容的机构，并逐步发展而形成植物园。

1733年，植物分类学创始人林奈发表了植物的分类系统，从此，分类区开始在植物园的规划和建设中成为重点。

17～18世纪，欧洲的植物园内容不断地丰富起来。位于英国爱丁堡的邱园（Royal Botanic Garden），在18世纪已远近闻名，现在成为欧洲首屈一指的植物园，也是世界著名的植物园（图7-76）。

目前，全世界有1000多所植物园。根据中国植物学会植物园协会编著的《中国植物园参观指南》（Botanical Gardens of China A Traveller's Guidebook）介绍，中国以近代科学技术为基础建立起来的现代植物园（包括树木园），只有近80年的历史。自1950年代起，我国植物园事业得到迅速发展。

7.7.1.2 植物园的类型

植物园按其性质而可分为：

① 综合性植物园 综合性植物园指其兼备多种职能，即科研、游览、科普及生产的规模较大的植物园。目前，我国这类植物园有归科学院系统，以科研为主结合其它功能的，如中国科学院植物园、南京中山植物园、庐山植物园、武汉植物园、华南植物园、贵州植物园、昆明植物园、西双版纳植物园等。有归风景园林系统，以观光游览为主，结合科研、科普和生产的，如北京植物园、上海辰山植物园、青岛植物园、杭州植物园、厦门植物园、深圳仙湖植物园等。

② 专业性植物园 专业性植物园指根据一定的学科、专业内容布置的植物标本园、树木园、药圃等。例如，浙江农业大学植物园、广州中山大学标本园、南京药用植物园（属中

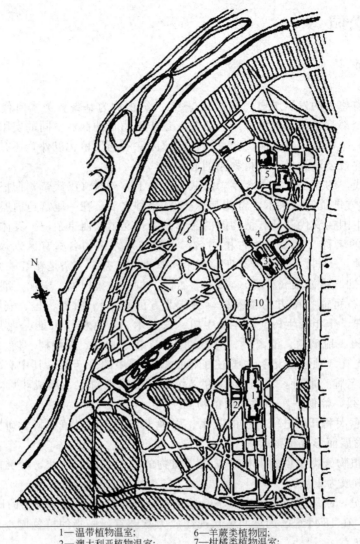

1—温带植物温室;　　　　6—羊蕨类植物园;
2—澳大利亚植物温室;　　7—柑橘类植物温室;
3—热带棕榈类植物温室;　8—玉兰园;
4—水百合植物温室;　　　9—杜鹃园;
5—仙人掌类和兰花类植物园;　10—草莓园

图 7-76　英国皇家植物园邱园

国药科大学中药学院)、武汉大学树木园等。这类植物园大多数属于某大专院校、科研单位,
所以又可称之为附属植物园。

7.7.1.3　植物园的任务

依据《植物园设计规范(CJJ/T 300—2019)》植物园(Botanical garden)是对活的植
物进行收集和记录管理,使之用于保护、展示、科研、科普、推广利用,并供观赏、游憩的
公园绿地。

植物园主要任务可分为 4 个方面。

① 科学研究　植物园最主要的任务之一,是进行植物科学研究工作。人类至今已经栽
培利用的植物才 500 多种。人类如何应用科学手段、充分地挖掘和利用大自然的植物资源为
人类服务,是一项长期、艰巨的任务。如何转化野生植物为栽培植物;如何转化外来植物为
当地植物;如何改变植物性状、培育新的优良植物种类为人类发展生产和城市园林、绿化服

务等，是植物园的科学研究领域。

② 观光游览　植物园的第二位主要任务，是结合植物科学的丰富内容，以公园的形式，创造最优美的环境，让植物世界形形色色的奇花、异草、茂林、秀木组成千姿百态、绚丽多彩的自然景观，供人们游览观光。

③ 科学普及　植物园的第三个任务，是要进行植物科学的教育工作。植物园通过露地展览区、温室、陈列室、博物馆等室内外植物素材的展览，并结合园林艺术的布局，让广大群众通过植物进化系统以及植物分类系统的参观学习，在休息、游览中，寓教于游，得到完美的植物科学的教育。植物园是向群众宣传认识自然、改造自然、保护自然的科学园地。

④ 科学生产　科学研究的最终目的，是为了发展生产，为生产、社会服务。植物园把最新的植物领域内的科研成果，应用到社会生产实践中，应用科学的、先进的生产技术或新的产品，提高整个社会的生产水平。

总之，植物园的科学研究、游览观光、科学普及和科学生产等诸方面的任务，要根据建园的目标和肩负的任务、性质而确定是全面发展还是有所侧重。

7.7.1.4　植物园的选址与分区

纵观国内、外植物园的历史和现状，不难看出，植物园的规划工作是一项内容复杂、涉及面较广泛的综合性工程，不但要反映现代植物科学的最新成就和发展趋势，把科学研究、科学教育、科学生产三者之间的科学内容体现出来，又要结合植物科学的要求，应用园林艺术手段，处理好植物园的地形、建筑布局、景观等之间的问题，使植物园的总体规划达到植物科学的内容与园林艺术的布局紧密地结合在一起，创造出景色优美，供开展科研、游览、科普、生产活动的园地。

（1）选址

植物园的选址要求主要有以下几项。

① 要有充足的水源　植物园是研究有生命的植物有机体的科学园地，水是连接着地球上一切生命的链条，生物所需的各种物质借助于水在生态系统中流动。水是生命的源泉，植物缺乏充足的水分就会枯萎甚至死亡。同时，水体景观也是植物园造景不可缺少的组成部分。所以，水是植物园内生产、生活、科研、游览等各项工作和各项活动的物质基础。充足的水源，是选择园址的关键之一。

植物园的选址，一方面要有充足的水源，另一方面又要有较好的排水条件、良好的水质，不受任何污染，以保证各类植物的良好生长。

② 地形地貌　较复杂的地形、多样的地貌，有利于创造不同的生态环境和生活因子，更能为不同种类植物的生长，提供较理想的生存条件。丰富多样的地形、地貌所形成的不同小气候，也为引种驯化工作创造有利的环境。

a. 海拔高度　不同的海拔高度，为引种不同地区的植物提供有利因素。如果在长江以南低海拔地区，如杭州、南京、武汉等地，由于夏季炎热，引种东北的落叶松等树种不易成功，但是在庐山植物园，海拔高度 1100m 以上，夏季气候十分冷凉，落叶松就能引种成功，而且生长良好。

b. 坡向　植物园最好具有不同坡向的山地。尤其是中国地处北半球，所以最主要的是南坡与北坡，如樟子松属阳性树，比油松更能耐寒冷及干燥土壤，又能生长于沙地及石砾（沙）地带，在大兴安岭阳坡有纯林。而油松一般以生长在半阴坡及阴坡者为佳，天然的油松林亦均分布于阴坡。所以，我国南方亚热带植物，如竹子、茶叶等，往北方温带引种，以温暖的阳坡容易成活；而东北的植物往南引种，以在阴坡容易成活。

c. 地势　地势的陡峭起伏，坡度的缓急变化，将导致水土的积聚与流失，也会形成小气候的变化，这些因素又将引起土壤其它因子的差异，而影响到植物，尤其直接或间接地影响到植物的生长和分布。

不同大小的坡度，形成不同的地形，一般可分为 5 级：坡度在 5°以下，称之为平坦地，土层厚度最好能达到 1m 左右，要求水源充足，排水良好；坡度在 6°～15°，称之为缓坡地，上述两区适合于布置建筑物、构筑物、苗圃、试验地和展览区。坡度在 16°～25°，称之为丘陵地；坡度在 26°～45°，为陡坡山地，这两类地区易形成峡谷、沟壑、溪涧、瀑布、裸岩、洞穴等地貌，可以构成各式各样地形，结合不同坡度、坡向，构成各异的山坞、山岭等空间，以开辟树木园、果园、引种驯化试验地等。坡度＞50°，可列入保护区、禁伐区等。

③ 土壤条件　自然界的土壤酸度是受气候、母岩以及化学成分、地形、地下水和原有植被等诸因子综合影响的结果。所以，地形变化越复杂，地势差异越大，植物园内的土壤种类相应也多。

根据中国科学院南京土壤研究所 1978 年制定的我国土壤酸碱度分级，一般分为 5 级：强酸性为 pH＜5.0，酸性为 pH5.0～6.5，中性为 pH6.5～7.5，碱性为 pH7.5～8.5，强碱性为 pH＞8.5。

根据植物适应土壤酸碱度的不同，分为酸性土植物、中性土植物、碱性土植物 3 类。

a. 酸性土植物　在酸性土壤上生长的植物种类，如杜鹃、山茶、毛竹、马尾松、栀子花、棕榈科类、红松等。

b. 中性土植物　大多数的花草树木。

c. 碱性土植物　在碱性土壤上生长的种类，如柽柳、沙棘、杠柳等。

④ 小气候的条件　引种国内、外不同气候条件地区的植物材料，其原产地的气候情况千差万别。如果植物园的地形复杂，地貌多样，水源充足，原有植被条件较好，由于温度、湿度、风向、坡向、植被等综合作用的结果，易产生和出现不同的小气候，以满足原产于各种各样气候条件下的不同植物材料的生境条件，利于引种驯化工作。通过驯化，可以逐步地改造外来植物的遗传性，提高适应性。

上述小气候条件和土壤条件与园址的地形、水源、原始植被等综合因素有着极其密切的关系。

⑤ 原有植物尽可能丰富　植物园的最主要任务是培养多种多样的植物，供开展科研和观赏。如果园址原有植物种类丰富，直接指示了该用地的综合自然条件。反之，原有植物生长条件很差，说明该用地的自然条件综合因子不利于植物的生长。尤其要考虑是否有利于木本植物的生长。

以上 5 个作为植物园选址的条件不可孤立考虑，因为很难找到各因素都理想的园址，所以应综合诸因素的利弊，抓住主要矛盾、主要的决定性因素，注意扬长避短，变不利为有利。

⑥ 城市的区位和环境条件　较理想的植物区位选定应与城市的长远发展规划相结合，综合考虑。植物园要求尽可能保持良好的自然环境，以保持周围有新鲜的空气、清洁的水源、无噪声污染，所以应与繁华、嘈杂的市区保持一定的距离，但又要求与城市有方便的交通联系。所以植物园从区位和周围环境的要求应考虑以下几方面的具体条件。

a. 植物园用地应位于城市活水的上流和城市主要风向的上风方向，避免有污染的水体和污染的大气，以免影响植物正常生长。例如，北京的两个植物园，中国科学院植物园、北京植物园的选址都符合这一条件。广东深圳仙湖植物园也是选在城市供水的上游。

b. 要远离工业区。由于工业生产会产生废气、废弃物，这些物质将影响甚至危害植物健康生长。所以，植物园应尽可能远离工业区，尤其有污染性的厂矿企业。

c. 交通要方便。植物园必须与城市有方便的交通联系，一般位于城市近郊较理想。以普通交通工具 1h 左右到达较好。

d. 市政工程设施应满足植物园的要求。首先要有充足的能源，完善的供电系统、给排水系统，保证植物园能开展各项科研、生产活动，满足游览、生活的需要。

（2）分区

一般综合性植物园由 3 个主要部分组成：展览区、科研区、生活管理区。

① 展览区　植物园展览区把植物界的客观自然规律和人类长期以来认识自然、利用自然、改造自然和保护自然的知识展示出来，供人们参观、游赏、学习。纵观近代世界各国植物园，归纳起来，主要有以下几种展览区。

a. 植物进化系统展览区　这种展览区是按照植物的进化系统和植物科、属分类结合起来布置的，反映植物界发展由低级向高级进化的过程。如上海植物园的展览区，植物进化区是观赏植物、经济植物和植物系统分类区融于一体的新型、多功能植物展览区。该区室内外相结合，宣传植物进化知识。植物进化馆以模型景箱、标本图片展示生命起源，植物的发生从无到有、从低等植物到高等植物的进化发展过程。室外展览区亦按同样顺序设置低等植物区、裸子植物区、双子叶和单子叶植物区。这里的裸子植物区采用我国植物学家郑万钧系统；被子植物区采用国际上最新的被子植物分区系统——美国纽约植物园阿瑟·克朗奎斯特（A. Cronquist）系统，按木兰、金缕梅、石竹等 11 个亚纲，以目为基本单位，按植物生态和园林组景的要求进行植物配置。通过室内和室外的展出，给观众以轮廓性的植物进化概念。

b. 植物地理分布和植物区系展示区　这种植物展览区的规划依据，以植物原产地的地理分布或以植物的区系分布原则进行布置。如第二次世界大战前德国柏林的大莱植物园即以地理植物园而著名。该园将全园划分了 59 个区域，代表在世界各国具代表性的植物。或以亚洲、欧洲、大洋洲、非洲、美洲的代表性植物分区布置，同一洲中又可以按国别而分别栽培。

c. 以植物生态习性与植被类型而布置的展览区　这类展览区是按植物的生态习性、植物与外界环境的关系以及植物相互作用而布置的展览区，这类展览区，可以分为以下 3 个方面。

ⅰ. 按照植物的生活型布置的展览区　根据植物不同的生活型分别展览，如分为乔木区、灌木区、藤本植物区、多年生草本植物区、球根植物区、一年生草本植物区等展览区。由于这种展览区在归类和管理上较方便，所以建立较早的植物园采用这种展览方式，如美国的阿诺德树木园，分为乔木区、灌木区、松杉区、藤本区等；俄罗斯的圣彼得堡植物园，分为乔木区、灌木区、多年生草本区和一年生草本区等。但这种布置形式，与系统展览区有许多类似的缺点，因为生活型相近的植物，对环境的要求不一定相同，而有利于构成一个群落的植物又不一定具有相同的生活型。例如，许多灌木及草本要在乔木的荫蔽条件下生长，而藤本植物要攀附在乔木上生长。所以绝对化地按植物不同的生活型分开展览，从用地和管理上也有很多矛盾。

ⅱ. 按照植被类型布置的展览区　所谓植被类型，即根据植物与植物、植物与环境之间的相互关系，形成植物群落，而在不同的地理环境和不同的气候条件下，将形成不同的植物群落，这种不同的典型植物群落，就可称之为植被类型。

植被类型作为植物园展览区的布置方式是十分重要的内容之一，风景园林规划设计过程中，风景园林规划设计师应与植物学家共同合作，尤其植物学家应尽可能提供植物群落的有关科学资料，作为植物园植物群落规划的依据。

ⅲ. 按照植物对环境因子要求而布置的展览区　植物的环境因子，主要有水分条件、光照条件、土壤条件和温度条件4个重要方面。

d. 经济植物展览　从植物园的发展历史看，其最初的形式是以药用植物的收集和展览开始，时至迈向21世纪的科技高速发展的时代，经济植物在各国社会发展的历程中，将起到越来越重要的作用。

由于经济植物的科学研究成果将直接对国民经济的发展起重要的作用，所以国内许多主要植物园都开辟有经济植物区。如华南植物园、杭州植物园、合肥植物园、海南热带经济植物园等都布置有经济植物区。例如，海南热带经济植物园，1979年以前，收集了国内外各种热带经济植物500余种（1966~1979年遭到破坏），后来又从47个国家和地区及国内引种热带、亚热带经济植物1220种，隶属168科681属。该园现有土地面积32hm^2，已建成6个展览区：热带果树区，热带树木区，热带药用、香料植物区，热带木本油料区，热带棕榈区，热带花卉区等。

e. 观赏植物及园林艺术展览区　我国地大物博，地形复杂，地貌多样，兼备热带、亚热带、暖温带、温带；湿润、半湿润、干旱及半干旱性气候，从而蕴藏着极其丰富的植物资源。全国将近30104种高等植物中观赏植物占相当大的比例，尤其中国西部及西南部的特定地理条件，形成了世界园艺观赏植物的分布中心，仅云南省就有18000多种植物，其中如杜鹃属、中国兰花、报春属、山茶属、龙胆属等。在全国范围内广泛分布，形成世界分布中心的属还有蔷薇属及菊属等。

丰富的观赏植物种类，为我国植物园工作者建立各类观赏专类园提供了良好的物质条件。

这类展览区的布置可分成以下几种。

ⅰ. 专类花园　在植物园内，专门收集若干著名的或具特色的观赏植物，创造优美的园林环境，构成供游人游览的专类花园。可以组成专类花园的观赏植物有牡丹、芍药、梅花、菊花、山茶、杜鹃、蔷薇、鸢尾、木兰、丁香、槭树、樱花、荷花、睡莲、棕榈、竹子、大丽花、水仙、百合、玉簪、萱草、唐菖蒲、兰花、海棠、碧桃、桂花、紫薇、仙人掌等。

ⅱ. 主题花园　这种专类花园多以植物的某一固有特征，如芳香的气味、华丽的叶色、丰硕的果实或植物体本身的性状特点。突出某一主题的花园，有芳香园（或夜香花园）、彩叶园、百果园、岩石植物园、藤本植物园、草药园等。

专类花园受到世界各国的重视和应用，它不仅具有很好的观赏性、实用性，而且还能保护种质资源。不仅在植物园中应用，而且可在公园、风景区、重要的机构、校园中应用。如美国首都华盛顿的总统官邸白宫布置有广植月季花的玫瑰园。

我国园林历史上的专类花园，最早出现于《诗经》中记载的芍药栽培，在屈原作品《离骚》中的滋兰九畹、树蕙百亩，西汉时代的葡萄宫、扶荔宫，都是收集栽培滋兰、垂柳以及南北果树的专类园。

杭州的专类园历史可追溯到宋代，宋朝时就有桂花园、梅花园、桃花园和荷花园等。花港观鱼的牡丹亭，则是1953年开始新建的牡丹专类园。

f. 树木园　主要以栽植露地可以成活的野生木本植物为主的树木展览园。树木园以种子播种为主要引种方式，从实生苗开始，这对于适应地方的气候、土壤、水分等生活条件更有利。所以树木园又是植物园最重要的引种驯化基地。

树木园不仅引种中国自然区系的植物，也引种国外的木本植物。世界很多植物园以树木园命名，如美国的阿诺德树木园、加利福尼亚大学树木园、英国戈达尔明的温克沃斯树木园以及苏联莫斯科总植物园的树木园。

我国许多主要植物园中都有树木园，如中国科学院植物园、沈阳市树木园、熊岳树木园、南京中山植物园、合肥植物园、杭州植物园、庐山植物园、福州树木园、昆明植物园等。

g. 自然保护区　我国在植物园范围内，有些区域被划为自然保护区，如庐山植物园内的"月轮峰自然保护区"占地 $31hm^2$，保护庐山野生落叶阔叶树种；鼎湖山自然保护区，主要调查研究鼎湖山的植被资源；西双版纳热带植物园的"珍稀濒危植物迁地保护区"占地 $80hm^2$。建立在还保留有热带雨林和季雨林的湿热沟谷内，为研究珍贵、稀有、濒危植物的基地；台湾地区台北县境内的福山植物园内，也划有自然保留区（即自然保护区），保护天然阔叶林、动植物等，以供基因保存、永久观察及再研究。

上述自然区，禁止人为地砍伐与破坏，保护起来，任其自然演变，不对群众开放，主要进行植物科学研究，如自然群落、植物生态、种质资源及珍稀濒危植物的保护等研究内容。

② 科研区　科研区由实验地、引种驯化地、苗圃地、示范地、检疫地等组成。一般科研区不对游人开放，尤其一些属于国家特殊保密的植物物种资源（对外国人，尤其外国专业人员）不予开放或有控制地对少数科研人员提供研究场所。

植物园的科研区，主要进行外来种，包括外地、外国引进植物的引种、驯化、培育、示范、推广的工作，所以必须提供原始材料圃、移植圃、繁殖圃、示范圃、检疫圃等科研和生产场地，植物园内的生产内容以植物的科学研究为依据，科研结合生产。植物园内的检疫工作是十分重要的一个环节，必须认真做好外来植物的检疫工作，尤其外国植物引进的检疫，以避免境外植物病虫害带入国内，防止植物病毒的传染和蔓延。

一般科研区要有一定的防范措施，以便于有效控制人员的进出，做好保密工作和保护措施；科研区应与展览区有一定的分隔，并在较偏僻的区域，以保证展览区的开放活动顺利进行。

③ 生活、服务区　为保证植物园的优质环境，一般情况下，植物园与城市的市区有一定距离，多数远离城市，大多数职工在植物园内居住。游人到植物园参观游览，尤其离城市较远或面积较大的植物园，需要一定的商业服务内容。所以，植物园的规划应解决为游人和职工的生活服务的问题，主要内容：职工宿舍、餐厅、茶室、冷饮、商店、卫生院、车库、仓库、托儿所等。

7.7.1.5　规划设计要点

① 首先明确建园目的、性质与任务。

② 决定植物园的分区与用地面积，一般展览区用地面积较大可占全园总面积的 $40\%\sim60\%$，苗圃及实验区用地占 $25\%\sim35\%$，其它用地占 $25\%\sim35\%$。

③ 展览区是面向群众开放，宜选用地形富于变化、交通联系方便、游人易于到达的地方。另一种偏重科研或游人量较少的展览区，宜布置在稍远的地点。

④ 苗圃试验区，是进行科研和生产的场所，不向游人开放，应与展览区隔离，但是要与城市交通线有方便联系，并设有专门出入口。

⑤ 确立建筑数量及位置。植物园建筑有展览建筑、科学研究用建筑及服务性建筑三类。

a. 展览建筑　包括展览温室、大型植物博物馆、展览荫棚、科普宣传廊等。展览温室和植物博物馆是植物园的主要建筑，游人比较集中，应位于重要的展览区内，靠近主要入口或次要入口，常构成全园的构图中心。科普宣传廊应根据需要，分散布置在各区内。

b. 科学研究用建筑　包括图书资料室、标本室、试验室、人工气候室、工作间、气象站等。苗圃的附属建筑还有繁殖温室、繁殖荫棚、车库等。布置在苗圃试验区内。

c. 服务性建筑 包括植物园办公室、招待所、接待室、茶室、小卖店、食堂、休息亭廊、花架、厕所、停车场等，这类建筑的布局与公园情况类似。

⑥ 道路系统与广场

a. 园路按使用功能宜分为游览园路和科研生产专用园路两类，并应符合下列规定：

ⅰ. 游览园路应分为主路、次路、支路和小路，主路宜构成环路。

ⅱ. 科研生产专用园路应满足管理与苗木生产的要求，分为管理主干道和作业道，不宜与主要游览园路重合或交叉。

b. 园路宽度应符合表 7-2 的规定。

表 7-2 园路宽度

园路		用地面积 A/hm^2	
		$A \geqslant 40$	$A < 40$
游览园路	主路/m	4.0～6.0	4.0～5.0
	次路/m	3.0～4.0	2.0～3.0
	支路/m	2.0～3.0	1.5～2.0
	小路/m	0.9～1.5	0.9～1.5
科研生产专用园路	管理主干道/m	4.0～6.0	
	作业道/m	2.5～3.5	

c. 自然植被区内不应设置机动车道路，可设置满足科研、科普需求的自然小径。

d. 盲人植物园的游览园路应设置盲道和扶手，园路的宽度应大于 1.5m，行进盲道的宽度应为 0.5m，扶手的高度应为 0.85～0.90m。

e. 康复花园宜根据场地条件和游客需求设置康复步道，并应符合下列规定：

ⅰ. 康复步道宽度应大于 1.2m；

ⅱ. 可间隔 30m 设置休息空间，空间应满足 2～3 人停留及一辆轮椅停放；

ⅲ. 应设置座椅等休息设施，休息设施需配置扶手；

ⅳ. 不应在路面及场地上设置沟槽及窨井盖板。

f. 展览温室内部园路及场地设计应满足植物展示、游赏和养护管理的要求，宜结合植物布展设置多角度、多层次的立体游览路线，主路宽度宜大于 1.5m。

［来源：植物园设计规范（CJJ/T 300—2019），2019］

广场多设在主要出入口和大型建筑物前游人比较集中的地方，供群众聚散、停车、回车等用。广场的形式和大小，可根据使用需要和构图要求进行规划。

⑦ 植物种植设计 除与一般公园种植设计相同外，还要特别突出其科学性、系统性。由于植物的种类丰富，完全有条件满足按生态习性要求进行混合，为充分发挥园林构图艺术提供了丰富的物质基础。展览区是科普的场所，因此所种的植物应方便游人观赏。

植物园除种植乔灌木、花卉以外，其它所有裸露地面都应铺设草坪，一方面可供游人活动休息，另一方面也可作为将来增添植物的预留地，同时也丰富了风景园林自然景观。草地面积一般占总种植面积的 20%～30% 为宜。

⑧ 植物的排灌工程 植物园的植物种植丰富，要求生长健壮良好，养护条件要求较高，因此在总体规划的同时，必须做出排灌系统规划，保证旱可浇、涝可排。一般利用地势起伏的自然坡度或暗沟，将雨水排入附近的水体中为主，但是在距离水体较远或者排水不顺的地段，必须铺设雨水管辅助排水。一切灌溉系统（除利用附近自然水体外），均以埋设暗管供水为宜，避免明沟纵横，破坏风景园林景观。整个管线采用自动控制，实行喷灌、滴灌、加湿喷雾等多种方式。

7.7.2　动物园

7.7.2.1　概述

动物园是人类社会经济文化、科学教育、人民生活水平、城市建设发展到一定程度的产物。世界上，动物园这种形式的出现，以 1829 年伦敦动物园的建设为标志，也仅有 100 多年的历史。

动物园是以野生动物展出为主要内容，目的是宣传普及有关野生动物的科学知识，对游人进行科普教育，对野生动物的习性、珍稀物种的繁育进行科学研究。同时，为游人提供休息、活动的专类公园。

据世界动物保护组织统计，目前，全世界动物园约有 900 个，其中欧洲 353 个，美洲 250 个，亚洲 175 个，非洲和其它地区较少。美国 201 个，英国 87 个，德国 55 个，法国 39 个。动物园已成为衡量一个国家教育、科学、文化、技术发展的标志之一。目前，世界上收集动物种类最多的是德国柏林动物园，收集 2285 种，约 13800 头（只）；荷兰阿姆斯特丹 1530 种，约 6500 头（只）；伦敦动物园 1300 种，约 8200 头（只）；日本东京上野动物园 1000 种，约 7500 头（只）。

我国从最早开始建立的北京动物园（1906 年）和上海动物园（1931 年）起，至今建立的动物园（不含公园动物展区）共计 28 个。据中国动物园协会统计，我国每年参观动物园人数达 1.3×10^5 人次。我国地大物博，人口众多，动物资源丰富，但动物园数量与发达国家相比，显然太少。我国动物园所收集的动物种类一般在 100～200 种，最多的为北京动物园，共收集 600 多种，约 12000 头（只）。其次为广州动物园，收集 400 种，约 4000 头（只）。上海动物园 380 种，约 3500 头（只）。从展出内容看，我国动物园大多是综合性的，专业分工不细，大体雷同，地区特色体现不够。

7.7.2.2　动物园的类型

依据动物园位置、规模、展出方式等不同，可将我国动物园划分为 3 种类型。

① 城市动物园　一般位于大城市近郊区，面积大于 $20hm^2$，动物展出比较集中，品种丰富，常收集数百种至上千种动物。展出方式以人工兽舍结合动物室外运动场地为主，美国纽约动物园，英国伦敦动物园及我国的北京动物园、上海动物园均属此类。

② 人工自然动物园　一般多位于大城市远郊区，面积较大，多达上百公顷。动物展出的品种不多，通常为几十种。以群养、敞放为主，富于自然情趣和真实感。目前，此类动物园的建设是世界上动物园建设的发展趋势之一，全世界已有 40 多个，如日本九州自然动物园、我国的深圳野生动物园和台北野生动物园均属此类。

③ 专类动物园　多位于城市近郊，面积较小，一般为 5～$20hm^2$。动物展出的品种较少，通常为富有地方特色的种类，如泰国的鳄鱼公园、蝴蝶公园等均属此类。这类动物园特色鲜明，往往在旅游纪念品、旅游食品的开发上与特色动物有关。

7.7.2.3　动物园的任务

动物园是集中饲养、展览和科研种类较多的野生动物或附有少数优良品种家禽家畜的公共绿地。它不同于动物处在野生状态下的地区，如动物自然保护区（或称禁猎区），也不同于以推广畜牧业先进生产经验为主要目的而展览畜禽优良品种的地方，如农业展览馆和农村流动展览场，更不同于作为文化娱乐流动表演的马戏团。

动物园，首先要满足广大群众的游览观赏的需要，同时要以生动的方式普及动物科学知识和配合有关部门进行科学研究。以上三项任务之间的比重是因园而变的，一般全国性大型动物园宣教和科研任务较重。

① 普及动物科学知识，宣传达尔文进化论基础，使游人认识动物，知道世界尤其是中国动物资源的丰富，了解动物概况，包括珍贵动物以及动物与人的利害关系、经济价值等。

② 作为中小学生的直观教材和动物专业学生的实习基地，帮助学生丰富动物学知识，掌握动物形态学、生态学、分类学、生理学、饲养学等知识。

③ 研究动物的驯化和繁殖、病理和治疗方法、习性和饲养学，并进一步揭示动物变异进化的规律，繁育新品种，使动物为人类服务。尤其是在现代空间科学技术迅速发展的今天，动物已经成为探索太空必不可少的试验品。

7.7.2.4　动物园的选址与分区

（1）选址

动物园选址应以批准的城市总体规划和绿地系统规划为依据，适应动物园建设规模的需要，预留发展空间。

动物园选址应与易燃易爆物品生产存储场所、屠宰场等保持安全距离。

动物园选址应与周边道路、水、电、通信、供暖等外部条件连接方便，满足动物园安全运营的要求。

动物园宜选择自然山水、植被条件良好的场地。

动物园内不宜有高压输配电架空线、大型市政管线和市政设施通过，无法避免时，应采取避让与安全保护措施。

动物园选址应避开下列地区：

① 洪涝、滑坡、熔岩发育的不良地质地区；

② 地震断裂带以及地震时易发生滑坡、山崩和地陷等地质灾害地段；

③ 有开采价值的矿藏区域。

（2）分区

① 宣传教育、科学研究部分　是全国科普科研活动中心，主要由动物科普馆组成，一般布置在出入口地段，交通方便，场地开阔。

② 动物展览部分　由各种动物笼舍组成，占有最大的用地面积。

③ 服务休息部分　包括休息亭廊、接待室、饭馆、小卖部、服务站等。这部分不能过分集中，应较均匀地分布于全园，便于游人使用，因而往往与动物展览部分混合毗邻。

④ 经营管理部分　包括饲料站、兽疗所、检疫站、行政办公室等，宜设在隐蔽偏僻处，并要有绿化隔离，但要与动物展览区、动物科普馆等有方便的联系。要有专用出入口，以便运输和对外联系。有的动物园将兽疗所、检疫站设在园外。

⑤ 职工生活部分　为了避免干扰和卫生防疫，一般在动物园附近另设一区。

⑥ 隔离过渡部分　规划一定宽度的隔离林带，一方面可以提高公园的绿化覆盖率，形成过渡空间；另一方面可以减少疾病的传播。

动物园规划除考虑以上分区外，起着决定性作用的就是动物展览顺序的确定。

动物展览部分一般分为3～4个区，即鱼类（水族馆、金鱼馆等）、两栖爬虫类、鸟类（游禽、鸣禽、猛禽等）、哺乳类（为便于饲养管理，又可分为食肉类、食草类和灵长类）。有的动物园缺鱼类，个别动物园还可展出无脊椎动物，如昆虫等，可结合在两栖爬虫馆或动物科普馆中展出。

各区所占的用地面积比例如下：

无脊椎动物＋鱼类＋两栖爬虫类 ···1/5～1/4

鱼类···1/5～1/4
哺乳类··1/2～3/5

　　动物园往往需10～20年才能基本建成，因此必须遵循总体规划、分期建设、全面着眼、局部着手的原则，并要有科学观点、艺术观点和生产观点（图7-77、图7-78）。

图7-77　上海动物园平面示意图（刘骏，2002）

从动物园的任务要求出发，我国绝大多数动物园规划都突出动物的进化顺序，即由低等动物到高等动物，由无脊椎动物──→鱼类──→两栖类──→爬行类──→鸟类──→哺乳类。在这个前提下，结合动物的生态习性、地理分布、游人爱好、地方珍贵动物、建筑艺术等，做局部调整。在规划布置中还要争取有利的地形安排笼舍，以利动物饲养和参观，形成由数个动物笼舍组合而成的既有联系又有绿化隔离的动物展览区。

此外，由于特殊条件的要求，也可以有以下的展览顺序：

① 按动物地理分布安排，即按动物生活的地区，如欧洲、亚洲、非洲、美洲、大洋洲等安排，有利于创造不同景区的特色，给游人以明确的动物分布概念，但投资大，不便管理。

② 按动物生态安排，即按动物生活的环境，如水生、高山、疏林、草原、沙漠、冰山等安排。这种布置对动物生长有利，园容也生动自然，但人为创造这种景观很不容易。

③ 按游人爱好、动物珍贵程度、地区特产动物安排。如大熊猫是四川的特产，我国的珍奇动物之一，成都动物园就突出熊猫馆，将其安排在入口附近主要地位。再如，一般游人较喜爱猴、猿、狮、虎，也有将它们布置在主要位置的。

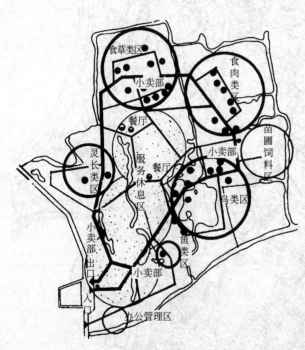

图 7-78 上海动物园功能分区（刘骏，2002）

7.7.2.5 规划设计要点

动物园设计应符合功能性原则，满足饲养繁育、动物保护、科学研究、科普教育和休闲观赏、安全卫生、环境优美的要求。

动物园设计应符合安全性原则，保证游人、工作人员和动物的安全。

动物园设计应体现生态性原则，合理利用地形、水体、植被等环境条件创造近自然生态环境，防止污染和破坏，并制定雨水综合利用目标与技术措施。

动物园设计应符合动物的生活习性，满足动物福利要求。

动物园设计应体现以人为本的原则，满足游人和工作人员的安全、使用要求，保证游人参观游览的舒适性，并对儿童使用设施作出相应设计。

（1）陈列布局方式

动物园动物展出的陈列布局方式主要有 3 种类型。

① 按动物进化系统布局　这种陈列方式的优点是具有科学性，通过按昆虫类、鱼类、两栖爬行类、鸟类、兽类（哺乳类）的进化顺序布局，使游人具有较清晰的动物进化概念，便于识别动物。缺点是在同一类动物里，生活习性往往差异很大，给饲养管理方面造成不便。如莫斯科、布拉格等动物园布局均采用这种方法。

② 按动物原产地布局　按照动物原产地的不同，结合原产地的自然风景、人文建筑风格来布置陈列动物。其优点是便于了解动物的原产地、动物的生活习性，体会动物原产地的景观特征、建筑风格及风俗文化，具有较鲜明的景观特色。其缺点是难以使游人宏观感受动物进化系统的概念，饲养管理上不方便。

③ 按动物的食性、种类布局　这种陈列方式优点是在动物饲养管理上非常方便经济。

例如北京动物园在新制定的总体规划中就采用了这种布局形式，共分为 7 个动物展区。

a. 小哺乳兽区　包括小哺乳兽馆、犬科动物舍和袋鼠舍等。

b. 食肉动物区　包括狮虎山、中型猛兽馆、熊山、熊猫馆等。

c. 鸟禽区　包括水禽湖、猛禽栏、鸣禽馆、鹦鹉馆、鸟类大罩棚、走禽舍、火烈鸟、朱鹮馆等。

d. 食草动物区　包括象馆、犀牛馆、河马馆、羚羊馆、貘馆、鹿苑、长颈鹿馆、霍加狓馆、羚羊苑、高山动物区、草原动物区等。

e. 灵长动物区　包括猩猩馆、大猩猩馆、金丝猴馆、植猴馆等。

f. 两栖爬行区　包括两栖爬行馆、鳄鱼池等。

g. 繁殖区　珍稀动物鹤类、大熊猫、金丝猴、小熊猫等。

动物展出陈列布局的形式应根据动物园的用地特征、规模、经营管理水平，对上述方法可单独或综合使用。

（2）用地比例

动物园除展示动物外，应具有良好的园林外貌，为游人创造理想的游憩场所。根据《公园设计规范》（GB 51192—2016）要求，动物园的用地比例应符合表 7-3 的要求。

表 7-3　动物园主要用地比例

用地名称		动物园建设规模		
		大型	中型	小型
建筑用地	动物展区建筑/%	≤6.5	6.5～9.4	≤9.4
	科普教育建筑/%	≤0.7	0.5～0.7	≤0.5
	动物保障设施建筑/%	≤1.5	1.5～1.8	≤1.8
	管理建筑/%	≤1.4	1.4～1.7	≤1.7
	服务建筑、游憩建筑/%	≤2.9	2.9～3.6	≤3.6
园路、铺装场地	园路、铺装场地/%	≤17	17～18	≤18
绿化用地	外舍场地、散养活动场地、其他绿化用地/%	≥70	65～70	≥65

资料来源：《动物园设计规范》（CJJ 267—2017）

（3）设施内容

① 文化教育性设施　露天及室内演讲教室、电影报告厅、展览厅、图书馆、展览宣传廊、动物学校、情报中心等。

② 服务性设施　出入口、园路广场、停车场、存物处、餐厅、小吃店、冷饮亭、售货亭、纪念品及玩具商店等。

③ 休息性设施　休息性建筑亭廊、花架、园椅、喷泉、雕塑、游船、码头等。

④ 管理性设施　行政办公室、兽医院、动物科研工作室及其它日常工作所需的建筑。

⑤ 陈列性设施　陈列动物的笼舍、建筑及控制园界及范围的设施。

（4）出入口及园路

动物园的出入口应设在城市人流的主要来向，应有一定面积的广场便于人流的集散。出入口附近应设有停车场及其它附属设施。除主出入口外，还应考虑专用出入口及次要出入口。

动物园的道路分为导游路、参观路、散步小路和园务专用小路。主路是最明显、最主要的导游线，要有明显的导向性，方便地引导游人到各个动物展览区参观。应通过道路的合理布局组织参观路线，以调整人流使之形成适宜的分布及流量。应避免游人过度拥挤在最有趣的展出项目处。

动物园道路的布置方式，除在出入口及主要建筑可采用规则式外，一般应以自然式为宜。自然式的道路布局应考虑动物园的特殊性，应结合地形的起伏适当弯曲，便于游人到达不同的动物展览区。导游路和参观路既要有所区分，又要有便捷的联系，确保主路的人流畅通。在道路交叉口处，应结合具体情况设置休息广场。

（5）绿化种植

动物园的规划布局中，绿化种植起着主导作用，不仅创造了动物生存的环境，还为各种动物创造接近自然的景观，为建筑及动物展出创造优美的背景烘托，同时，为游人游览创造了良好的游憩环境，统一园内的景观。

① 动物园的绿化种植应服从动物陈列的要求，配合动物的特点和分区，通过绿化种植形成各个展区的特色。应尽可能地结合动物的生存习性和原产地的地理景观，通过种植创造动物生活的环境气氛。也可结合我国人民喜闻乐见的形式来布置，如在猴山附近布置花果木为主形成花果山；大熊猫展区多种竹子，烘托展示气氛。鸟禽类展室可通过绿化赋予传统的中国画意，造成鸟语花香的庭园式布置。如南京玄武湖公园内的鸣禽室，以灌木和山石相配产生较好的效果。

② 与一般文化休闲公园相同，动物园的园路绿化也要求达到一定的遮阳效果，可布置成林荫路的形式。陈列区应有布置完善的休息林地、草坪做间隔，便于游人参观陈列动物后休息。建筑广场道路附近应作为重点美化的地方，充分发挥花坛、花境、花架及观赏性强的乔灌木的风景装饰作用。

③ 一般在动物园的周围应设有防护林带。苏联规定防护林带宽度为 200m，北京动物园为 10～20m，上海西郊动物园为 10～30m。卫生防护林起防风、防尘、消毒、杀菌作用，以半透风结构为好。北方地区可采用常绿落叶混交林，南方可采用常绿林为主。在当地主导风向处，宽度可加大，并可利用园内与主导风向垂直的道路增设次要防护林带。在陈列区与管理区、兽医院之间，也应设有隔离防护林带。

④ 动物园种植材料的选择，应选择叶、花、果无毒的树种或树干、树枝无尖刺的树种，以避免动物受害。最好也不种动物喜吃的树种。

7.7.3 儿童公园

7.7.3.1 儿童公园的类型

根据儿童公园的规模、内容，我国城市建设的具体情况，一般儿童公园及儿童游戏场主要分为以下 4 种类型。

（1）综合性儿童公园

这种类型的儿童公园为全市少年儿童服务，一般宜设于城市中心部分、交通方便地段，面积较大，可在几十公顷至百公顷以上。这类儿童公园由于面积大，所以活动时间较长，内容较全面，规划中要尽量考虑儿童的心理和生理特点，同时满足不同建筑物和活动设施的配置要求。一般规定绿化用地面积应占全园总面积的 60％～70％。综合性儿童公园可以是市属和区属。

综合性儿童公园的范围和面积可在市级公园和区级公园之间，内容可包括：文化教育、科普宣传、体育活动、娱乐场地、动植物角、培训中心、管理服务区等内容。其中必要的建筑物和设施包括：科学宫、演讲厅、体育场、游泳池、射击场、排球场、篮球场、网球场、棒球场、技巧运动、自行车赛场、汽车赛场、少年先锋队广场、营火场地、露天剧场、少年科技活动中心、游戏宫、养鸽场、动物角、植物角、民间歌舞场、图书阅览室、少年儿童书画之家、咖啡馆等。杭州儿童公园、大庆儿童公园、吉林市儿童公园、上海海伦儿童公园、湛江市儿童公园等为市属；西安建国儿童公园、金华市儿童公园等为区属。在综合性儿童公园规划时，单轨铁路、儿童铁路、快速滑行车等大规模的活动内容可以加以考虑（图 7-79～图 7-81）。

（2）特色性儿童公园

强化或突出某项活动内容，并组成较完整的系统，形成某一特色。例如哈尔滨儿童公园内儿童小火车的活动独具特色，深受少年儿童的喜爱。该园内的小火车全部由青少年管理、操作。他们参与了小火车的活动全过程，从而使少年儿童了解城市交通的设施、交通规则以及培养儿童管理小铁路的能力。同时日本的交通儿童公园也别具特色。

图 7-79 学龄儿童游戏场

苏联的儿童动物园、儿童植物园可作借鉴。这类特色儿童公园考虑到儿童的年龄特点，给他们介绍世界上的植物和动物，使他们热爱自然、热爱动物，并在少年儿童参与这些活动的过程中，激发了他们对这些领域中相关专业知识的兴趣。在靠近克里米亚的少先队和学生宫附近的约 $10hm^2$ 原荒芜果园，划作辛菲罗波尔斯克市儿童公园后，经过多年的改造，在公园内建立了温室、花圃，开办园艺、室内装饰训练班等内容，成为以植物学习为特色的儿童公园。在圣彼得堡，儿童植物园中奖方案的特色是设计者将儿童公园和植物公园的各自特点作了成功结合，开辟儿童公园规划的蹊径。儿童动物园内，孩子们最高兴的是在这里可以与动物接触。这类特色儿童动物园的尺度和特征非常接近于儿童的接受能力，这里所创建的独特景观，有助于激发儿童们创造性的想象力。

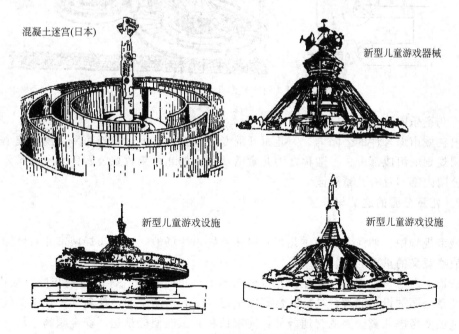

图 7-80 国外儿童游戏设施

（3）一般性儿童公园

这一类儿童公园主要为区域少年儿童服务，活动内容可以不求全面，在规划过程中，可以因地制宜，根据具体条件而有所侧重，但其主要内容仍然是体育、娱乐方面。这类儿童公园在其服务半径范围内，具有大小酌情而定、便于服务、投资随意、可繁可简、管理简单等特点。

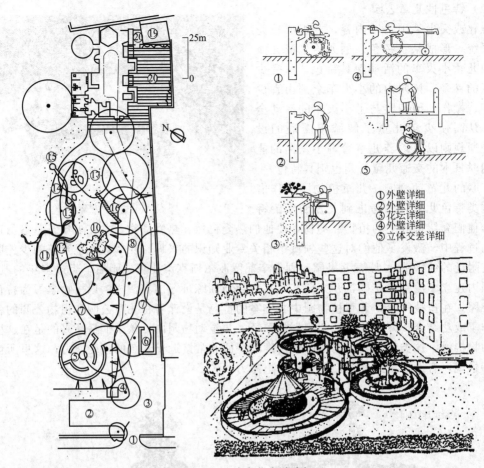

①外壁详细
②外壁详细
③花坛详细
④外壁详细
⑤立体交差详细

图 7-81 残疾儿童游戏场

（4）儿童乐园

一般在城市综合性的公园内，为儿童开辟专区，占地不大，设施简易，规模较小，成为城市公园规划的组成部分，一般称之为儿童活动区。如北京紫竹院公园、上海杨浦公园、天津水上公园内都布置有儿童乐园。

7.7.3.2　儿童公园的选址与分区

（1）选址

在城市规划中，如何考虑提供儿童开展休息娱乐的场地，如何布局城市儿童公园系统都是带有战略意义的重要问题。

从选址上考虑，首先应考虑保护儿童公园不受城市水体、气体的污染和城市噪声干扰，以保证儿童公园的设施和教育功能有良好的生态环境和活动空间，使新的一代得到健康的成长。选址还要考虑儿童公园的交通条件，使家长和儿童能便捷抵达，安全顺畅。从合理布点考虑，较完备的儿童公园不宜选择在已有儿童活动场的综合性公园附近，以免造成建设项目的重叠、资金的浪费；反之，邻近已有综合性儿童公园的区域，在城市公园规划中，就可以不考虑儿童活动区。例如，杭州花港观鱼公园，由于在附近已建有杭州儿童公园，所以，花港观鱼公园在公园规划中，不再考虑儿童活动的项目。

（2）功能分区

由于儿童公园的服务对象主要为幼儿、学龄儿童、青少年以及陪游的家长。作为主要游人的幼儿、学龄儿童和青少年，由于年龄段的不同，所以在生理、心理、体力上各有特点。儿童公园在功能分区规划时，必须根据他们的情况而划分不同的活动区域（表7-4）。

表7-4　不同年龄组的游戏行为（《园林设计》，唐学山，1997）

游戏形态	游戏种类	结伙游戏	组群内的游戏		
			游戏范围	自立度 （有无同伴）	攀、登、爬
<1.5岁	椅子、沙坑、草坪、广场	单独玩耍，或与成年人在住宅附近玩耍	必须有保护者陪伴	不能自立	不能
1.5~3.5岁	沙坑、广场、草坪、椅子等静的游戏，固定游戏器械玩的儿童多	单独玩耍，偶尔和别的孩子一起玩，和熟悉的人在住宅附近玩耍	在住地附近亲人能照顾到	在分散游戏场有半数可自立，集中游戏场可自立	不能
3.5~5.5岁	秋千经常玩，喜欢变化多样的器具，4岁后玩沙的时间较多	参加结伴游戏，同伴人逐渐增多（往往是邻居孩子）	游戏中心在住房周围	分散游戏场可以自立，集中游戏场完全能自立	部分能
小学一、二年级儿童	开始出现性别差异，女孩利用游戏玩较多，男孩捉迷藏为主	同伴人多，有邻居、有同学朋友，成分逐渐多样，结伴游戏较多	可在住房看不见的距离处玩	有一定自立能力	能
小学三、四年级儿童	女孩利用器具玩较多，例如，跳橡皮筋、跳房子等。男孩喜欢运动性强的运动	同伴人多，有邻居、有同学朋友，伙伴逐渐多样，结伴游戏较多	以同伴为中心玩，会选择游戏场地及游戏品种	能自立	完全能

①　幼儿游戏场　幼儿的概念指1.5~5岁的儿童。一般主要的游戏种类有椅子、沙坑、草坪、广场等静态的活动内容；到了5岁左右常见喜欢玩转椅、小跷跷板、滑梯等。1.5~2岁左右的儿童必须有家长陪同。这类游戏场的设施有供游戏使用的小房子及休息亭廊、凉亭等供家长休息使用。幼儿游戏场周围常用绿篱或彩色矮墙围合，一般活动场地成口袋形，出入口尽量少些。该区的活动器械宜光滑、简洁，尽可能做成圆角，避免碰伤。

有些幼儿游戏场设在沙地里，以免幼儿摔伤。

②　学龄儿童活动区　该区的服务对象主要为小学一、二年级儿童。这时开始出现性别差异而各有所求，一般男孩的活动量比女孩要大些。一般的设施包括：螺旋滑梯、秋千、攀登架等。此外，还要有供开展集体活动的场地及水上活动的涉水池、障碍活动小区。有条件的地方还可以设室内活动的少年之家、科普展览室、电动器械游戏室、图书阅览室、少年儿童书画室，以及动物角、植物角等内容。

③　青少年活动区　小学四、五年级及初中低年级学生，在体力和知识方面都要求在设施的布置上更有思想性，活动的难度更大些。

例如，大连儿童公园的青少年活动区、上海长风公园青少年活动区和海伦儿童公园都设有"勇敢者之路"，杭州儿童公园和湛江儿童公园都布置有"万水千山"青少年活动区。设施主要内容包括：爬网、高架滑梯、溜索、独木桥、越水、越障、战车、索桥，还有峭壁、攀登高地等内容。开展上述活动的目的意在激励少年儿童奋发有为、百折不挠的精神，培养他们勇敢攀登、不怕艰险的意志。

开设少年宫、青少年科技文艺培训中心，从小培养青少年课余学习音乐、绘画、文学、书法、电子、地质、气象等科技、文学艺术等方面的基础知识，将对他们的未来学习、生活起重要作用。

④　体育活动区　青少年儿童正值成长发育阶段，所以在儿童公园中体育活动区是十分

重要的活动内容。在公园内开展体育活动有着优雅和舒适的感觉。

体育活动项目包括：健身房、运动场、游泳池、各类球场（篮球场、排球场、网球场、棒球场、羽毛球场）、射击场，有条件还可以设自行车赛场，甚至汽车竞赛场等。

⑤ 文化、娱乐、科学活动区　文化娱乐区主要培养儿童的集体主义的精神，扩大知识领域，增强求知欲和对书籍的爱好。同时结合电影厅、演讲厅、音乐厅、游艺厅的节目安排，达到寓教育于娱乐的目的。在儿童公园中组成各种类型的活动小组（少年技术员、少年自然科学家、业余艺术活动组、棋艺、美术等），在这儿，少年儿童可以找到感兴趣的问题的答案，并以引人入胜和儿童容易接受的形式使他们认识复杂的科学和技术、各民族的文化习俗及美妙的艺术世界。

⑥ 自然景观区　大多数儿童公园置身于城市中心，或城市某一角落，对于长期生活在城市环境中的少年儿童，渴望投身自然、接触自然，所以在有条件的情况下，可考虑设计一自然景观区，让天真烂漫的儿童回到山坡，回到水边，躺到草地上，聆听着鸟语，细闻着花香。这里也是孩子们安静地读书、看报、听讲故事的佳境。尤其有天然水源的区域，可以布置曲溪、小湾、浅沼、深潭、镜池、石矶，创造一个小小的自然绿角。

⑦ 办公管理区　为搞好儿童公园的服务工作，必须考虑完善的办公管理系统。管理工作包括园内卫生、服务、急救、保安工作。儿童公园游园的特点之一就是陪游的成年人，尤其老年人的休息设施，如亭廊、花架、座椅等要加以认真考虑。

7.7.3.3　规划设计要点

由于儿童公园专为青少年儿童开放，所以在设计过程中，应考虑到儿童的特点，注意以下设计要点。

① 除了上述在选址中已介绍过的规划注意事项外，儿童公园的用地应选择日照、通风、排水良好的地段。

② 儿童公园的用地应选择或经人工设计后具有良好的自然环境，绿化用地面积一般要求占60％以上，绿化覆盖率宜占全园的70％以上。

③ 儿童公园的道路规划要求主次路系统明确，尤其主路能起到辨别方向、寻找活动场所的作用，最好在道路交叉处设图牌标注。园内路面宜平整，不设台阶，以便于推行车子和儿童骑小三轮车游戏的进行。

④ 幼儿活动区最好靠近儿童公园出入口，以便幼儿入园后，很快地进入幼儿游戏场开展活动。

⑤ 儿童公园的建筑、雕塑、设施、园林小品、园路等要形象生动、造型优美、色彩鲜明。园内活动场地题材多样，主题多运用童话寓言、民间故事、神话传说，注重教育性、知识性、科学性、趣味性和娱乐性。

⑥ 儿童公园的地形、水体创造十分重要。地形的设计，要求造景和游戏内容相结合，使用功能和游园活动相协调。在儿童公园内自然水体和人工水景的景象也是不可缺少的组成部分。

儿童公园中的地形设计，是以儿童开展游园活动要求为依据。为了保证游园的安全，地形设计时，地形不宜太险峻，而以平缓多变为宜。美国儿童公园的设计中，常用"覆土建筑"的形式，将儿童活动室置于半地下，上面覆土，创造出缓坡地形，从而得到地下、地上的"复层"利用。既提供了儿童地下活动场所，又创造了缓坡草地，是很好的地形结合活动内容的设计思路。

水，是儿童天生的玩物。幼儿、青少年都喜爱水的活性、水的灵性。儿童公园中，有条件的地区，尤其在中国南方城市，可以考虑人工游泳池，也可以考虑天然游泳池，或小规模自由式游泳池。幼儿游戏区可以考虑涉水池、戏水池、落水伞亭、喷泉水池、无菌饮水器结合小喷泉、人工瀑布等。另外，在有天然水源条件下，创造出天鹅湖、鸭池、荷塘、流花溪、金沙滩等自然水体景观。水景，一定是儿童最欢迎的游戏项目。

⑦ 创造庇荫环境，供儿童和陪游家长休息和守候。一般儿童公园内的游戏和活动广场多建在开阔的地段上。少年儿童经过一段兴奋的游戏活动和游园消耗，需要间歇性休息，就要求设计者创造遮阴场地，尤其在气候炎热地区，以满足散步、休息的需要。林荫道、遮阳广场、花架、休息亭廊、荫棚等为儿童和陪游的成人提供良好的环境和休息设施。

⑧ 儿童公园的色彩学。少年儿童天真活泼，朝气蓬勃。愉快、振奋的艺术效果是儿童公园设计者必须追求的构思之一。儿童公园多采用黄色、橙色、红色、天蓝色、绿色等鲜艳的色彩，大多数采用暖色调，以创造热烈、激动、明朗、振作、向上的气氛。一般少用灰色、黑色或紫色、褐色等较沉闷、灰暗的色调。如在一片绿色的森林环境中，点缀以米黄色墙、玫瑰红屋顶的森林小屋，产生"万绿丛中一点红"的艺术感染；森林环境中天蓝色的"灰姑娘城堡"，孩子们身临其境，仿佛进入天国；登月飞船渲以红色、黄色和橙色，飞船即将升天时，艳丽的色彩，儿童们激动的心情，交织一起将产生火焰般的向上精神。

⑨ 健康、安全是儿童公园设计成功的最基本指导思想。少年儿童正处于成长时期，在儿童公园中将得到美的享受、智的熏陶、体的锻炼。儿童公园的规划、活动设施、服务管理都必须遵循"安全第一"这一重要原则，让少年儿童高兴入园、平安回家。

7.7.3.4 植物配置

儿童公园的种植设计是规划工作的重要组成部分，也是创造良好自然环境的重要措施之一。

（1）密林与草地

密林与草地可以提供良好遮阳以及集体活动的环境。创造森林模拟景观、森林小屋、森林浴、森林游息等内容，可以从已建成儿童公园的建设经验中得到肯定。在炎热的盛夏，在森林中、在密林中拉起吊床，筑起小屋，展开小彩色帐篷，在荫凉的林下，微风习习，孩子们可以度过愉快的周末和盼望已久的暑假。少年先锋队可以在绿草如茵的草地上开展集体游戏，或在草地上休息。

（2）花坛、花地与生物角

被人们誉为"祖国的花朵"的少年儿童，天生喜爱鲜艳的花朵，花卉的色彩将激起孩子们的色感，同时也激发他们对自然、对生活的热爱。所以，一般在长江以南地区尽可能在儿童公园中做到四季鲜花不断，争取做到"四季常青，三季有花"。在草坪中栽植成片的花地、花丛、花坛、花境都尽可能达到鲜花盛开、绿草如茵。

有条件的儿童公园可以规划出一块植物角，可以设计成以观赏植物的花、叶或香味为主要内容的观花、观叶植物角，让大自然千姿百态的叶形、叶色、花形、花色，或不同的果实，还有各种奇异树态，如龙爪柳、垂枝榆、鹿角桧、马褂木等让孩子们在观赏中增长植物学的知识，也培养他们热爱和保护树木、花草的良好习惯。也可以在儿童公园中开辟温顺动物和趣味动物的展览角，如猴子、孔雀、梅花鹿、鹦鹉、画眉、各类宠物等。在动物角可以开展羊拉车、狗拉车等针对幼儿的服务项目。小小的趣味动物园最为幼龄儿童青睐。

（3）儿童公园种植设计忌用植物

① 有刺激性、有异味或易引起过敏性反应的植物，如漆树的漆液有刺激性，易使人产

生皮肤过敏反应。

② 有毒植物，如黄蝉的植株乳汁有毒，夹竹桃植株有毒，凌霄花粉有毒。

③ 有刺植物，如枸骨、刺槐、蔷薇等。

④ 易给人体呼吸道带来不良作用的植物，如杨树、柳树的雌株，由于柳絮繁多，飘扬时间长，所以儿童公园中以种植雄株为宜。

⑤ 易生病虫害及结浆果的植物，如钻天杨（美杨）、垂柳等易生病虫害，桑树的浆果落地不卫生，也不宜清扫。

总之，上述各种易对儿童的身体造成威胁或有害的植物，不得在儿童公园中使用，避免发生意外事故，保证儿童游园时的绝对安全。

7.7.3.5　活动设施和器械

较原始的儿童游戏场、器械、设施一般比较简单，如沙场、涉水池、秋千、跷跷板、攀登木、转椅等。据资料介绍，国外较现代的儿童活动设施有：立体电影、宇宙旅行、快速游艇、急流乘骑、冒险狩猎、恐怖馆、童话馆、神话宫等。运动机械有：筋斗旋转车、快连滑行车、宇宙战斗机、旋转木马、大观览车、宇宙飞行、登月火箭、单轨铁路、飞行塔、小铁路等。

儿童公园内场地、活动设施和器械的配置主要考虑以下几个问题。

(1) 儿童游戏场地、设施、器械与儿童身高的关系

儿童游戏器械的设计与制作要与儿童的身高相适应，以下数据可作参考：

幼儿期（1～3周岁）身高 75.0～97.5cm；

学龄前期（4～6周岁）身高 103.1～117.7cm；

学龄期（7～14周岁）身高 122.5～165.9cm。

根据上述儿童身高，考虑儿童的动作与器械的比例关系，如方格形攀登架、格子间隔，幼儿为 45cm，学龄前儿童为 50～60cm，管径 2cm 为宜。学龄前儿童的单杠高度应为 90～120cm，学龄儿童的单杠应为 120～180cm。儿童平衡木高度应为 30cm 左右。

(2) 儿童游戏的场地和设施

① 草坪与铺地　柔软的草坪是儿童进行各种活动的良好场所。此外，还设置软塑胶铺地砖或一些用砖、素土、马赛克等材料铺设的硬地面。

② 沙　在幼儿游戏中，沙土是最简单最受欢迎的场地。沙坑有一定松软感，幼儿可开展堆沙、挖沙洞、埋沙等游戏。一般沙土深度约 30cm 为宜。每个儿童活动面积可以 1m² 左右计算。沙坑的位置宜向阳，并做到定期更换沙土，平时要经常保持沙土的清洁和松软。有些条件较好的城市，沙坑底层考虑过滤层，幼儿的便液或污物经清洁水的冲洗，可长期保持沙清洁无异味。

③ 水　条件较好的儿童公园中除设置儿童游泳池以外，戏水池也是很受儿童欢迎的项目。一般设计成曲线流线形为宜，水深 15～30cm。气候炎热地区可以结合喷泉、落水瀑布、雕塑，开展戏水活动。

④ 游戏墙、迷宫　可用植物材料或砖墙、木墙设计迷宫和游戏墙。游戏墙应便于儿童的钻、爬、攀登，以锻炼儿童的识别、记忆、判断的能力。墙体可以设计成连成一体的长墙，也可以设计成有抽象图案的断开的曲线或折线的几组墙面。游戏墙的尺度要适合儿童的活动。

迷宫是游戏墙的一种形式，可用常绿针叶树的树墙围成，也可以用砖、木头、竹子等材料做成。有时在迷宫中心部分加以强调处理，使儿童在迷宫外就能看到它，以吸引孩子们去寻找，让孩子们在路线变幻、断头路中感到"迷"的乐趣。

⑤ 隧道、假山、沟地、悬崖、峭壁　这类场地多为青少年开设，活动有一定的难度和冒险性。如上海长风公园内"勇敢者之路"，通过假山、隧道、沟地与悬崖峭壁的组合，其中连接以铁索桥、独木桥、攀登道、吊索等，培养青少年不畏难险的精神。如北京陶然亭公园内雪山陡坡滑道也是锻炼青少年不怕艰险的设施。

⑥ 游戏场的主要设施　主要分为游戏设施和运动设施。

游戏设施如下。

a. 秋千　由木制或金属架上系两绳索做成。架高 2.5～3m，木板宽约 50cm，板高距地面 25～35cm。

b. 浪木　或称为浪桥，将一长木两端设铁链，平悬在木架上，儿童坐在上面可以来回摇荡。

c. 滑梯　供 3～4 岁幼儿用，一般高约 1.5m，可在室内用。供 10 岁左右用的，一般高约 3m。宽度比较大的滑梯可供几个儿童并行滑下。波浪形、曲线形、螺旋形滑梯，由于上下起伏或改变滑行方向更能增加游戏的乐趣。

d. 转椅或转球　中心设轴可以旋转，盘上设小椅 4～10 个，是幼儿喜爱的器械。

e. 攀登架　这是一种儿童锻炼全身的良好器材。传统的攀登架每段高 50～60cm，由 4～5 段组成框架，总高约 2.5m。攀登架可设计成梯子形、圆锥形、圆柱形或动物造型。

f. 跷跷板　最常见的起落式器械。压板的水平高度约 60cm，起高约 90cm，落高约 20cm。

g. 单杠、吊环和水平爬梯　这些游戏活动技术性较强，多为 9～14 岁学龄儿童使用。

上述不同的游戏设施可以做成直线组合、十字组合或方形组合，如在框架一端制作滑梯，另一端作压板，在左右横梁上制作秋千，还可以在攀登架上组合滑梯，即构成方形组合。

此外，游戏设施还有汽车模型、宇宙船、游戏船，以及电动的游戏电车、旋转木马、宇宙飞船等设施。国外儿童游戏场还多用木桩、旧汽车轮胎、木板、木柱或金属（不锈钢）做成攀登架、分子化学结构模型、木柱曲折高低路、充气游戏屋等。

上述游戏的器械一般多布置在稍大型、人流量较大的儿童游戏场内。儿童对这些器械具有高大、神秘、新奇、冒险的感觉，一般多数由电力操纵，自动化程度高，往往将声、光、图像、造景、水体结合起来，使少年儿童仿佛进入梦幻般神奇世界。新的游戏器械、设备，利于开发儿童智力，扩展儿童的视野。有些参与性强的、儿童能够亲自操纵的游戏项目，如电瓶小汽车、碰碰船、小轮船等，不仅能增强儿童的体质、培养勇敢精神，还可提高儿童的应变、自控能力。一些像小火车、小交通路线的管理项目，更能培养与锻炼儿童的集体主义、公益观念。

目前国内已建成的儿童公园或公园内的儿童游戏场，多偏于布置游戏设施，也由于面积有限，所以尚缺青少年、儿童开展体育活动的场地。今后，随着体育运动的振兴，儿童公园内将必须考虑健身房、体育场、各种球类场地，尤其国际盛行的棒球、网球、排球、篮球的场地。

第8章　城乡郊野园林规划设计

8.1　城乡郊野园林概述

8.1.1　相关概念

8.1.1.1　郊野园林的定义

郊野园林是在城市的郊区、城市建设用地以外的、划定有良好的绿化及一定的服务设施并向公众开放的区域，以防止城市建成区无序蔓延为主要目的，兼具有保护城市生态平衡、提供城市居民游憩环境、开展户外科普活动场所等多种功能的绿化用地。本章将介绍森林公园、湿地公园、农业观光园三种主要郊野园林的规划设计。

8.1.1.2　郊野园林与其它类型公园的比较

（1）与城市公园的比较

① 建设地点不同　城市公园一般在建成区内部，含综合公园、社区公园、专类公园、带状公园。郊野园林一般都建在城市郊区，不占用城市建设用地。

② 建设规模不同　城市公园一般规模较小，从 $0.5hm^2$ 到几十公顷不等；郊野园林规模较大，如已建成的郊野园林一般在 $50hm^2$ 以上，成百乃至上千公顷都有。

③ 游憩内容不同　城市公园内除了晨运设施外，还有专业的体育场地，人们可以进行体育活动，如打篮球、排球、羽毛球、网球等，公园内常有专门的场地设施供游客听音乐会、看表演等，公园还会在不同的季节举办各种专题花卉展，如郁金花节、菊花展等，可以丰富群众业余生活。而人们在郊野园林的活动可以是散步、远足、骑马、自行车越野、野外定向、烧烤、野餐、露营等。

④ 表现形式不同　城市公园内园林建筑较多，公厕、运动场馆、展览场馆等设计制作常与城市协调，园林小品中多见金属制品，即使用木石等天然材料也多斧凿痕迹；景点景观的设计以人工环境为主，主景多为大型人造景点如喷泉、草坪、假山、人工湖等；植物配置求新求美，常设人工修剪的各种形状的绿篱，按季节更换鲜花的花坛花境，大量引种游人爱看的外来树种和奇花异草。郊野园林则注重野趣，除入口处有游客中心、小卖部，园内除少量公厕、烧烤炉、休息亭外，很少有其它建筑，园林小品多为自然材料制作，尽量贴近自然，与自然融合；景点景观充分利用已有景点，以自然景观为主，突出自然野趣，园内不设置大型人造景点；植物配置以本土植物为主，形成植物群落，为野生动物创造自然生境。

（2）与国家公园的比较

早在1872年，美国就建起了世界上第一个国家公园——黄石国家公园（Yellow-Stone National park），公园占地约 $9000km^2$。建立这类国家公园的目的是为了保护优美的自然景观和生物资源，同时让国民可在其中进行休闲保健、观光游览、教育科研的活动。如今，美国国家公园面积近亿公顷，是世界上国家公园总面积最大的国家，其它国家也广泛地设立了国家公园，建立时间较早的有加拿大、南非、纳米比亚、印度、瑞典等国家，而日本则是世界上拥有国家公园占国土面积比例最高的国家，超过15%。世界上有很多国家，对于国家公园的自然保护、休闲活动、观光游览、教育科研等方面的制度都发展得很完善，其中西欧各国侧重于地质地貌、野生动物、自然生态方面的学术科研，把提供休闲游览活动设施放在次要位置上。

郊野园林尤其是中国香港的郊野园林是在美国国家公园模式的基础上发展出来的，也是保护与游憩并重，但是郊野园林与国家公园有明显的不同：

① 建设规模不同　郊野园林面积相对小而且靠近市区，游览所需的时间较短，从一二小时到一天即可；国家公园不但面积大而且大多离城市较远，要游览全境一二天的时间一般是不够的，走马观花地游览也非一周时间不可。

② 提供设施不同　郊野园林相对较小，所以在公园入口处或公园内不提供住宿设施，如果有也仅是修整过的露营场地；也不提供商业设施，最多是在游客中心提供问讯和小卖部服务。国家公园入口处常设有旅店、纪念品商店及博物馆等设施，并提供导游服务。

③ 服务对象不同　郊野园林的游客以当地市民为主，市民进行的活动以休闲保健为主；国家公园的游客以外地及外国人为主，进行的活动以观光、度假式旅游为主。

综上所述，无论是森林公园还是风景名胜区，无论其管理部门是林业部门还是住房与城乡建设部，只要是建在郊外非建设用地上的，以自然景观为主的大型休闲绿地，或者在城市开发时保留下来不做城市建设的郊野自然地区都可以列入郊野园林的范畴。

8.1.2　郊野园林的职能

（1）抑制城市蔓延扩张功能

郊野园林最主要的作用就是为了防止城市无限制无序地蔓延扩张。在世界城市化的历史进程中，城市蔓延是一种很普遍的现象。由于城市人口、产业规模的扩大和城市职能的多样化，城市被迫不断扩张。在规划的城市建设用地外围设置郊野园林，形成防护隔离绿带的建设能有效地防止城市用地无限制向外蔓延，控制城市无序扩大，从而保证城市形态与城市格局的形成，使城市成为组团式或中心城加卫星城镇的形态，保持合理的城市规模，减少交通拥堵、基础设施紧张等城市病。如中国香港的郊野园林在闹市背后，建成区跳跃式发展形成多处新城；保留陡坡山林、海滨、滩涂，使城市建设与自然共存，有效防止了建成区的无序扩张。

（2）休闲游憩功能

居民通过游憩，可以恢复补充在生产中消耗的能量，有更充沛的精力、更丰富的知识、更健康的身体，从事生产和创造性的劳动。休闲游憩是人的基本生活需要。

随着城市化的进程，城市人口日益膨胀，人们的生活、工作压力增大，闲暇时间花费在休闲游憩的时间和消费也越来越多，而户外游憩是人们在休闲时间内的主要活动。城市居民户外游憩行为具有三个尺度：社区、城区和地区游憩三种不同尺度的游憩行为，从邻里公园到郊区游憩地，游憩活动由单一到多样化，游憩设施从简单到规模化、复杂化。郊野园林地处城市外围，区位条件优越，交通便捷，可达性强，适合较长时间的休闲、度假活动，是游憩活动的重要载体。可以为人们提供以自然景观为基础的远足、赏景、野餐、烧烤、露营、骑马等游憩活动，是城市居民周末、节假日休闲游憩的首选地区。

（3）生态环保功能

郊野园林对改善城市环境具有重要的作用。大面积的郊野园林可以明显提高城市的环境质量，满足人们对生态环境越来越高的要求，城市发展的生态学实质是将自然生态系统改变为人工系统的过程，原来的生态结构与生态过程通常被完全改变，自然的能量流过程、物质代谢过程，被人工过程所替代。郊野园林的建设有利于增强城市的自然生态功能，改善城市大气环境与水环境，保护地表与地下水资源，调节小气候，减少城市周围地区的裸露地面，减少城市沙尘，并可以为野生动植物提供生境与栖息地，从而提高城市生物多样性。

（4）景观美化功能

人工景观应与自然景观资源相和谐。各种植物柔和的线条，多样的色彩，随季节变化的形态和不断发育的生机与城市中人工构筑物的僵硬、单调、缺乏变化形成对比，给人以美的感受。在全球自然资源不断减少、生态环境日渐恶化的今天，以植物为主体的自然景观在人们审美意识中的地位更加重要。因此，城市景观中人造部分、自然部分（也包括人造自然）的和谐比例已成为创造优美城市的重要前提之一。

郊野园林所拥有的自然景观也是城市景观的有机组成部分，是城市的背景，在一定程度上反映着一个城市的景观风貌，因此郊野园林的建设能传承自然和历史文化，保护郊野和乡村特色以丰富城市景观，同时突出地方特色，尤其是本土的动植物和特有的自然景观地形地貌，提高城市景观质量，把城市和郊野统一协调在绿色空间之中，塑造优美的城乡景观形象。

（5）自然教育功能

郊野园林是最佳的自然教育和环境保护教育的场所。特辟的自然教育和树木研习路径，沿途设有简介牌，为游人提供各种树木、鸟类等自然生物的简介资料。公园进口处常设的游客中心以各种形式展示郊野园林的历史资源、所在地的乡村习俗、公园附近生态及地理特征、公园内的趣味动植物和特色动植物，以提高居民对郊野的认识，加深郊区自然护理的重要性，了解一系列郊野活动准则和知识，如观赏雀鸟守则、郊区守则、观赏蝴蝶守则、观赏哺乳类动物守则等，在寓教于乐中帮助市民欣赏和认识郊野环境，培养居民爱护自然、爱护郊野的情操。

8.2　森林公园

森林作为重要的自然资源，在保护国土生态环境方面具有不可替代的作用。同时，陶冶情操、修身养性的森林游憩需求日益增长。

20世纪80年代初，为了保护森林生态环境，满足人们日益增长的森林游憩需求，我国开始建立森林公园体系。自1982年9月建立第一个森林公园——湖南省张家界国家森林公园开始，我国共建立各级森林公园1540处，其中国家森林公园503处，总面积已超过1000万公顷。我国已经初步形成了以国家森林公园为骨干，国家级、省级和县（市）级森林公园相结合的森林公园体系。

风景名胜区与森林公园两大体系，在我国分别由建设部、国家林业局主管。落实到土地时，有时会出现空间上、管理上的交叉或重叠。遇到这种情况，规划管理的依据以高一级别的区划、规划、行政法规和管理条例为准。

8.2.1　森林公园概念、类型与特点

8.2.1.1　森林公园的概念

2016年，国家林业局修改的《森林公园管理办法》第二条规定："本办法所称森林公园，是指森林景观优美、自然景观和人文景物集中，具有一定规模，可供人们游览、休息或进行科学、文化、教育活动的场所"。1996年原林业部颁布的《森林公园总体设计规范》，提出森林公园是"以良好的森林景观和生态环境为主体，融合自然景观与人文景

观，利用森林的多种功能，以开展森林旅游为宗旨，为人们提供具有一定规模的游览、度假、休憩、保健疗养、科学教育、文化娱乐的场所"。以上这两个定义强调了森林公园的景观特征和主要功能。

1999 年发布的国家标准《中国森林公园风景资源质量等级评定》(GB/T 18005—1999)，指出森林公园是"具有一定规模和质量的森林风景资源和环境条件，可以开展森林旅游，并按法定程序申报批准的森林地域"。该定义明确了森林公园必须具备以下基本条件：

第一，是具有一定面积和界线的区域范围。

第二，以森林景观资源为背景或依托，是这一区域的特点。

第三，该区域须具有游憩价值，有一定数量和质量的自然景观或人文景观，区域内可为人们提供游憩、健身、科学研究和文化教育等活动。

第四，必须经由法定程序申报和批准。其中，国家级森林公园必须经中国森林风景资源评价委员会审议，国家林业和草原局批准。

8.2.1.2　森林公园的特点

森林公园其特殊的地理位置和气候特点，形成了丰富的自然生态系统和景观类型，主要特点如下。

① 森林景观独具特色　森林公园把地球上数千公里范围水平的气候带、植物带有序地依次排布，形成了独具特色的森林景观垂直分布带谱，界限清晰，色调分明，各林带原始森林、人工林保存完好，具有常绿、多层混交、异龄等特点。森林公园内山水相依，溪流、清泉和蜿蜒连绵起伏的群山、飞瀑等自然景观，视野开阔，胸襟宽畅；山岭起伏，浩瀚如海；翠城全貌，尽收眼底；云雾缥缈，翻飞波澜；景色雄奇，风光秀丽美不胜收，具有非常独特的一面。自然旅游资源丰富，森林植被繁茂葱郁，奇树异木千姿百态，溪谷瀑泉美不胜收，生态环境清幽宜人。有着"原始、神秘、清幽、秀丽、静美、纯朴"等特点，以"林茂、树奇、境幽、壑险、水秀"为特色，是现代都市居民远离尘嚣亲近自然的佳境（图 8-1）。

图 8-1　某森林公园

图 8-2　某森林公园动物活动

② 生物种类丰富珍奇　森林公园内有野生植物、乔灌木、陆生药用植物、经济木材、纤维植物，此外还有花卉与绿化树种等多种植物。野生动物资源也十分丰富，兽类、鸟类、两栖爬行类，有的被列入国家级保护的珍稀动物名录，此外还有列入国家级保护动物、省级保护野生动物名录。总之，森林公园的生物种类繁多，资源丰富，区系复杂，起源古老，是天然的物种基因库（图 8-2）。

③ 山地地貌奇特险峻　低山区谷狭深幽，山色云影开合得体；中山区山势陡峭，梁脊

齿状，奇峰对峙，重峦叠嶂；高山区地貌形态千姿百态，妙趣横生（图8-3）。

图 8-3　某山地公园

④ 矿泉水资源得天独厚　森林公园矿泉水不但资源丰富，而且含有多种微量元素，含有对人体有益的矿物质和微量元素，可以开发利用，是优良的医疗矿泉水。

⑤ 人文景观历史悠久　历史留下大量的文物古迹、诗词歌赋及民间传说，为森林公园增添了迷人的色彩。除此之外，还有许多美丽的传说，使公园更具神秘和引人入胜的特点。

8.2.1.3　森林公园的类型

为了便于管理经营和规划建设，可以根据等级、规模、区位、景观等基本特征，从不同角度对森林公园进行类型划分（表8-1）。

表 8-1　我国森林公园的类型划分

分类标准	主要类型	基本特点
按管理级别分类	国家级森林公园	森林景观特别优美，人文景物比较集中，观赏、科学、文化价值高，地理位置特殊，具有一定的区域代表性，旅游服务设施齐全，有较高的知名度，并经国家林业和草原局批准
	省级森林公园	森林景观优美，人文景物相对集中，具有一定的观赏、科学、文化价值，在当地有一定知名度，并经市、县级林业行政主管部门批准
	市、县级森林公园	森林景观有特色，景点景物有一定的观赏、科学、文化价值，在当地有一定知名度，并经市、县级林业行政主管部门批准
按地貌景观分类	山岳型	以奇峰怪石等山体景观为主，如安徽黄山国家森林公园
	江湖型	以江河、湖泊等水体景观为主，如河南南湾国家森林公园
	海岸-岛屿型	以海岸、岛屿风光为主，如河北秦皇岛海滨国家森林公园
	沙漠型	以沙地、沙漠景观为主，如陕西定边沙地国家森林公园
	火山型	以火山遗迹为主，如内蒙古阿尔山国家森林公园
	冰川型	以冰川景观为特色，如四川海螺沟国家森林公园
	洞穴型	以溶洞或岩洞型景观为特色，如浙江双龙洞国家森林公园
	草原型	以草原景观为主，如河北木兰围场国家森林公园
	瀑布型	以瀑布风光为特色，如贵州黄果树瀑布国家森林公园
	温泉型	以温泉为特色，如广西龙胜温泉国家森林公园

分类标准	主 要 类 型	基 本 特 点
按经营规模分类	特大型森林公园	面积6万公顷以上,如浙江千岛湖森林公园
	大型森林公园	面积2万~6万公顷,如黑龙江乌龙森林公园
	中型森林公园	面积0.6万~2万公顷,如陕西太白山森林公园
	小型森林公园	面积0.6万公顷以下,如湖南张家界森林公园
按区位特征分类	城市型森林公园	位于城市的市区或其边缘的森林公园,如上海共青森林公园
	近郊型森林公园	位于城市近郊区,一般距离市中心20km以内,如苏州市上方山森林公园
	郊野型森林公园	位于城市远郊县区,一般距离市区20~50km,如南京老山森林公园
	山野型森林公园	地理位置远离城市,如湖北神农架国家森林公园

8.2.2 森林公园规划设计

8.2.2.1 森林公园规划设计原则

根据《森林公园总体设计规范》,森林公园规划设计的指导思想,是以良好的森林生态环境为主体,充分利用森林资源,在已有的基础上进行科学保护、合理布局、适度开发建设,为人们提供旅游度假、休憩、疗养、科学教育、文化娱乐的场所。以开展森林旅游为宗旨,逐步提高经济效益、生态效益和社会效益。

在这个指导思想下,森林公园的规划应遵循下列基本原则。

① 森林公园的规划建设以自然生态保护为前提,遵循开发与保护相结合的原则。在开展森林旅游的同时,重点保护好森林生态环境。

② 森林公园建设应以资源为基础,以市场为导向,其建设规模必须与游客规模相适应。应充分利用原有设施,进行适度建设,切实注重实效。

③ 在充分分析各种功能特点及其相互关系的基础上,以游览区为核心,合理组织各种功能系统,既要突出各功能区特点,又要注意总体的协调性,使各功能区之间相互配合、协调发展,构成一个有机整体。

④ 森林公园应以森林生态环境为主体,突出景观资源特征,充分发挥自身优势,形成独特风格和地方特色。

⑤ 规划要有长远观点,为今后发展留有余地。建设项目的具体实施应突出重点、先易后难、可视条件安排分步实施。

8.2.2.2 森林公园总体布局

作为森林公园的主体——森林,是人们观赏和娱乐的主要对象。凡是与森林环境息息相关的动植物资源的利用,都可属于森林公园特有的开发利用题材。

森林公园中的自然条件内容广泛,如山体、地形地貌、水体、气象条件等,也可作为森林公园开发内容。加上当地的人文景观,都可组成森林公园内特有的题材。

森林公园与自然保护区、风景区的规划都强调保护自然资源不被破坏,这涉及整个生态环境的保护。因此,森林公园规划中,应该首先考虑,有意识地划分出一些区域,对植物、动物、具有典型地质地貌特征的区域进行科学的保护,使这些区域和科学、科普及多种经营结合,发挥森林公园多功能作用。

森林公园总体规划中,如风景名胜区、自然保护区以及其它郊野公园类同的规划原则、工程技术、指标等,都应遵照国家有关规范、法规执行。以下就森林公园规划中的特殊性进行分析。

根据《森林公园总体设计规范》及森林公园的地域特点、发展需求,可因地制宜地进行功能分区。

① 游览区　为游客参与游览观光、森林游憩的区域，是森林公园的核心区域。主要用于景区、景点建设。

② 游乐区　对于距城市50km之内的近郊森林公园，为添补景观不足，吸引游客，在条件允许的情况下，需建设大型游乐及体育活动项目时，应单独划分区域。

③ 森林狩猎区　为狩猎场建设用地。

④ 野营区　为开展野营（图8-4）、露宿、野炊等活动用地。

图8-4　上海崇明东平森林公园

图8-5　某地经济林种植

⑤ 旅游产品生产区　对较大型森林公园，用于发展服务于森林旅游需求的种植业、养殖业、加工业等用地。

⑥ 生态保护区　以保持水土、涵养水源、维护森林公园生态环境为主。

图8-6　亚龙湾热带天堂森林公园

⑦ 生产经营区　在较大型、多功能的森林公园中，除部分开放为森林游憩用地外，还有用于木材生产等非森林游憩的各种林业生产用地（图8-5）。

⑧ 接待服务区　用于集中建设宾馆（图8-6）、饭店、购物、娱乐、医疗等接待服务项目及其配套设施。

⑨ 行政管理区　为行政管理建设用地。

⑩ 居民住宅区　为森林公园职工及森林公园境内居民集中建设住宅及其配套设施之用地。

8.2.2.3　森林公园规划设计要求

森林公园的类型不同，规划设计各有侧重。但从整体上讲，规划时都要处理好森林公园的自然性和设计的人文性之间的关系。所以有如下一些要求：

① 森林公园规划设计必须遵守森林法、文物保护法、环境保护法等国家有关的法规政策。

② 规划设计必须保护好原来自然景观和人文景观特点。保护和发展园内动植物景观资源，保持地形地貌的完整性，维持森林生态平衡，在保护的基础上适度开发。

③ 在确保自然景观资源特点的基础上进行适度的开发。开发时要保护公园的环境质量，在景点和主要景面上不能安排有损于景观的项目，如有碍景观的构筑物，污染空气和水质的工业项目及有传染病的疗养单位等。

④ 公园内的建筑物要有一定的格调，并与公园相协调。旅游服务系统不能建在主要风景区，最好依托于附近城市。

⑤ 森林公园要有特色。如湖南张家界森林公园、四川九寨沟森林公园和陕西太白山森林公园，虽同属于自然景观类型的森林公园，但张家界森林公园突出了地貌景观，集中了2000多座奇峰异石，吸引着游客。九寨沟森林公园是以众多的高山湖泊、瀑布和五彩缤纷的植物景观为主，而陕西太白山森林公园以 72℃ 温水泉和秦岭主峰太白山的植物垂直分布带谱而闻名，各有特色。

⑥ 对于纯自然景观的森林公园和自然保护区，除修筑必需的道路外，不宜搞人工景观，尽可能维持其原始的自然景象，使游人体会到原始的缩影，这样同人工干预过多的现代化游乐园相比，别有情趣。

⑦ 森林公园规划设计应做到全面规划，保证重点。这样，一方面能保证合理地使用资金，另一方面能较多地保持森林公园的自然风貌。如美国黄石公园，重点突出了天然喷泉，对其它如森林、草地、峡谷、瀑布等，均在原来面貌上稍加整理即供游览，保持了原来自然风貌，再加上科学说明，游人在观赏之余，还能学到很多自然科学知识。

⑧ 不能用园林艺术的艺术美的观点去规划设计森林公园。因为森林公园是以自然美为主，自然美只是能靠自然形成，不能由人工去创造和建设。

⑨ 森林公园规划设计时要处理好国家、集体及文物部门、宗教部门之间的关系，有问题通过协商解决。

总之，森林公园是一种天然公园。从美学观点看，它是供人们享受自然美的，所以对森林公园的规划设计，着重于保护、开发、利用。如果把森林公园当做人工建造的园林进行规划设计，这是一种原则上的误解。

8.2.2.4 森林公园规划成果要求

根据《森林公园总体设计规范》，森林公园规划设计的成果包括设计说明书、设计图纸和附件三部分。

（1）设计说明书

设计说明书包括总体设计说明书和单项工程设计说明书。其中，总体设计说明书编写的主要内容如下。

① 基本情况　包括森林公园的自然地理概况、社会经济概况、历史沿革、公园建设与旅游现状等。

② 森林旅游资源与开发建设条件评价　主要包括森林旅游资源评价、开发建设条件评价。

③ 规划依据和原则　主要包括规划依据、指导思想和规划原则。

④ 总体布局　包括森林公园性质、森林公园范围、总体布局。

⑤ 环境容量与游客规模　包括环境容量测算和游客规模确定。

⑥ 景点与游览线路设计　包括景点设计与游览线路设计。

⑦ 植物景观规划设计　包括设计原则与植物景观设计。

⑧ 保护工程规划设计　包括设计原则、生物资源保护、景观资源保护、生态环境保护、安全与卫生工程。

⑨ 旅游服务设施规划设计　包括餐饮、住宿、娱乐、购物、医疗设施、导游标志的规划设计。

⑩ 基础设施工程规划设计　包括道路交通设计、给水工程设计、排水工程设计、供电工程设计、供热工程设计、通信工程设计、广播电视工程设计、燃气工程设计等。

⑪ 组织管理　包括管理体制、组织机构、人员编制等。

⑫ 投资概算与开发建设顺序　包括概算依据、投资概算、资金筹措、开发建设顺序等。

⑬ 效益评价　包括经济效益评价、生态效益评价、社会效益评价等。

（2）设计图纸

① 森林公园现状图　比例尺一般为 1∶10000～1∶50000。主要内容：森林公园境界、地理要素（山脉、水系、居民点、道路交通等）、森林植被类型及景观资源分布、已有景点景物、主要建（构）筑设施及基础设施等。

② 森林公园总体布局图　比例尺一般为 1∶10000～1∶50000。主要内容：森林公园境界及四邻、内部功能分区、景区、景点、主要地理要素、道路、建（构）筑物、居民点等。

③ 景区景点设计图　比例尺一般为 1∶1000～1∶10000。主要内容：游览区界、景区划分、景点景物平面布置、游览线路组织等。

④ 单项工程规划图　比例尺一般为 1∶500～1∶1000。主要内容应按有关专业标准、规范、规定执行。具体图纸包括：植物景观规划图、保护工程规划图、道路交通规划图、给水工程规划图、排水工程规划图、供电工程规划图、供热工程规划图、通信工程规划图、广播电视工程规划图、燃气工程规划、旅游服务设施规划图和其它图纸。

（3）附件

① 森林公园的可行性研究报告及其批准文件；

② 有关会议纪要和协议文件；

③ 森林旅游资源调查报告。

8.2.2.5　森林公园可行性研究文件组成

按照《森林公园总体设计规范》要求，森林公园可行性研究文件，由可行性研究报告、图面材料和附件 3 部分组成。

（1）可行性研究报告编写提纲为以下内容。

① 项目背景　项目由来和立项依据；建设森林公园的必要性；森林公园建设的指导思想。

② 建设条件论证　景观资源条件、旅游市场条件、自然环境条件、服务设施条件、基础设施条件。

③ 方案规划设想　森林公园的性质与范围；功能分区；景区、景点建设；环境容量、保护工程；服务设施；基础设施、建设顺序与目标。

④ 投资估算与资金筹措　投资估算依据、投资估算、资金筹措。

⑤ 项目评价　经济效益评价；生态效益评价；社会效益评价；结论。

（2）图面材料

森林公园现状图；森林公园功能分区及景区景点分布图；森林公园区域环境位置图。

（3）附件

森林公园野生动、植物名录；森林公园自然、人文景观照片及综述；有关声像资料；有关技术经济论证资料。

8.2.2.6　森林公园保护、防护规划

发展森林游憩业，建设森林公园首先要保护好自然资源和风景资源。森林公园的保护、防护规划应考虑以下 3 个方面：第一，从保护森林生态环境的角度出发，合理确定森林公园所能允许的环境容量及活动方式；第二，规划时，应由主管部门组织生态学、野生动物学、植物学、土壤地质学等行业的专家们与风景园林专家一起进行风景资源的调查评价，并制定相应的保护条例和保护措施；第三，对森林游憩活动可能影响生态平衡及可能带来的火灾、林木毁坏和森林的其它病虫灾害做出防护规划。

（1）确定合理的环境容量

环境容量的确定，其根本目的在于确定森林公园的合理游憩承载力，即一定时期、一定

条件下，某一森林公园的最佳环境容量。既能对风景资源提供最佳保护，又能使尽量多的游人得到最大满足。因此，在确定最佳环境容量时，必须综合比较生态环境容量、景观环境容量、社会经济环境容量及影响容量的诸多因子。

按照原林业部《森林公园总体设计规范》，森林公园环境容量的测算可采用面积法、卡口法、游路法3种。应根据森林公园的具体情况，因地制宜地选用或综合运用。

① 面积法 以游人可进入的、可游览的区域面积进行计算。

$$C = A \times D / a$$

式中，C 为日环境容量（人次）；A 为可游览面积（m^2）；a 为每位游人应占有的合理面积（m^2/人）；D 为周转率，$D =$ 景点开放时间/游完景点所需时间。

② 卡口法 适用于溶洞类及通往景区、景点必经并对游客量具有限制因素的卡口要道。

$$C = D \times A$$

式中，C 为日环境容量（人次）；D 为日游客批数，$D = t_1 / t_3$；A 为每批游客人数（人）；t_1 为每天游览时间（min），$t_1 = H - t_2$；t_3 为两批游客相距时间（min）；H 为每天开放时间（min）；t_2 为游完全程所需时间（min）。

③ 游路法 游人仅能沿山路步行游览观赏风景的地段，可采用此法计算。

$$C = M \times D / m$$

式中，C 为日环境容量（人次）；M 为游步道全长（m）；m 为每位游客占用合理游步道长度（m/人）；D 为周转率，$D =$ 游道全天开放时间/游完全游道所需时间。

在环境容量测算的基础上，结合旅游季节特点，按景点、景区、公园换算日、年游人容量。

在现行《森林公园总体设计规范》中，没有对游人人均合理占地指标做出规定。但在苏联等森林公园事业发达的国家中，在其城市规划中对环境容量指标已有明确规定（表8-2）。在我国风景区规划中也初步拟定了环境容量指标（表8-3）。

表8-2 苏联森林公园环境容量指标

城 市 类 别	人均森林公园面积/m^2	环境容量指标/(人/公顷)
特大城市	200	
大城市	100	8~15
其它城市	50	

表8-3 我国风景名胜区环境容量指标

风景名胜区类别	环境容量指标/(人/平方米)
近郊风景名胜区	600~1000
远郊风景名胜区	2000
大型风景名胜区	4000

容量布局的基本目的是使游人合理地、适当地分布在森林公园中，使游人各得其所，使各类风景资源物尽其用。为达到这一目的可采取的途径有：第一，对于游人过于集中的景区可采用疏导的方法，开发新的景点或景区，使游人合理地分布于森林公园中；第二，在对现有游憩状况进行调查评价的基础上，从规划设计上调整不合理的功能布局，提高环境容量；第三，改变传统的"一线式"游览方式，解决游人常集中于游步道上的弊病，改善森林分布密度，开辟林中空地等手段均可提高环境容量。

（2）森林公园火灾的防护

开展森林游憩活动，对森林植被最大的潜在威胁是森林火灾。游人吸烟和野炊所引起的森林火灾占有相当大的比例。森林火灾会毁灭森林内的动植物，火灾后的木灰有时会冲入河流使大批鱼群死亡，森林火灾还会使游憩设施受损，游客受到伤害。

然而，在森林中开展野营、野餐等活动，点燃一堆营火烘烤食物，会大大提高人们的游兴。因此，在规划中应提出安全的用火方式，选择适宜的用火地点，以满足游人的需求，并保障林木的安全。森林公园火灾的防护措施及方法有以下几种。

① 在规划设计时，对于森林火灾发生可能性大的游憩项目如野营、野炊等，应尽可能选择在林火危险度小的区域。林火危险度的大小主要取决于林木组成及特性、郁闭度、林龄、地形、海拔、气候条件等因素。

② 对于野营、野餐等活动应有指定地点并相对集中。避免游人任意点火而对森林造成危害。同时，对野营、野餐活动的季节应进行控制，避免在最易引起火灾的干旱季节进行。

③ 在野营区、野餐区和游人密集的地区，应开设防火线或营建防火林带。防火线的宽度不应小于树高的1.5倍。但从森林公园的景观要求来看，营建防火林带更为理想。防火带应设在山脊或在野营地、野餐地的道路周围。森林分布以多层紧密结构为好，防火林带应与当地防火季的主导风向垂直。

④ 森林公园中的防火林带应尽量与园路结合，可以保护主要游览区不受邻近区域发生火灾的影响。同时，方便的道路系统也为迅速扑灭林火提供了保障。

⑤ 在森林公园规划和建设中，应建立相应的救火设施和系统。除建立防火林带、道路系统外，还应增设防火瞭望台。加强防火通信设施及防火、救火组织和消防器材的管理。更重要的是加强对游人和职工的管理教育，加强防火宣传，严格措施，防患于未然。

（3）森林公园病虫害防护

防止森林病虫害的发生，保障林木的健康生长，给游人一个优美的森林环境是森林公园管理的一个重要方面。森林病虫害防治的主要方法有以下几种。

① 在"适地适树"的原则下，营造针阔混交林，是保持生态平衡和控制森林病虫害的基本措施。更为重要的是实现抗病育种。

② 加强森林经营管理。根据不同的森林类型、生态结构状况，适时地采用营林措施。及时修枝、抚育、间伐、林地施肥、招引益鸟益兽等，可长期保持森林的最佳生态环境。

③ 生物防治。利用天敌防治害虫，通过一系列生物控制手段，打破原来害虫与天敌之间形成的数量平衡关系，重新建立一个新的相对平衡。

④ 物理、化学防治。物理方法主要利用害虫趋光性进行灯光诱杀，而化学防治只是急救手段。近几年，高效、低毒、残效期长、内吸性和渗透性强的杀菌剂、烟剂、油剂及超低量喷雾防治技术有所进步。

8.2.3 案例分析

案例1：浙江长兴回龙山森林公园规划设计（来源：南京林业大学风景园林学院）

（1）项目背景

回龙山森林公园位于浙江长兴县城（雉城镇）西低山丘陵地区，东临画溪大道和长水路，南临县前街延伸至小浦道路，西至新长铁路。占地面积约560hm²。在长兴县城市绿地系统规划中强调了公园主导性生态作用，并将其定位为城市生物多样性保护中心和生态源。公园用地现有生态系统类型主要为：森林生态系统、农田生态系统、水生态系统三大类，其中以森林生态系统为主，面积420hm²，占整个用地的75%。

（2）规划目标

根据项目背景情况和长兴县城市绿地系统规划的要求，确定回龙山森林公园的生态规划目标为：充分保护、改善公园现状较大面积的自然生态环境，以创造公园良好生态大背景环境、保持公园生物多样性的优势，并为提升长兴城市总体生态环境质量做出重要贡献。

（3）结合生态敏感区进行项目设置与总体布局

生态敏感区是环境敏感区的一种类型，是指包含一种或几种对于维持环境根本特征及完整性具有重要作用的自然要素的地区。生态敏感区的划分是森林公园土地利用适宜程度最重要的决策依据，通过生态敏感区的划分，可以对公园土地利用的方式进行科学规划，以便更好地保护生态环境。

回龙山森林公园用地相对划分为极生态敏感区、一般生态敏感区、生态不敏感区三个等级（图8-7）。极生态敏感区主要指以下生态类型地带：①不同生态系统的界面地带，如水岸生态区、山谷汇水带、水源地、山脚处等，这些地带处于生态交错区或边缘区，物种丰富，对整个生态格局影响较大；②生态脆弱区，如超过25°的陡坡、崖壁、山顶山脊处，一旦破坏，生态系统将很难恢复的区域；③敏感地段道路、水系廊道，对物种迁移具有重要作用的地带。一般敏感区指植被茂密的山腰、林地等区域，这部分区域相对于极生态敏感区敏感度稍低。生态不敏感区指平地农田、村庄等地带，在这部分地带进行人工干扰的适度开发对公园整个生态环境质量影响不大。

图8-7 浙江长兴回龙山森林公园敏感区分布

公园项目设置以山文化主题为出发点，结合人们的游憩需求，根据基地现状的地形地貌，因地制宜地规划为五个分主题景观功能分区：恢复之山、体验之山、逍遥之山、运动之山、田园之山（图8-8）。恢复之山是以森林培育、生态恢复为主题的景区，位于公园的北

恢复之山——森林生态恢复，
再造自然山林

体验之山
——纵情山林之间
体验自然之美

逍遥之山
——休闲度假会务，
健身康乐养生

田园之山
——远离尘世喧嚣，
享受田园生活

运动之山
——参与山地活动
与山快乐同行

恢复之山

体验之山

逍遥之山

田园之山

运动之山

图 8-8　景观功能分区平面图

部，距离县城较远，交通不便，基本上不开发游人景点，只是作为公园的缓冲区，以生态恢复和环境整治为主。体验之山是位于公园中部的大片山林地及其形成的滩涂水库，此区自然风景优美，规划拟以植物保护和结合景观的林相改造为主，适度开发一些静态游赏性的山林休憩景点。逍遥之山在现有已开发扬子山庄、人才公寓、疗养院及城隍庙等建筑的基础上，将该区域规划成以满足游人休闲、娱乐、餐饮、会议等为一体的娱乐度假区。运动之山位于公园南部，是整个公园项目策划和游人活动最集中的景区，规划以利用该区大面积平地、山体、林地、水体来开发具有地方特色、山地森林运动特点的游人参与性活动项目，以吸引游客。田园之山是公园地势最平坦和当地村落最集中的地区，此区现有大片田地，形成了较为完整的农田体系。规划将大量保留现有农田系统，部分地段适当建造具有较好观赏效果和经济效益的果林、花田作为游人体验农事活动的景点。对原有的村落建筑质量较差的予以拆除，质量较好的保留或改造为农家乐景点，以满足公园游人餐饮等配套服务需求。

在五个区的布局上，逍遥之山人工开发强度最大，布置于生态不敏感区。田园之山和运动之山根据项目设置情况，部分布置于生态不敏感区、部分布置于一般生态敏感区。体验之山和恢复之山设置对于环境影响较小甚至没有影响，布置于极生态敏感区和一般生态敏感区。

（4）专项规划

① 基于景观生态格局的生物多样性保护规划　生物多样性包含三个层次的含义：a. 遗传多样性，即指所有遗传信息的总和，它包含在动植物和微生物个体的基因内；b. 物种多样性，即生命机体的变化和多样化；c. 生态系统多样性，即栖息地、生物群落和生物圈内生态过程的多样化。一般来说，生物多样性越高，越有利于生态系统的稳定。以生物多样性保护为目的的规划包括两大途径：以物种为出发点的规划途径和以景观元素为出发点的规划途径。

以物种为出发点的规划途径主要包括以下几方面内容：a. 本气候带园林植物物种的发掘与应用；b. 相邻植被气候带园林植物的引种与应用；c. 通过对回龙山森林公园的生态环境分析，建立相应的种质资源保存、繁育基地；d. 提高园林植物群落的物种丰富度，通过林相改造、植物的引种栽植，构筑植物生态群落；e. 当地珍稀物种和濒危物种的调查与保护。

以景观元素为出发点的规划途径包括分区保护和建立景观生态廊道两个措施。分区保护指根据公园不同的景观功能分区，同时结合生态敏感区分析，将公园分为以下三个生物多样性保护分区：a. 森林生态核心区，位于体验之山和运动之山北部，生态敏感度较高，是生物多样性保护的核心保护；b. 森林生态缓冲区，位于恢复之山，分布于核心区北侧及东侧外围区域，是生物多样性保护的缓冲；c. 森林生态服务区，位于田园之山、运动之山南部和逍遥之山，分布于核心区南侧外围区域，该区除了具有公园服务区的功能外，同时也起到了生物多样性保护的缓冲区作用（图8-9）。

建立景观生态廊道可以加强公园内外生态格局的连通性，包括：a. 对外的连通，即公园林地与周边山林联系、公园水系与周边的联系；b. 内部的连通，即公园内部山水相连、内部水系沟通、内部山林地的连通、山林与田地的连通。

② 以植物群落学为依据的植物规划　植物群落是公园的主体，因此，根据植物群落学理论来保护和构建植物景观是规划的核心工作之一。其主要包括植物群落的分布、构成与结构、生态演替等内容。地球表面由于各地环境条件的差异，植被类型呈现有规律的带状分布，这种规律表现在地理位置和海拔高度上。由于地带性植被是当地气候条件长期自然选择的结果，因而具有最大的适应性和最大的相对稳定性。建群种和优势种的组成决定了群落外貌，也就决定了公园植物的观赏特征，并形成了适应一定气候条件的不同垂直结构，如乔木层、灌木层、草本层等。演替则是指一个群落被另外一个群落所代替的现象。演替最终达到的顶级群落是一个生物与非生物因素平衡的群落，与当地的气候、地形、土壤等环境因子相适应，因而是稳定的。在植物群落生态规划时，以上述原理为依据，规划成果就能反映该公园的地带性特色，形成与本地区气候相适应、相对稳定、结构合理、以森林植被为主体的城市生态公园。

长兴县地处亚热带常绿阔叶林区域、中亚热带常绿阔叶林地带，是中亚热带常绿阔叶林与北亚热带常绿、落叶阔叶混交林的过渡地带。地带性植被为常绿阔叶林。建群种为樟科（Lauraceae）、壳斗科（Fagaceae）、山茶科（Theaceae）、木兰科（Magnoliaceae）、金缕梅科（Hamamelidaceae）常绿阔叶林和壳斗科常绿、落叶阔叶树种。公园内现存植被多为次生林和栽培植物群落，其中森林植被以马尾松（*Pinus massoniana*）林、杉木（*Cunning-*

森林生态缓冲区是生物多样性保护的缓冲地带

森林生态核心区的生态敏感度较高,是生物多样性保护的核心保护区

N

0 100   500m
50

森林生态缓冲区

森林生态核心区

森林生态服务区

森林生态服务区除了具有公园服务区的功能外,同时也起到了生物多样性保护的缓冲区作用

图 8-9   生物多样性保护分区平面图

hamia lanceolata)林等常绿针叶林及次生灌木林为主。公园虽然林地覆盖率高,但林种和树种单一,植被群落不稳定,景观也较单一,缺少风景林分区。

对于现有大面积的次生马尾松林、杉木林等常绿针叶林,规划以林向改造为主,以恢复成近自然的顶级森林群落为目标。其具体规划措施为根据上述植物群落学理论,适当间伐现有的马尾松和杉木树种,间种观赏价值高的地带性树种,如苦槠(*Castanopsis sclerophyl-la*)、栗树(*Castanea mollissima*)、栾树(*Koelreuteria paniculata*)、枫香树(*Liquidam-bar formosana*)等,以在构建更好的生态植被群落的同时,又营造出优美的植物景观。对于现有农田,大部分保留现有农耕栽培植被,其余小部分作为公园景区开发的地带,规划以营造人工风景林为主,根据不同分区的功能和生境状况,其树种的选择也不相同。

整个公园植被景观分为生态林、防护林、人工风景林、观光田园、湿地植被五个植物规划分区（图 8-10）。

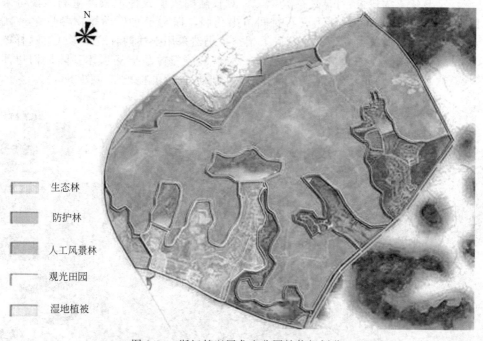

生态林

防护林

人工风景林

观光田园

湿地植被

图 8-10 浙江长兴回龙山公园植物规划分区

a. 生态林 生态林主要指森林生态保护区的植被景观，规划以林向改造为主。根据植物群落学理论，该区植物规划以恢复近自然的顶级森林群落为目标。该区现状植物主要是马尾松林和杉木林，可以根据生态学进展演替规律，通过适当间伐现有的马尾松和杉木树种，间种一些观赏价值高的地带性树种，如苦槠、栗树、栾树、枫香树等，在构建更好的生态植被群落的同时，又营造出优美的植物景观。

b. 防护林 为保护公园的生态环境，在公园的边缘地带、铁路沿线、对外公路两侧营建防护林带。防护林的树种选择以乡土树种为主，同时要求抗性强，生长速度快，可用水杉、池杉、柳树、枫杨、女贞、龙柏等。

c. 人工风景林 人工风景林是指运动之山的射击运动区、农家乐、生态示范村、逍遥之山以及入口服务区等人流最密集、开发强度最大区域的绿化。植被规划以景观营造为主，根据不同分区的功能，其树种的选择也不相同。

d. 观光田园 对现状农田结合景观进行梳理，营建具有浓郁长兴特色的乡村大地景观。

e. 湿地植被 湿地植被主要是指水库周边的植被，规划时除了保护原有的芦苇等湿地植被以外，另外再增加湿生植被及水生植物的种类和面积，丰富湿地景观。

③ 水系水岸的规划 水岸生态系统（riparian ecosystem）是介于陆地与河流、湖泊、溪流或水塘之间的过渡地带，它是连接水生生态系统和陆地生态系统的枢纽，担负了水陆连通、陆地与水生态系统之间的能量流动与物质交流的功能，是保证陆地与水生态系统健康和稳定的关键。构建良好的水岸生态系统的具体技术措施在于构建缓坡水岸和连续植被带。

水系水岸规划主要包括水系的连通、营造生态型驳岸和水岸植被配置等三方面内容。

水系的连通在于两个措施：a. 公园河流依山就势，连通山上溪流以及各个分散的沟、塘，使公园内部水系尽量连通；b. 公园水系要与外部水系相联系，连接于公园外围长兴港，进而和太湖水域沟通。

驳岸处理总的原则是严格禁止采用水泥封底或护岸，其具体类型有三种：a. 自然原型驳岸，公园大部分池塘、沟渠自然缓坡土质驳岸为主，配合植物种植，既可形成良好的水岸生态系统，又节省工程造价；b. 垒石驳岸，针对较陡的驳岸或冲蚀较严重的地段可采用天然石材护底以增强堤岸的抗洪能力，石材间留出孔洞，以利于水生动植物栖息；c. 跳台式驳岸，有些驳岸可以做跳台处理，跳台底下架空，仍然采用上述两种驳岸形式，这样既满足人们亲水的景观要求，也避免破坏水岸生境。水岸植被配置是指从水体到陆地构建浮水植物、沉水植物、挺水植物、湿生植物、河岸林带以形成连续的植被带（图 8-11）。

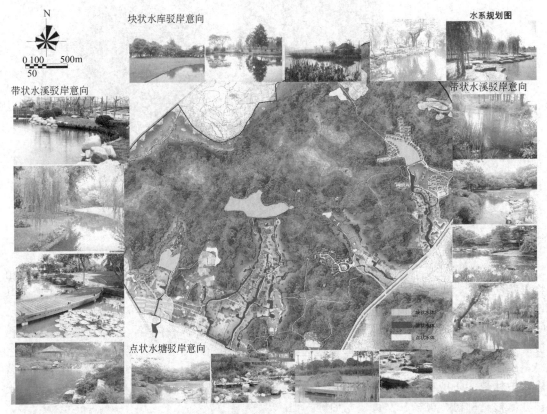

图 8-11　水系规划图

④ 道路规划　山体占用了公园大多数用地，公园各主要景区被山体所分隔，因此公园内部各主要景区之间的联系主要为山林游步道。各主要景区的车行联系主要是通过公园外围道路加以实现。因此，公园各道路分级主要是指各景观分区内部的道路分级，规划措施如下。

a. 保护与重建　在规划方案上，确认园区原有已形成的道路网络，结合规划在最大限度利用原有道路的前提下，有序合理地构筑道路网络系统，最大限度地减少生态的破坏，并节约成本。森林生态服务区（公园南部）为开发区域，结合外部道路和入口广场，新建园区主要道路（一级）；在森林生态核心区内采取改造与保留相结合的原则，在体验之山区域内把原有道路打通，稍加改造即可。

b. 道路分级　因公园地形复杂，道路网络复杂，根据现场地形，结合规划，将景区内道路分为以下三个等级。

ⅰ. 一级道路　宽 7m，主要是公园南部田园之山、运动之山、逍遥之山景区内的内部车行交通。

ⅱ. 二级道路　宽 3.5m，主要是部分景区间和景区内部的连接，保证园区道路网络的通畅。

ⅲ. 三级道路景区游步道如下。

步行游览干道：宽1.2～1.5m，各景区、各游览区内，以步行游览干道连接各主要景点，构成多套环路。

步行游览小路：宽0.8～1.0m，在各景点间根据游人走向自行成路，稍微整改成步行游览小路，以增加景点的可达性和路线的灵活性（图8-12）。

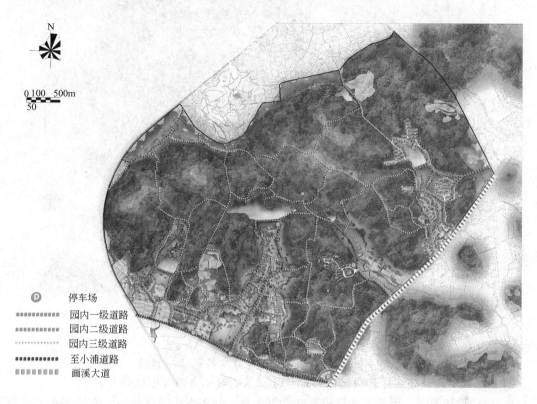

图8-12　道路交通规划图

⑤ 旅游路线规划

A线：公园主入口——田园之山（绿色生态新农村、农家乐休息、花田果园采摘体验农事生产）——体验之山（森林探险，感受原始森林风貌）——逍遥之山（南部综合服务区就餐休息）——运动之山（参与）。

B线：公园入口标志广场——运动之山（参与山地运动、野营野战、山地探险）——逍遥之山（午餐、快活林、疗养中心）——体验之山（森林探险、森林浴场）——田园之山（回归自然、体验乡村生活）。

C线：南部综合服务区入口——逍遥之山——体验之山——运动之山——田园之山（图8-13）。

⑥ 游览设施规划　旅游服务基地分为旅游接待区、旅游点、服务点等三级。具体的设施规划如下（图8-14）。

a. 服务设施规划　为方便游客，并且便于整个景区的管理，规划中设置了以下服务设施。

ⅰ. 主入口管理服务区——为游人提供信息、导游、餐饮、购物、摄影、医疗和安全保卫等服务，为全景区总服务中心。主要规划管理中心和服务点。

ⅱ. 绿色食品市场——用来经营绿色生态食品等（如银杏叶、白果、茶叶等）、生态农

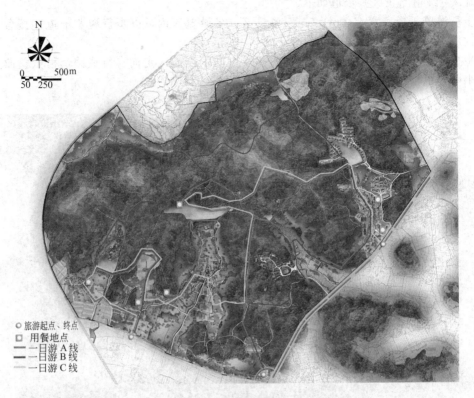

图 8-13　旅游路线图

图例：
○ 旅游起点、终点
□ 用餐地点
—— 一日游A线
━━ 一日游B线
┈┈ 一日游C线

业示范村无污染精加工农副产品。

ⅲ. 运动之山的管理区——为运动休闲的游人提供各种运动器械、用具等。

除以上服务点，还将在各分区的一些主要景点附设小卖部等小型服务点。

b. 接待设施规划　因长兴地理位置在太湖边缘，受太湖生态区辐射，在湖州的西北部，所以接待设施可以依托城市，考虑到景区环境较好，规划中拟在景区内设置高低层次不等的接待设施，其中高档部分可以为城市提供度假、会议和休闲的场所。

ⅰ. 逍遥之山南部的综合服务区，是集餐饮、会议、休闲健身疗养于一体的综合接待中心。

ⅱ. 逍遥之山中部的桃源居度假村能解决部分游人的接待，北部的杨子山庄及人才公寓也能消化部分游人的接待。

ⅲ. 五峰水寨——在不污染水源环境的基础上，提供餐饮服务。

ⅳ. 农家乐　另外，随景区建设和观光农业及经济林发展，在田园之山改造原有的民居营建"农家乐"游览方式，即部分农家可以承担接待能力，同时缓解公园固定接待设施压力。并且将蝴蝶村改建成生态农业示范村，在提供参观旅游的同时，也承接部分接待服务功能。

案例2：南京市龙王山森林公园景观规划设计（南京盖亚景观规划设计有限公司）

龙王山景区位于南京市浦口区，总面积约 200000m^2，是南京中心城市区域辐射功能的重要门户，是南京北部建设重点建设区，有利于形成南京都市圈合作的前沿阵地。因此，此次设计目的是面对城市化带来的发展机遇，建设一个智慧的公园、山水的公园，一个有吸引力的城市郊野公园，一处引导市民能回归健康生活的城市山水（图8-15、图8-16）。

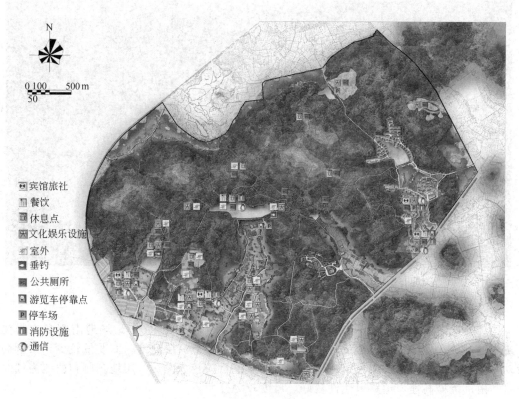

图 8-14　服务设施规划图

① 花瓣　　　㉖ 山茶园
② 玻璃花房　㉗ 芍药园
③ 龙马精神　㉘ 蔷薇园
④ 休闲栈道　㉙ 气象站
⑤ 蝴蝶花房　㉚ 龙王阁
⑥ 松风　　　㉛ 龙王庙
⑦ 生态廊道　㉜ 合龙广场
⑧ 蝴蝶水池　㉝ 公共卫生间
⑨ 生态浮岛　㉞ 闲庭驿站
⑩ 景观栈道　㉟ 林间休憩
⑪ 五龙亭　　㊱ 春风广场
⑫ 龙门　　　㊲ 桃花谷
⑬ 观鱼台　　㊳ 龙吐水
⑭ 商业区A　㊴ 观瀑台
⑮ 商业区B　㊵ 龙溪
⑯ 城市客厅　㊶ 飞龙在天
⑰ 停车场　　㊷ 物候农谚广场
⑱ 小桥流水　㊸ 滨水栈道
⑲ 组合景墙　㊹ 龙潭
⑳ 水中镜　　㊺ 物候气象广场
㉑ 商业区C
㉒ 水帘步道
㉓ 登山步道
㉔ 观景广场
㉕ 百草园

图 8-15　龙王山森林公园景观总平面图

图 8-16　龙王山森林公园景观鸟瞰图

（1）场地背景

设计场地龙王山景区位于南京市浦口区，总用地面积约 2.8km²，场地南侧多为居住用地，用地量较大，城市居民数量较大；商业用地多为沿街一层商铺，商业量较少，人群商业活动单一；场地主要由城市主干道包围，道路系统目前较为发达，用地东侧和西侧为江北快速路和南京绕城高速。道路可达性较好，尺度较为分明。

"一核""两环""三区""五彩生活"

● 气象塔核心区
▬ 两条绿色环廊
▮ 三片生态绿区
▮ 五块生活休闲区

图 8-17　龙王山森林公园整体规划结构

（2）设计思路

该项目以"秀壤智乡，龙盘山水"为主题，把"服务周边市民，服务周边产业发展需求为目标对象"作为龙王山设计定位，提出龙王山郊野公园的主导功能：展现龙王山形象的核心轴带；连接山水与城市的绿色环道；体验山林生活的休闲场所；延续气象文脉的商业空间；拓展城市功能的动力引擎。

理念构思："龙"＋"气象""城市＋林地""休闲＋物候"三种理念模式挖掘风景区内的自身属性，探求三者之间互动发展的空间和功能模式。

方案策略：以织补为手段，以三对要素"现代与传统""生活与休闲""城市与林地"为对象，形成城市与山林的空间有机穿插。

（3）景观结构

景观结构为"一核""两环""三区""五彩生活"。"一核"为气象塔核心区，"两环"为两条绿色环廊，"三区"为三片生态绿区，"五彩生活"为五块生活休闲区（图8-17）。

（4）特色景观

① 龙马精神公园 "龙马精神"是位于龙王山郊野公园东南角的公园绿地，用地面积35.26km^2，其中绿地面积约占26.50km^2，以"玻璃花房""蝴蝶花房""花舞""生态廊道"等景观为特色，构成生动活泼的城市公园景观（图8-18、图8-19）。

主要景观节点

❶ 五龙亭　　　❼ 生态浮岛
❷ 龙腾跃瀑　　❽ 蝴蝶水池
❸ 龙门　　　　❾ 休憩驿站
❹ 组合喷泉　　❿ 城市客厅
❺ 观鱼台　　　⓫ 商业区
❻ 景观栈道　　⓬ 停车场

图8-18　龙马精神公园总平面图

图8-19　龙马精神公园鸟瞰效果图

② 龙腾鱼跃区　"龙腾鱼跃"区位于龙王山郊野公园的东南角，因"鲤鱼跃龙门""五龙亭""观鱼台"等节点而得名。该区主要由跌瀑及湿地景观构成（图8-20、图8-21）。

梦回古薛文化轴 ——"古"

历史文化轴的最后一段"古"，是整条轴线的终点，也是最富历史文化气息的一段区域，该段有主要景点5个，分别为花之径、古韵广场、古韵台、西仓古桥、西仓广场。

花之径运用折线的手法，创造了曲折的古道风光，沿路两旁种满丰富的花卉植物，将洛房泥塑点缀其中，穿过花之径就来到古韵广场和古韵台，利用景墙、铺装等元素，雕刻古薛画卷。

西仓古桥是公园中遗留的历史文化遗迹，为了更好的保护历史遗迹，保留现状，对西仓古桥周边进行整治与景观营造。

西仓广场是历史文化轴的收束，也是园区的一个次要出入口，整个广场造型简单，与古韵广场风格一致，体现历史沧桑之感。

1—花之径；
2—古韵广场；
3—古韵台；
4—西仓古桥；
5—西仓广场

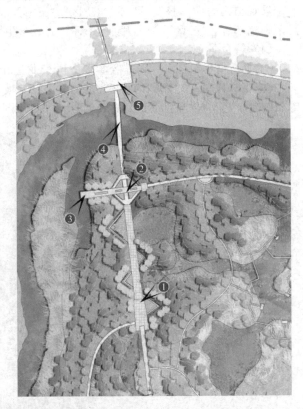

图8-20　龙王山森林公园龙腾鱼跃区平面图

图8-21　龙王山森林公园龙腾鱼跃区效果图

③ 物候公园　"物候公园"是位于龙王山郊野公园西北侧的城市公园，以开阔的水面和

密林为主，围绕水面布置"飞龙在天""观瀑台""龙溪"等景点，并结合休闲绿道、气息广场、农谚广场等形成动静结合的城市公园景观（图8-22、图8-23）。

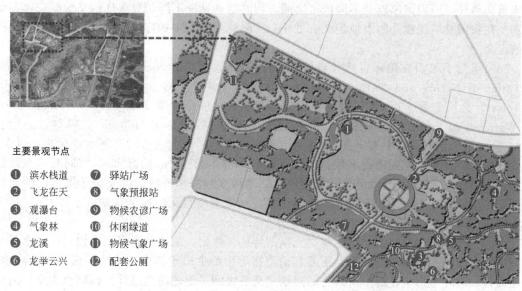

主要景观节点
① 滨水栈道　⑦ 驿站广场
② 飞龙在天　⑧ 气象预报站
③ 观瀑台　　⑨ 物候农谚广场
④ 气象林　　⑩ 休闲绿道
⑤ 龙溪　　　⑪ 物候气象广场
⑥ 龙举云兴　⑫ 配套公厕

图 8-22　龙王山森林公园物候公园平面图

图 8-23　龙王山森林公园物候公园效果图

8.3　湿地公园

8.3.1　概述

8.3.1.1　湿地的概念与特征

（1）湿地的概念

湿地（wetland），顾名思义为有水潮湿的土地，"水"与"土"均是构成湿地的重要因子。全世界对于湿地的定义大约有五六十种，不同时代、不同学科领域对湿地定义的侧重点都有所不同。水文、地质、地理、土壤、植物、动物尤其是鱼类和水禽类、生态、社会、经济以及管理立法等不同方面的专家对湿地的定义可能因其具体研究方向和专业利益不同而各有侧重。另外，不同国家以及不同地区之间，因其地理特征不同，对湿地定义的看法也有所区别。在我国被广泛接受的湿地定义有 2 个：《湿地公约》中的定义和《国际生物学计划》中的定义。

　　1971 年 2 月 2 日在国际自然和自然资源保护联合会（International Union for the Conservation of Nature and Natural Resources，简称 IUCN）的主持下，于伊朗的拉姆萨（Ramsar）会议上通过了《关于特别是作为水禽栖息地的国际重要湿地公约》（Convention on Wetlands of International Importance especially as Waterfowl Habitat），简称《湿地公约》。公约第一条第一款中规定："湿地是指天然或人造、永久或暂时之死水或流水、淡水、微咸或咸水沼泽地、泥炭地或水域，包括低潮时水深不超过 6m 的海水区。"同时，在此公约第二条第一款中还规定："可包括与湿地毗邻的河岸和海岸地区，以及位于湿地内的岛屿或低潮时水深超过 6m 的海洋水体，特别是具有水禽生境意义的地区岛屿或水体。"这是一个非常宽泛的湿地定义。

　　湿地公约定义了湿地的"水"与"土"的特征，然而，从某种意义上来说，光有水分及土壤的环境尚无法完全称为湿地，还需有动植物等生物生长于其中，才能构成真正的湿地。相比而言，国际生物学计划中所认为的湿地定义更强调了湿地的生态性。国际生物学计划是联合国教科文组织在 20 世纪 60 年代初发起的全球性研究行动计划，该计划在 20 世纪 70 年代被人与生物圈计划取代，并从 20 世纪 80 年代中期演变为国际地圈-生物计划。国际生物学计划中认为湿地是：陆地和水域之间的过渡区域或生态交错带（ecotone），由于土壤浸泡在水中，所以湿地特征植物得以生长。该定义特指生长有挺水植物的区域。这是一个狭义上的湿地概念。

　　(2) 湿地的特征

　　湿地应是以水、水成土和水生植物为特征的，1995 年，王宪礼和肖笃宁对此做出了很好的阐述："以下 3 点构成湿地的基本骨架：①湿地的确是以水的出现为标准的；②湿地通常具有独特的土壤与高地土壤相区别；③湿地供养适应于潮湿环境的水生植物，反之，又以缺少非耐湿植被为特征"。

8.3.1.2　湿地公园的概念与特征

　　湿地公园是以具有显著或特殊生态、文化、美学和生物多样性价值的湿地景观为主体，具有一定规模和范围，以保护湿地生态系统完整性、维护湿地生态过程和生态服务功能并在此基础上以充分发挥湿地的多种功能效益、开展湿地合理利用为宗旨，可供公众浏览、休闲或进行科学、文化和教育活动的特定湿地区域。

　　湿地公园与其它水景公园的区别在于湿地公园强调了湿地生态系统的生态特性和基本功能的保护和展示，突出了湿地所特有的科普教育内容和自然文化属性。湿地公园与湿地自然保护区的区别在于湿地公园强调了利用湿地开展生态保护和科普活动的教育功能，以及充分利用湿地的景观价值和文化属性丰富居民休闲游乐活动的社会功能。

　　湿地公园有如下特征：

　　① 湿地景观是公园的主要景观并在公园中发挥主体性生态作用。湿地公园最根本的属性在于它的湿地特征，不论这种湿地是天然形成或是人工形成的。湿地公园首先是自然的公园，其中的湿地应具有一定规模和范围，其湿地特征典型、自然风景优美、美学价值较高、生物多样性丰富、生态系统功能和生态效益良好。

　　② 湿地保护为前提。湿地资源的保存与保护是湿地公园设立的首要宗旨，其内容主要为通过物种及其栖息地保护以达到维护物种生态平衡、生态系统功能完整的目的。

③ 具有观赏游憩、科普教育、科学研究等功能。旅游观光是湿地公园作为公园所具有的最基本的功能，湿地公园的旅游更强调其生态旅游的特色。湿地公园也是作为以环境保护为主要科普教育内容的重要基地，游人通过对湿地大自然的了解，加深了保护自然的意识。另外，湿地公园也是科研人员研究湿地自然过程、探索湿地奥秘的重要场所。

8.3.1.3 湿地公园的分类

（1）按湿地资源状况划分

① 海滩型 包括永久性浅海水域，多数情况下低潮时水位低于 6m，包括海湾和海峡。

② 河滨型 包括河流及其支流、溪流、瀑布，季节性、间歇性、定期性的河流、溪流、瀑布。

③ 湖沼型 利用大片湖沼湿地建设的湿地公园。

（2）按湿地成因划分

① 天然型 天然湿地公园是指利用原有的天然湿地所开辟的城市湿地公园，一般规模较大的湿地公园都属于天然资源类型。

② 人工型 人工湿地公园是指利用人工湿地或人工开挖兴建的湿地公园。

（3）按生产生活用途划分

① 养殖型 部分湿地区域用于渔业养殖，含有鱼塘和虾塘的湿地公园。

② 种植型 湿地的部分区域用于农业种植及灌溉，含有稻田、水渠、沟渠的灌溉田和灌溉渠道湿地公园。

③ 盐碱型 湿地公园主要是盐碱次生湿地，包括城市及郊区的盐池、蒸发池、季节性泛洪等。

④ 废弃地型 主要是工矿开采过程中遗留的废弃地所形成的湿地，包括采石坑、取土坑、采矿池，经人工修复后形成的城市湿地公园。特色是比起采用混凝土护坡，或铺设人工草坪的公园水体，例如建筑工地上保留的巨大水坑，均为天然形成，可能更符合湿地自然调节的特性，有助于净化、降解周围环境中的有毒物质。

（4）按游憩内容划分

① 展示型 不具备自然演替的功能，把生态学的手法和技术手段向游人进行展示，具有教育、普及宣传的作用，具有湿地外貌，无湿地功能，只是通过此类湿地向居民展示完整的湿地功能。

② 仿生型 模仿湿地在自然的原始形态并加以归纳、提炼的人工湿地公园，具有一定自然演替的功能，具有湿地外貌，有一定湿地功能。

③ 自然型 完全出于野生状态的湿地公园，多属于生态保护型湿地，可供居民参观、游憩，湿地功能完备，反映自然湿地的特性，具有自然演替的功能。

④ 恢复型 原本是湿地场所，由于建设造成湿地性质消失，后又人工恢复，具有湿地外貌，有一定湿地功能。

⑤ 污水净化型 用于污水的净化与水资源的循环利用，具有湿地外貌，有一定湿地功能。

⑥ 环保休闲型 湿地公园一方面利用湿地处理污染，另一方面提供休闲娱乐功能。

8.3.1.4 湿地公园的功能

湿地公园是集湿地生态保护、生态观光休闲、生态科普教育、湿地研究等多功能于一体的公园，下面对其功能进行简要概括。

（1）保护生态环境

① 蓄水防洪、调节径流、削减洪峰、补给地下水。湿地作为一个巨大的蓄水库可以储存雨季的降水，减少下游的洪水量，同时由于湿地植被的存在可以减缓水流，从而调节径流

和削减洪峰，延迟洪峰的到来。湿地强大的蓄水作用可以补给地下水，使湿地的地表水转换为地下水，为持续用水提供了保障。

② 净化水体，消除污染。湿地的物理和化学属性使得湿地具有去除和沉淀湿地水流中的污染物和漂浮物的作用，同时湿地中的各种微生物作为分解者可以分解有毒物质，从而达到净化水体、降解有毒物质的功能。

③ 调节区域气候，改善和提高环境质量。湿地的蒸发作用可以提高空气湿度和保持一定的降雨量，降低热岛效应，同时湿地的植被可以滞尘、净化空气和降低噪声。

④ 保护和维持生物多样性。湿地是生物多样性最为丰富的生态系统，动植物种类繁多。湿地物种的多样性有利于生物多样性的维持和保护，有利于可持续发展。

（2）生态观光休闲

湿地生态系统有着丰富的动植物资源，优越的生态环境和独特的自然景观，是人们休闲游乐和活动交往的主要场所。近水、亲水是人类的天性，人们都喜欢在有水的地方游览、游憩，湿地景观特性和大面积水域以及良好的生态环境能满足人们游玩的需要。湿地有着独特的自然景观，人们游憩其中会带来精神上的愉悦，缓解工作和生活压力。

（3）生态科普教育

人类文明几乎都发源于江河附近的湿地，很多湿地还保留着人类早期活动的遗迹，所以湿地可以作为教学实习、科普和环境保护基地，提高人类对湿地的认识和环境保护意识。

（4）其它功能

湿地以其丰富的自然资源和高效的生产力为人类提供物质资料和重要的生态环境基础，具有较高的经济、生态环境和社会文化功能。

8.3.2 湿地公园规划设计

8.3.2.1 指导思想、基本原则与规划目标

（1）指导思想

根据各地区人口、资源、生态和环境的特点，以维护湿地系统生态平衡、保护湿地功能和湿地生物多样性，实现资源的可持续利用为基本出发点，坚持"全面保护、生态优先、合理利用、持续发展"的方针，充分发挥湿地的生态、经济和社会效益。

（2）基本原则

① 生态优先　城市湿地公园设计应遵循尊重自然、顺应自然、生态优先的原则，围绕湿地资源全面保护与科学修复制定有针对性的公园设计方案，始终将湿地生态保护与修复作为公园的首要功能定位。

② 因地制宜　在尊重场地及其所在地域的自然、文化、经济等现状条件，在尊重所有相关上位规划的基础上开展公园设计，保障设计切实可行，彰显特色。

③ 协调发展　通过综合保护、系统设计等保障湿地与周边环境共生共荣，保持公园内不同区域及功能协调共存；实现科学保护，合理利用，良性发展。

（3）规划目标

全面加强湿地保护，维护城市湿地生态系统的生态特性和基本功能，最大限度地发挥湿地在改善生态、美化环境、科学研究、科普教育和休闲游乐等方面所具有的生态、环境和社会效益，有效地遏制建设中对湿地的不合理利用现象，保证湿地资源的可持续利用，实现人与自然的和谐发展。

8.3.2.2 湿地公园总体规划的内容与成果

湿地公园总体规划包括以下主要内容：根据湿地区域的自然资源、经济社会条件和湿地公园用地的现状，确定总体规划的指导思想和基本原则，划定公园范围和功能分区。确定保护对象与保护措施，测定环境容量和游人容量，规划游览方式、游览路线和科普、游览活动

内容，确定管理、服务和科学工作设施规模等内容，提出湿地保护与功能的恢复和增强、科研工作与科普教育、湿地管理与机构建设等方面的措施和建议。对于有可能对湿地以及周边生态环境造成严重干扰、甚至破坏的城市建设项目，应提交湿地环境影响专题分析报告。

湿地公园总体规划成果应包含以下主要内容：

① 湿地公园及其影响区域的基础资料汇编；

② 湿地公园规划说明书；

③ 湿地公园规划图纸；

④ 相关影响分析与规划专题报告。

8.3.2.3　湿地公园资源调查与评价

湿地公园基础资料调研在一般性公园规划设计调研内容的基础上，应着重于地形地貌、水文地质、土壤类型、气候条件、水资源总量、动植物资源等自然状况，地区经济与人口发展、土地利用、科研能力、管理水平等社会状况，以及湿地的演替、水体水质、污染物来源等环境状况方面。

(1) 地形调查

收集规划区域的地形图，对照图纸明确规划范围内的地形特征。

(2) 水质调查

应请有关部门协助调查规划区域内水系的水质，明确其物质的分布与特性。一般要调查的项目包括 pH 值、BOD（生物化学性耗氧量）、COD（化学性需氧量）、SS（悬浊物的质量）、T-N（全部氮气）、T-P（全部磷）、大肠杆菌群的个数等。

(3) 土地利用现状调查

根据现状图绘制，结合实地调查、空中照片对 $S = 1/5000 \sim 1/10000$ 的土地使用现状图进行修正。

(4) 植被调查

对被调查地区的植被情况进行调查。在被调查的地区内，从植物生长环境特性的角度出发对其相关事项进行考察，调查的范围为被调查地区及方圆 1km 的范围内，并根据实际调查绘制植被图，肉眼观察是否有构成被调查地区植物生态特征的主要植物物种的生长，并绘制由优势种构成的群落区分图，对那些不能进行实地考察的地区，应充分利用高空照片、地形图及已有的植被图等信息及分析结果，对与地形及植被相关的植物的各种生长环境进行预测后绘制。同时，还要进行典型植被群落的调查。运用植物社会学性植被调查法，对由植被图所显示的典型性植被群落进行植被的高度、层次结构，出现物种的数量，物种的组成、被度、群度、形成的地理条件等方面的调查，在对群落进行识别、界定的同时，对群落组成表、群落特性进行调查。

(5) 动物生态调查

分别对被调查地区的不同动物生态进行调查，并绘制每一种动物的清单及确认的地点（调查地点图），对动物生态的概要进行归纳。主要是哺乳类、鸟类、鱼类、昆虫类等动物。

(6) 资源评估

资源评估常用的评价指标有：

① 生息动物的种数；

② 有无鸟类（猛禽类、水鸟）的生息；

③ 有无哺乳类的生息；

④ 有无爬行类的生息；

⑤ 有无两栖类的生息；

⑥ 有无树林；

⑦ 有无重要的湿性植物。

8.3.2.4 湿地公园规划设计原则

湿地公园规划设计应遵循系统保护、合理利用与协调建设相结合的原则。在系统保护湿地生态的完整性和发挥环境效益的同时，合理利用湿地具有的各种资源，充分发挥其经济效益、社会效益以及在美化环境中的作用。

（1）系统保护的原则

① 保护湿地的生物多样性　为各种湿地生物的生存提供最大的生息空间；营造适宜生物多样性发展的环境空间，对生境的改变应控制在最小的限度和范围内；提高湿地生物物种的多样性并防止外来物种的入侵造成灾害。

② 保护湿地生态系统的连贯性　保持湿地与周边自然环境的连续性；保证湿地生物生态廊道的畅通，确保动物的避难场所；避免人工设施的大范围覆盖；确保湿地的透水性，寻求有机物的良性循环。

③ 保护湿地环境的完整性　保持湿地水域环境和陆域环境的完整性，避免湿地环境的过度分割而造成的环境退化；保护湿地生态的循环体系和缓冲保护地带，避免城镇发展对湿地环境的过度干扰。

④ 保持湿地资源的稳定性　保持湿地水体、生物、矿物等各种资源的平衡与稳定，避免各种资源的贫瘠化，确保湿地公园的可持续发展。

（2）合理利用的原则

① 合理利用湿地动植物的经济价值和观赏价值；

② 合理利用湿地提供的水资源、生物资源和矿物资源；

③ 合理利用湿地开展休闲与游览；

④ 合理利用湿地开展科研与科普活动。

（3）协调建设原则

① 湿地公园的整体风貌与湿地特征相协调，体现自然野趣；

② 建筑风格应与湿地公园的整体风貌相协调，体现地域特征；

③ 公园建设优先采用有利于保护湿地环境的生态化材料和工艺；

④ 严格限定湿地公园中各类管理服务设施的数量、规模与位置。

8.3.2.5 湿地公园功能分区

湿地公园一般应包括生态保育区、生态缓冲区、综合服务与管理区等区域。

（1）生态保育区

对场地内具有特殊保护价值，需要保护和修复的，或生态系统较为完整、生物多样性丰富、生态环境敏感性强的湿地区域及其它自然群落栖息地，应设置生态保育区。区内不得进行任何与湿地生态系统保护和管理无关的活动，禁止游人及车辆进入，应根据生态保育区生态环境状况，科学确定区域大小、边界形态、联通廊道、周边隔离防护措施等。

（2）生态缓冲区

为保护生态保育区的自然生态过程，在其外围应设立一定的生态缓冲区，生态缓冲区内生态敏感性较低的区域，可合理开展以展示湿地生态功能、生物种类和自然景观为重点的科普教育活动。生态缓冲区的布局、大小与形态应根据生态保育区所保护的自然生物群落所需要的繁殖、觅食及其它活动的范围、植物群落的生态习性等综合确定。区内除园务管理车辆及紧急情况外，禁止机动车通行。在不影响生态环境的情况下，可适当设立人行及自行车游线、必要的停留点及科普教育设施等。区内所有设施及建（构）筑物须与周边自然环境相协调。

（3）综合服务与管理区

在场地生态敏感性相对较低的区域，设立满足与湿地相关的娱乐、休闲、游赏等服务功能，以及园务管理、科研服务等区域，可综合考虑公园与城市周边交通衔接，设置相应的出入口与交通设施，营造适宜的游憩活动场地。除园务管理、紧急情况和环保型接驳车辆外，禁止其它机动车通行。可适当安排人行、自行车、环保型水上交通等不同游线，并设立相应的服务设施及停留点。可安排不影响生态环境的科教设施、小型服务建筑、游憩场地等，并合理布置雨洪管理设施及其它相关基础设施。

8.3.2.6 公园游客容量

根据不同分区计算，具体方法见表8-4。

表 8-4 城市湿地公园游客容量计算方法

生态保育区	生态缓冲区	综合管理与服务区
0人	按线路法，以每个游人所占平均道路面积计算：5～15m²/人	按公式 $C = (A_1/A_{m1}) + C_1$ 计算 式中 C——公园游人容量（人）； $\quad\quad A_1$——公园陆地面积（m²）； $\quad\quad A_{m1}$——人均占有公园陆地面积（m²）； $\quad\quad C_1$——开展水上活动的水域游人容量（人）（仅计算综合服务与管理区内水域面积，不包括其他区域及栖息地内的水域面积） 陆地游人容量宜按 60～80m²/人，水域游人容量宜按 200～300m²/人设计

来源：城市湿地公园设计导则（建办城〔2017〕63号），2017。

8.3.2.7 湿地公园营建技术

（1）湿地土层结构改造

土壤结构对湿地公园的营建起着重要作用。由于沙土营养物含量低，植物生长困难，而且容易使水分快速渗入地下，所以不宜设在最下层。而黏土矿物有利于防止水分快速渗入地下，并可限制植物根系或根茎穿透，故通常采用黏土构筑湿地下层。壤土也可以代替黏土置于底层，但应适当增加厚度。

（2）湿地护岸生态设计

作为水陆交界地带的湿地岸边，其环境的营建也是十分重要的，需要精心考虑。混凝土砌筑的护岸破坏了湿地对周围环境应有的过滤和渗透作用。而人工草坪由于自我调节能力弱，大量的浇灌、除草、喷药等管理措施，极易导致残余化学物质流入水体造成污染。

理想的湿地护岸生态工程技术，是以自然升起的湿地基质的土壤沙砾代替人工砌筑，并在水陆交接的自然过渡地带种植湿生植物。这样，既能加强湿地的自然调节功能，又能为鸟类、两栖爬行类动物提供理想的生境，还能充分发挥湿地的渗透及过滤作用，同时，也在视觉效果上形成自然和谐而又富有生机的景观。

对于洪水冲刷严重的河段，需要做护坡处理，应尽可能使用或部分使用自然式护坡。自然式护坡设计就是要求公园的水体护坡工程措施便于鱼类及水中生物的生存，便于水的下渗与补给，景观效果也尽量接近自然状态下的水岸（图8-24、图8-25）。

（3）水体面积及水位控制

一般来说，湿地面积与水体负荷相关，而与微生物对污染物的降解过程无关。湿地长度与水体停留时间及污染处理程度相关。湿地的长宽比在 3：1 到 10：1 之间考虑。对于芦苇湿地，长度一般应在 20～50m 之间。湿地顺水流方向应形成一定的表面坡降比，以利于水体流进湿地，并形成表面过境水流。

在美国、加拿大、欧洲，湿地体积大致等于来自不透水地面13mm的径流量，一般能收集 80%～90% 的径流量。专家建议，计算湿地表面积不需要考虑它的收集容积，而是用

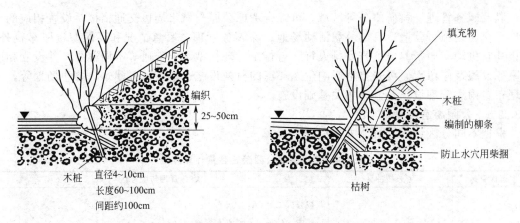

图 8-24　编材施工法示意图（左）和编桩施工法示意图（右）

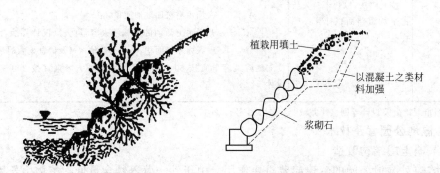

图 8-25　柳枝梢工示意图（左）和浆砌石护岸示意图（右）

汇水面积的百分数来计算。通常是支流汇水面积的 $1.5\% \sim 3.0\%$。有较多的不透水面积的汇水流域比较少，不透水面积的汇水流域会产生更多的径流量。

　　自然湿地中有地表低湿偶尔积水、季节性积水、常年性积水等不同的水位形态。因此，在湿地公园的营建时，也应遵循这一规律，创造不同的自然水位。一般而言，常水位应与该地区地下水位线基本一致；通过人工湖池底的不同构造来形成对水位的控制；此外，还应充分考虑枯水期的补充水源等问题。在降雨时，水位会超过旱季的水位。因此，湿地植物必须避免长时间的被淹没。湿地植物被淹没的最大深度可用来确定湿地的表面积。实际上所有的湿地植物只要洪水时间不是太长都可生存，一般很难确定超高容积应设计成多大。虽然通常被设计成排水大致需 20h，但这并不意味着收集容积区总是空的，因为一系列频繁的降雨，将使其长时期被充满。雨季淹没的最大深度应保证大部分植物能够生存并发挥其功能。在一定程度上，超高深度取决于被植的水生植物的种类，因为有一些植物长得很高。一般来说，如果栽种挺水植物，$0.3 \sim 0.6$m 的超高是相对安全的。

　　（4）基床表层设计水深

　　湿地基床的设计水深应根据栽种的植物种类及根系生长深度来确定，以保证有氧条件下的最大水深，实现较长的接触时间和较好的处理效果。人工湿地中使用最多的水生植物为香蒲、芦苇、灯心草、宽叶香蒲和篦草。植物根系的深度决定了湿地的深度。香蒲在水深 0.15m 的环境中生存占优势；灯心草水深为 $0.05 \sim 0.25$m；芦苇生长在岸边和 1.5m 的水深中，在浅水中是弱竞争者；香蒲和灯心草的根系主要在 0.3m 以内的区域，芦苇的根系达 0.6m，宽叶香蒲则达到 0.76m。芦苇、篦草和宽叶香蒲常被用在潜流型湿地中，它们较深的根系可扩大污水的处理空间。

（5）湿地植物配置设计（图 8-26～图 8-28）

图 8-26　湿地浮水植物

图 8-27　湿地挺水植物

图 8-28　湿地沉水植物

首先，湿地植物配置应根据所在区域的自然气候条件、湿地的用途及特征，选择适宜的植物组成。其次，在湿地的演化过程中，常伴随着外来物种的侵入，并有可能对湿地的发展产生巨大影响。人工配置的湿地动植物随着时间的推移，在物种数量上会有很大差别，因此，需要对湿地公园进行长期的定位监测和人为控制。第三，需要特别关注植物群落的最大生物量。植物生产率的估算，主要是由最大生物量来决定的。植物群落的最大生物量是湿地生态系统健康的重要指标，也代表着湿地演替的相关阶段。湿地植物配置，应尽量采用本地植物品种，以及能被更好地利用或恢复原有自然湿地生态系统的植物种类。同时，还应避免外来物种的入侵，以免造成本地植物在生态系统内的物种竞争中失败甚至灭绝。

高等水生维管植物一般可作为人工湿地的种植植物。美国对芦苇、香蒲、灯心草、水葱、竹等植物净化污水进行过大量研究。不同的生长环境，适宜的湿地植物是不同的（表8-5）。但所选择的湿地植物通常应具有下列特性：

① 能忍受较大变化范围内的水位、含盐量、温度和 pH 值；

② 在本地适应性好的植物，最好是本地的原有植物；

③ 被证实对污染物有较好的去除效果；

④ 有广泛用途或经济价值高。

表 8-5　上海地区适宜的部分水生植物习性表

科属	品种	株高	耐水深	花期、花色	习性
鸢尾科	溪荪	60cm	<10cm	5～6月份，大花、蓝紫	
	花菖蒲		<10cm	6～7月份，花大，花形丰富	喜酸性土
	德国鸢尾	60cm	20cm	4～5月份，花色因品种而异	观花、叶，挺水植物
	燕子花		<10cm	5～6月份，花大，蓝紫色	宿根，湿生植物
	黄菖蒲	60cm	30cm	5～6/8～10月份，花黄色	观花、叶，挺水植物
莲科	荷花	30～180cm	30～100cm	5～8月份，花大，色彩丰富	挺水植物，有多种园艺品种
	睡莲		30～120cm	4～11月份，花大，色彩丰富	浮水植物，有多种园艺品种
	萍蓬草		50～60cm	4～5月份及7～8月份，花黄色	多年生浮水植物
天南星科	石菖蒲	30～40cm	<10cm	2～6月份，花白色	温生观叶植物，常绿全株具香气
	菖蒲	60cm	30cm	6～9月份，花黄绿色	观花、叶，挺水植物
雨久花科	雨久花	50～80cm	<10cm	7～10月份，花整齐	挺水草本植物
	凤眼莲		10～30cm	7～9月份，小花蓝色	浮水草本植物，应控制水面
泽泻科	慈姑	50～60cm	沼生	花果期5～10月份，白色或淡黄色	
莎草科	水葱	200～250cm	30～50cm	花果期6～9月份	观茎，挺水植物
	镳草		10～20cm	花果期7～10月份	宜生长于滩涂
	旱伞草	150～200cm	30～50cm	7月份，花淡紫色	
龙胆科	荇菜		10～30cm	6～7月份，小花黄色	多年生浮生植物
芡实科	芡实		60～120cm	7～8月份，小花，白、紫色	浮水植物
香蒲科	香蒲	200～250cm	30～50cm	花果期5～8月份，花棕色	
千屈菜科	千屈菜	150cm	30～40cm	5～10月份，花紫红	观花，挺水植物
禾本科	芦苇	150～250cm	30～50cm	7～11月份	观茎，挺水植物
灯心草科	野灯心草	30～50cm	10～20cm	4～7月份，花淡绿色	观叶，挺水植物

（6）自然生态管理措施

在湿地植物种植上，一方面，应尽可能在水陆过渡地带保持一定的自然湿地生境作为缓冲区，采取适当的生态管理措施确保其自然演替和自然恢复过程，以利于湿地功能的发挥；另一方面，在有湿地生境的植被中，植物群落的物种和组成应与湿地生境的自然演替过程相符合，以便有效地促进并加速其恢复过程。必要时应采取分阶段的种植模式，先营造先锋植物群落，待生境特点与立地条件改善后再构建目标植物群落。

湿地生态管理措施的制定及实施过程，关键是确定植物的目标种。在不同的生境类型和演替中，构成目标种的植物种类组成也不同。生态管理措施应有利于保持目标种生境类型的稳定性。在拥有大面积湿地生境类型的城市中，生态植被建设应与生态管理措施并举，才能保护和利用湿地资源。

8.3.3　案例分析

案例1：香港湿地公园

（1）概述

香港湿地公园（HongKong Wetland Park）位于新界天水围的北部，建有占地 10000m^2

的室内展览馆"湿地互动世界"，以及超过 60hm² 的湿地保护区，是亚洲首个拥有同类型设施的公园（图 8-29）。

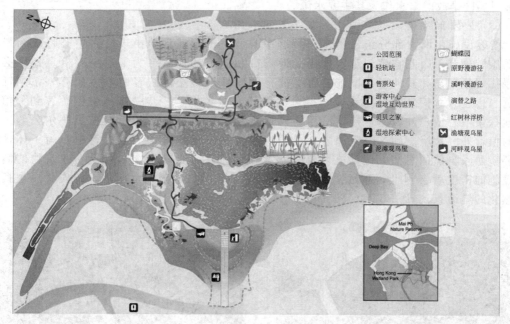

图 8-29　香港湿地公园平面图

　　该湿地公园的原址只是一片普通的湿地。香港政府在发展天水围新市镇的同时，打算用这片土地来补偿在发展时所失去的具生态价值的土地。

　　1998 年，当时的香港渔农署（即现时的香港渔农自然护理署）及香港旅游协会（即现时的香港旅游发展局）进行研究，最后决定把这片土地建成国际级的生态旅游项目，即香港湿地公园。同时，香港湿地公园是米埔湿地保护区的缓冲区，故此香港政府亦希望借助兴建湿地公园，用以保护湿地、教育市民及吸引游客。1999 年，湿地公园动工兴建，是香港首个生态环境旅游项目，耗资约 5 亿港元，公园分 2 期发展，第 1 期展览馆已于 2000 年 12 月落成开放，而第 2 期展览馆已于 2006 年 5 月 20 日启用（图 8-30）。

图 8-30　香港湿地公园远眺

　　（2）设计理念

　　渔农自然护理署聘请了 Met Studio 设计公司和英国野生鸟类与湿地基金会对该项目制定战略性管理规划，主要是指导下一阶段湿地公园设计的目标、导则、教育主题和通过湿地这一媒介来传达给参观者关于保护和可持续性的关键信息，如湿地的生物多样性和生态关系，人与自然相互依存的理念以及与可持续理念相协调的生活模式调整的需要等。项目包括：公园布局、公园预算用途的等级、建筑形式、景观和栖息地的创造、建筑配套安装和材料的选择。

生态缓解区利用可以获得的天然水资源，重建了淡水和咸淡水栖息地。咸淡水栖息地依赖于自然的潮汐运动，而淡水湖和淡水沼泽则构成了一个紧密的系统，它们以来自于天水围城市发展区排放的雨水作为其主要水源。

（3）公园布局

游客设施由两大部分组成：室内游客中心和室外展览区。由于游客中心将成为最重要的旅游景点，因此它被刻意安排在接近入口和城市的位置。为了避免对栖息地不必要的侵扰，停车场和其他基础设施的面积被有意地降至最小。游客中心后面有一系列针对主题、传达教育信息的展览花园、展览池塘和人造生境，一步一步地引领游客到分馆的湿地探索中心或户外教室，接着沿浮桥到达观鸟屋，再前往较接近《拉姆萨尔公约》湿地的偏远外围生境。到这个范围内参观的游客应远少于访客中心。游客中心为了体现整体环境融入自然的思想，隐藏在人造山坡之下。不单如此，越深入公园，建筑物的高度和设施的密度就会越低，越远离城市、越接近《拉姆萨尔公约》湿地，游人所见是接近自然化的湿地景观（图 8-31、图 8-32）。

图 8-31　香港湿地公园内景

图 8-32　香港湿地公园景观

（4）展廊

展览馆内世界级的展品向游人介绍湿地的重要性、全球分布情况和其惊人的多样性，进一步向游人展示主题。展品中包括一个按原样复制的热带雨林泥滩沼泽生态系统，其中栖息着五条鳄鱼和其他动物。另一个展廊通过人类文化和湿地之间的历史，展示人与湿地之间的亲密关系，游客有机会成为湿地电视台的记者，调查湿地正在遭受的威胁和学习该如何去做。

由于湿地公园具有特殊的教育功能，政府针对学校团体和其他参观者设计了教育讲解项目。其具体目标如下：

① 增强参观者对湿地功能和价值的认识；

② 使参观者体会到自然的重要性并增加其在自然多样性方面的知识；

③ 鼓励参观者采取行动调整其生活方式，以更符合可持续发展的要求；

④ 为所有参观者提供休闲娱乐的机会。

（5）景观和户外工程

从室内展廊空间到室外重建湿地展示空间的过渡自然而流畅，人们在游览时非常便捷地获得环境教育信息。当游客参观完中心建筑时，他们会发现自己在一个湍急的山溪的源头，这条小溪从游客中心的屋顶沿着岩石倾泻而下，经过一系列重建林地、缓缓穿过三角洲，最后流入分馆的湿地探索中心附近的淡水池塘中。游客可以沿着小溪旁的步道顺流而下，参观一系列的重建湿地和山溪自然生命周期的各个阶段。

探索中心也是一个户外教育中心，周边环绕着解释性的景点水池。游客在这里可以观察水体中的各种动物，认识如何管理公园和通过简单的机械装置控制水位，还能了解到历史上曾经是中国内地和香港居民重要生产生活方式的各种湿地农耕方法。

分馆设计了雨水收集系统来冲洗厕所，并依靠自然通风，通过天窗的巧妙利用使得太阳辐射降至最低。外围的观鸟屋同样也利用自然光和双层天窗来尽可能地利用自然通风，使游客感觉舒适。木栈道引导人们跨过湖泊，到达以木质观鸟屋、浮桥和自然教育径为景观特征的更加接近真实大自然环境的"外围地区"。

在景观设计中，乡土植物占主导地位，这样不仅可以尽可能地模拟自然生境，而且能够将维护成本和水资源的消耗降到最少。通过水系统的设计，使得来自于生态缓解区淡水湖的水，通过循环又回到湖中，从而减少了水资源的消耗。简单的灌溉系统主要用来辅助植物景观的建立和维护，而且仅在晚上使用，以降低蒸发和消耗，并保证不与游客发生冲突。户外照明装置仅限于入口广场和建筑入口坡道，在湿地公园的大部分区域没有照明设备以减少对野生生物的干扰和降低能源消耗。

（6）可持续发展设计和再生材料

优先采用可以更新的软木材而不是硬木材。研成粉末的硅酸盐粉煤灰代替了一部分水泥掺入到混凝土中增加其防水性。广州某传统中式建筑拆下来的砖被重新做成入口坡道和中庭的墙。

在植物景观中，除乡土植物材料的运用之外，第一期花园中原有乔木和灌木都被尽可能地保留。

建成后的湿地公园不仅是一个世界级的旅游景点，而且更是重要的生态环境保护、教育和休闲娱乐资源。

［资料来源：①《城市环境设计》2007（1）：36-41，作者：A. H. Lewis，香港特别行政区政府建筑署，翻译者：于思思，北京大学景观设计学研究院/北京大学深圳研究生院；②http://sc. afcd. gov. hk/gb/www. wetlandpark. com/tc/aboutus/index. asp；③http://baike. baidu. com/view/482473. htm.］

案例 2：山东省枣庄市薛城区蟠龙岛湿地郊野公园概念性规划设计（南京盖亚景观规划设计有限公司）

基地位于山东省枣庄市薛城区，项目中蟠龙岛位于前西仓村东侧，东仓村西侧，皇殿村南侧，枣临铁路北侧，是鲁南地区的政治、文化、经济和交通中心，枣庄市政治、文化中心。蟠龙岛湿地郊野公园项目总用地面积 2.2km²。设计采用"质朴、野趣、乡土"的设计风格，为广大市民提供休闲娱乐的"后花园"，旨在打造山东省"湿地型郊野公园"典范（图 8-33）。

（1）场地背景

场地区位优势显著，京台高速、枣临铁路与场地关系密切，交通十分便捷，周边用地类型以农田、林地以及居住为主，还包括科教和工业用地，场地周围景源丰富，东北侧的水上游乐场作为优秀的人工景源，可考虑纳入观景视线，西北侧的孙家大院可与整个场地结合，形成精品旅游路线。场地现状交通区位十分优越，东南方有枣临铁路穿行而过，东北侧有望京台高速，周边主级道路交通与场地关系密切，交通十分便捷。

场地现状：现有一定的历史文化基础，作为历史文化轴线的西仓路对场地文化面貌的提升有极大助力。

（2）设计策略

场地设计以"龙戏沙河，梦回古薛"为主题形成两条景观轴线：

① 一条龙形栈桥形成湿地观赏轴，穿过基地，展示湿地风采。

② 利用基地原有古道，构建"梦回古薛"的历史文化轴。

（3）景观结构

该项目景观结构分为两条："龙戏沙河"与"梦回古薛"（图 8-34、图 8-35）。"龙戏沙

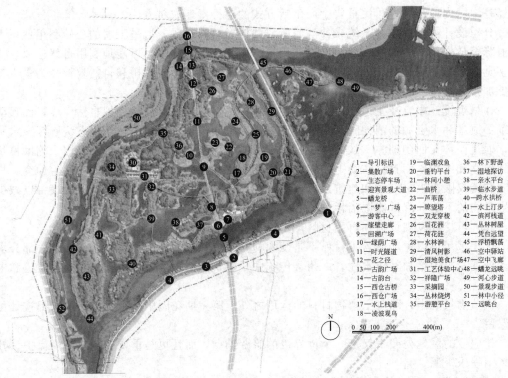

图 8-33　蟠龙岛湿地郊野公园总平面

1—导引标识　　19—临渊戏鱼　　36—林下野游
2—集散广场　　20—垂钓平台　　37—湿地探访
3—生态停车场　21—林间小憩　　38—亲水平台
4—迎宾景观大道22—曲桥　　　　39—临水步道
5—蟠龙桥　　　23—芦苇荡　　　40—跨水拱桥
6—"梦"广场　　24—瞭望塔　　　41—水上汀步
7—游客中心　　25—双龙穿梭　　42—滨河栈道
8—崖壁走廊　　26—百花洲　　　43—丛林树屋
9—回溯广场　　27—荷花漤　　　44—凭台远望
10—绿荫广场　　28—水林涧　　　45—浮桥飘荡
11—时光隧道　　29—清风树影　　46—空中驿站
12—花之径　　　30—湿地美食广场47—空中飞廊
13—古韵广场　　31—工艺体验中心48—蟠龙远眺
14—古韵台　　　32—祥隆广场　　49—河心步道
15—西仓古桥　　33—采摘园　　　50—景观步道
16—西仓广场　　34—丛林烧烤　　51—林中小径
17—水上栈道　　35—游憩平台　　52—远眺台
18—凌波观鸟

N

0　50 100　　200　　　　400(m)

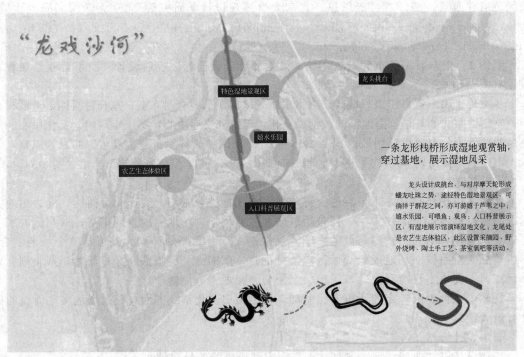

图 8-34　蟠龙岛湿地郊野公园设计策略诠释之"龙戏沙河"

河"为龙头设计成挑台,与对岸摩天轮形成蟠龙吐珠之势,途经特色湿地景观区,游人可徜徉于群花之间,亦可游嬉于芦苇之中;嬉水乐园,可喂鱼、观鸟;入口科普展示区,有湿地展示馆演绎湿地文化;龙尾处是农艺生态体验区,此区设置采摘园、野外烧烤、陶土手工

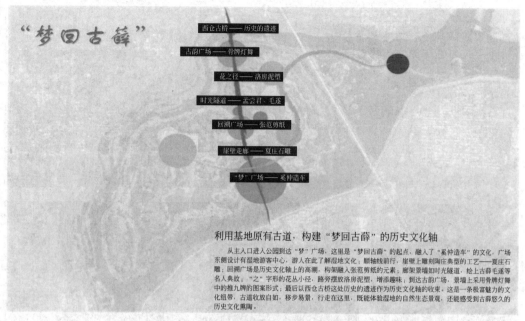

利用基地原有古道，构建"梦回古薛"的历史文化轴

从主入口进入公园到达"梦"广场，这里是"梦回古薛"的起点，融入了"奚仲造车"的文化，广场东侧设计有湿地游客中心，游人在此了解湿地文化；顺轴线前行，崖壁上雕刻陶庄典型的工艺——夏庄石雕；回溯广场是历史文化轴上的高潮，构架融入张范剪纸的元素；廊架景墙如时光隧道，绘上古薛毛遂等名人典故；"之"字形的花丛小径，路旁摆放洛房泥塑，增添趣味；到达古韵广场，景墙上采用骨牌灯舞中的推九牌的图案形式；最后以西仓古桥这处历史的遗迹作为历史文化轴的收束。这是一条极富魅力的文化纽带，古道收放自如，移步易景，行走在这里，既能体验湿地的自然生态景观，还能感受到古薛悠久的历史文化熏陶。

图 8-35 蟠龙岛湿地郊野公园设计策略诠释之"梦回古薛"

艺、茶室氧吧等活动。

"梦回古薛"为从主入口进入公园到达"梦"广场，这里是"梦回古薛"的起点，融入了"奚仲造车"的文化。广场东侧设计有湿地游客中心，游人在此了解湿地文化；顺轴线前行，崖壁上雕刻陶庄典型的工艺——夏庄石雕；回溯广场是历史文化轴上的高潮，构架融入张范剪纸的元素；廊架景墙如时光隧道，绘上古薛毛遂等名人典故；"之"字形的花丛小径，路旁摆放洛房泥塑，增添趣味；到达古韵广场，景墙上采用骨牌灯舞中的推九牌的图案形式；最后以西仓古桥这处历史的遗迹作为历史文化轴的收束。这是一条极富魅力的文化纽带，古道收放自如，移步易景，行走在这里，既能体验湿地的自然生态景观，还能感受到古薛悠久的历史文化熏陶。

（4）特色景观

① 南岸迎宾景观带　本分区位于蟠龙岛河道的南岸，是出入公园的一条重要景观道路，规划通过加宽绿带形成迎宾景观带，使其成为湿地郊野公园的前奏，也为来访游客提供了导引。在进入蟠龙岛湿地郊野公园的十字路口处，设计三角形的交通绿岛，摆放导引标识起到指示作用；加宽绿带，配置植物，形成迎宾景观带；主入口旁布置生态停车广场（图 8-36）。

② 梦回古薛文化轴　本分区位于蟠龙岛湿地郊野公园中部，承载着薛城区的众多文化内涵，是一条极富魅力的文化轴线。该区从南至北分为三段，分别为"梦""回"和"古"。"梦"段意在表达对古薛文化的思念。"回"段意在表达人们回望过去、追溯历史的主题。在该段中，人们可以通过欣赏与体验民间文化，了解薛城的历史与习俗。"古"段包含花之径、古韵广场、古韵台、西仓古桥和西仓广场。利用古韵广场展现骨牌灯舞，利用西仓古桥遗迹了解过去，让人们体会到古薛的氛围（图 8-37～图 8-39）。

梦回古薛文化轴——"梦"公园的主要通道造型简约，"梦"广场为主题广场，主要以奚仲造车为主题，铺装样式采用圆形车轮的形状，使广场样式更有特色、更富活力。游客中心采用生态绿色建筑材料建造，向游客宣传普及湿地、动植物、环境保护等相关知识，增加人们对湿地的认识。崖壁走廊为该段的亮点，充分利用中间低四周高的地形优势，营造崖壁走廊景观，利用高地断面打造壁画，结合廊架形成走廊的历史文化氛围。整个景观富有创意，使历史文化与湿地景观恰到好处地融合。

1—导引标识；2—集散广场；3—生态停车场；
4—迎宾景观大道

图 8-36　南岸迎宾景观带平面图及节点效果图

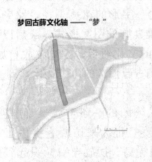

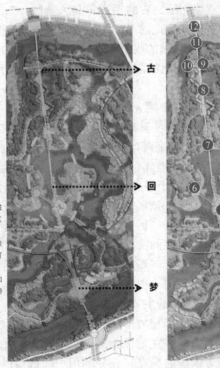

本分区位于蟠龙岛湿地郊野公园中部，承载着薛城区的众多文化内涵，是一条极富魅力的文化轴线。该区从南至北分为三段，分别为"梦"、"回"和"古"。"梦"段意在表达对古薛文化的思念。"回"段意在表达人们回望过去、追溯历史的主题，在该段中，人们可以通过欣赏与体验民间文化，了解薛城的历史与习俗。"古"段包含花之径、古韵广场、古韵台、西仓古桥和西仓广场，利用古韵的广场展现骨牌灯舞，利用西仓古桥遗迹了解过去，让人们体会到古薛的氛围。

1—蟠龙桥；
2—"梦"广场；
3—游客中心；
4—崖壁走廊；
5—回溯广场；
6—绿荫广场；
7—时光隧道；
8—花之径；
9—古韵广场；
10—古韵台；
11—西仓古桥；
12—西仓广场

图 8-37　梦回古薛文化轴平面图

梦回古薛文化轴——"梦"

"梦"段有蟠龙桥、"梦"广场、游客中心和崖壁走廊。

蟠龙桥是历史文化轴的起点，也是进入公园的主要通道，造型简约。

"梦"广场为主题广场，主要以奚仲造车为主题，铺装样式采用圆形车轮的形状，使广场样式更有特色、更富活力。

游客中心采用生态绿色建筑材料建造，向游客宣传普及湿地、动植物、环境保护等相关知识，增加人们对湿地的认识。

崖壁走廊为该段的亮点，充分利用中间低四周高的地形优势，营造崖壁走廊景观，利用高地断面打造壁画，结合廊架形成走廊的历史文化氛围。整个景观富有创意，使历史文化与湿地景观恰到好处地融合。

1—蟠龙桥；
2—"梦"广场；
3—游客中心；
4—崖壁走廊

图 8-38 梦回古薛文化轴"梦"广场平面图

图 8-39 梦回古薛文化轴——"梦"广场效果图

梦回古薛文化轴——"回"，"回"段的主要景观节点为回溯广场、绿荫广场、时光隧道。回溯广场中的景观墙融合了张范剪纸的元素，结合镂空形式的景墙，展现了剪纸文化的美感，可以体验到古薛时期民间文化的魅力。绿荫广场为历史与湿地景观的一个接触点，是一个小型集散广场，游人临近水边站在此处可欣赏到湿地内的水面、植被以及古薛文化轴的大部分景色。时光隧道是演绎梦回古薛文化的重要通道，意在表达人们回望过去追溯历史的主题。

梦回古薛文化轴——"古"，历史文化轴的最后一段"古"是整条轴线的终点，也是最富历史文化气息的一段区域。该段有主要景点 5 个，分别为花之径、古韵广场、古韵台、西仓古桥、西仓广场。花之径运用折线的手法，创造了曲折的古道风光，沿路两旁种满丰富的花卉植物，将洛房泥塑点缀其中。穿过花之径就来到古韵广场和古韵台，利用景墙、铺装等元素，雕刻古薛画卷。西仓古桥是公园中遗留的历史文化遗迹，为了更好地保护历史遗迹、保留现状，对西仓古桥周边进行整治与景观营造。西仓广场是历史文化轴的收束，也是园区的一个次要出入口，整个广场造型简单，与古韵广场风格一致，体现历史沧桑之感（图 8-40～图 8-43）。

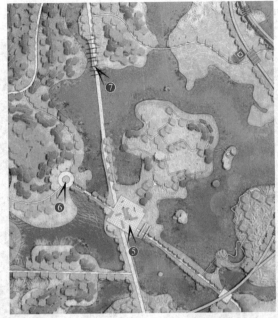

"回"段的主要景观节点为回溯广场、绿荫广场、时光隧道。回溯广场上展现了薛城剪纸文化，既可观赏又可亲身体验。绿荫广场为历史与湿地景观的一个接触点，是一个小型集散广场，临近水边，可以隔水眺望古薛道。时光隧道采用构架与历史名人故事相结合的形式，打造出一个文化长廊。

5—回溯广场；
6—绿荫广场；
7—时光隧道

图 8-40 梦回古薛文化轴——"回"平面图

图 8-41 梦回古薛文化轴绿荫广场效果图

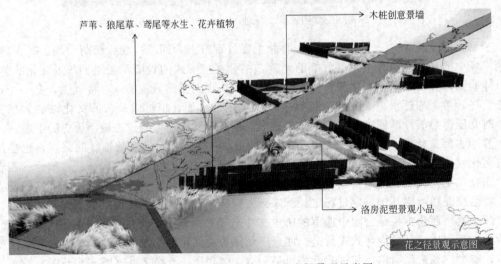

芦苇、狼尾草、鸢尾等水生、花卉植物

木桩创意景墙

洛房泥塑景观小品

花之径景观示意图

图 8-42 梦回古薛文化轴——花之径景观示意图

图 8-43　梦回古薛文化轴——古韵广场、古韵台鸟瞰图

③ 湿地风情体验区　湿地风情体验区主要以观鸟和观鱼为主，以人与动物之间的互动为特色，水上栈道架空于水面，使人进一步享受与湿地动植物接触的乐趣，还可在散步时倾听蛙鸣声，垂钓平台可供游客在此静心垂钓，修身养性（图 8-44、图 8-45）。

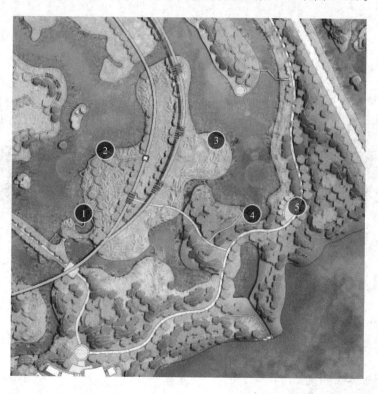

1—水上栈道；2—凌波观鸟；3—临渊戏鱼；4—垂钓平台；5—林间小憩

图 8-44　湿地风情体验区平面图

④ 生态蓄水调洪区　本分区位于蟠龙岛湿地郊野公园的最北侧，东临环翠湖，是场地

图 8-45　湿地风情体验区水上栈道效果图

与河流间的重要过渡区。规划遵循现状道路的肌理，小径穿行于树林间，创造幽深的境遇。栈桥起始于湖河交汇处，抬升并放大，形成了"龙抬头"的景象，此处可驻足远眺，欣赏湖面风光。整个区域的规划既有古朴的林间道路，又有起伏的空中栈桥，场景活泼有趣（图8-46、图8-47）。

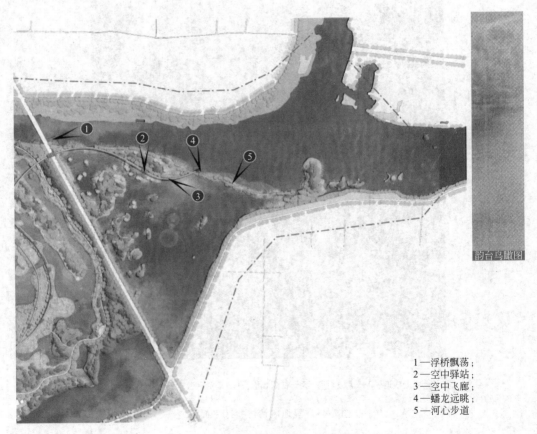

1—浮桥飘荡；
2—空中驿站；
3—空中飞廊；
4—蟠龙远眺；
5—河心步道

图 8-46　生态蓄水调洪区总平面图

图 8-47　生态蓄水调洪区示意图

8.4　农业观光园

8.4.1　观光农业概述

观光农业是一种特殊的农业形态，它是"农业"和"旅游"两方面的结合，两者缺一不可，因而具有两方面的特征。它以开发农业资源为前提，以农事活动为基础，与旅游相结合，融农业生产、展示、经营、旅游观光、休闲活动于一体，既不同于传统农业，也不同于传统旅游业。对农业而言，在农业产值之外又增加了一个旅游产值，它体现了一种新型的农业经营形态。对旅游业而言，它与农业联系在一起，是旅游活动向农业领域的拓展，丰富扩大了旅游活动的内容、范围。

8.4.1.1　观光农业兴起的原因

（1）现代农业发展的必然趋势

农业发展经历了原始农业、传统农业和现代农业三个阶段。现代农业贯穿了第一、第二产业（如农产品加工）和第三产业（如农业观光旅游）。当农业和观光相结合后，能够促进农业结构的优化。

（2）产业的多元化发展

随着现代社会的发展，旅游业也正向多元化、多层次和多效益的方向发展，两者的有机结合，开辟了农业的多方面价值，也促进了旅游业的发展，同时拓展了两种产业的多元化发展。

（3）城市化进程的加速发展

城市化进程加快，人们就业机会增加，收入水平也相应提高，在具有一定消费能力的基础上，出游成为人们调节压力、舒缓身心的主要手段。

（4）各类基础设施的完善提高

公路、高速公路的普及大大加强了农业观光园区的可达性，进而提高了游憩活动的机动性，刺激了人们游憩的意愿。同时现代媒体业发挥了巨大的宣传作用，扩大了农业观光的影响力。

8.4.1.2 观光农业的特点

（1）产业的复合性

观光农业以农业资源的开发为基础，以农业生产为依托，具有一定的生产性；同时结合旅游的经营手段，具有农业和旅游业的双重产业属性，形成了具有"农游合一"的观光农业。

（2）景观的多样性

观光农业融合了农业和旅游业资源，呈现出多样的景观特色。有山川河流的自然景观，有农田果林的乡土景观，有农业生产的设施景观，有民俗民风的人文景观等。

（3）游憩的丰富性

园区为游客提供了多样丰富的活动。有以欣赏自然和人文景观为主的观光类活动；有强调游客亲身参与的体验类活动；有以休闲、健身、娱乐活动为主的娱乐类活动；有起到寓教于乐的教育类活动；有休闲、住宿的度假类活动等。

（4）内容的多样性

观光农业的类型多样，观光农园让游客自己亲手摘果、摘菜、赏花、采茶，体验田园生活乐趣；民俗农庄利用农村自然环境、景观和当地文化民俗，让游客自然地接触、认识和体验农村生活；科普教育农业园利用农场环境和产业资源，使其成为青少年体验书本知识的场所。

（5）管理的全局性

观光农业虽广泛依托第一、第二和第三产业资源，仍以农、林、牧、渔这个大农业为基础。观光农业主体资源易遭破坏，因而观光农业生产和旅游经营的双重性、游客参与形式的多样性要求管理者必须从整体上对资源和游客行为进行高度关注。

8.4.1.3 观光农业发展概况

我国自古以来就是一个农业大国，农业资源众多。但由于人口问题，以前农业生产还是以解决人口温饱问题为主，故观光农业的起步较晚。

（1）我国观光农业的发展概况

我国的观光农业起步于20世纪80年代初期，观光（休闲）农业大体上经历了萌芽起步、初步发展、较快发展和规范提高四个阶段。在发展上，从农民自发发展，向各级政府规划引导转变；从休闲功能上看，从简单的"吃农家饭、住农家院、摘农家果"，向回归自然、认识农业、怡情生活等方向转变；从空间布局上看，从最初的景区周边和个别城市郊区，向更多的适宜发展区域转变；从经营规模上看，由一家一户一园的分散状态，向园区和集群发展转变；从经营主体上看，从以农户经营为主，向农民合作组织经营、社会资本共同投资经营发展转变。

在国家政策的支持下，各个省市的观光农业的发展也取得了可喜的成绩。北京（2019年）全市农业观光园区948个。上海已形成了一批休闲农业观光园、采摘园、乡村民宿、休憩林地和农事节庆文化活动等各类休闲农业和乡村旅游点315个。深圳市在20世纪80年代后期，首先开办了荔枝节，随后又开办采摘园，开创了中国观光农业的先河。目前深圳市的休闲农业园区主要有：深圳西部海上田园、深圳市农业现代化示范区、龙岗区碧岭生态村、石井园艺场、奇蔬世界、西丽荔枝世界等；浙江省则把发展农家乐休闲旅游业作为统筹城乡发展、推进社会主义新农村建设的重要内容，作为拓展农业功能、促进农民增收的新的增长点来抓，有力地带动了特色农业和农村经济的发展。湖南休闲旅游农业不仅在数量上有较快的发展，而且在品质、特色上也有较大的提高，围绕历史文化、科技教育、民族风情、农耕文化等主题，逐步打造出了一批特色鲜明的园林生态农业型、垂钓休闲型、农村风景旅游型、历史人文景观型、特色餐饮休闲型、科技园区型休闲旅游农业产业集群。

（2）国外观光农业

自20世纪70年代以来，休闲农业在日本、美国等发达国家形成了一定的产业规模。在欧洲，农业旅游被称为"乡村旅游"，人们到乡村旅游度假非常普及，每年吸引了大批游客为农庄带来可观的旅游收入。目前欧洲的农业旅游，经历了19世纪30年代的萌芽期、20世纪中期的发展期、20世纪80年代后步入发展的成熟期，走上了规范化发展轨道。

德国的乡村旅游发展得很早，目前德国市民农园转向为市民提供体验农家生活、享受田园之乐的机会。德国的观光农业还体现在德国的村庄建设上，德国的乡村在建设和规划上最大的特点是农村自然生态环境与民族民俗传统的统一，使自然风光与民族传统具有极大的亲和性。

意大利在1865年成立了"农业与旅游全国协会"，现今，农业旅游在意大利被称为"绿色假期"，始于20世纪70年代，至90年代已遍地开花，截至1996年初，意大利全国20个行政大区已全部开展农业旅游活动。农业发展与生态保护以及旅游开发很好地结合起来，利用农业自然资源的优势将城乡统一结合起来，来开发新的旅游观光项目。目前，这种"绿色农业旅游"的经营类型多种多样，经营者增加了一系列具有文化教育和休闲娱乐功能的设施，使乡村成为一个"寓教于农"的"生态教育农业园"，绿色农业和生态农业的概念被意大利人广泛接受。

法国的农业在世界农业中占有举足轻重的地位，现有很多的农场，在农场经营上大体可分为畜牧农场、谷物农场、葡萄农场、水果农场、蔬菜农场等。

美国观光农业的最主要形式是度假农庄和观光牧场。在美国，观光农业被认为是"乡村和城市交流的一座桥梁"，得到各级政府的高度重视。美国农业旅游园区分公办和私营两种形式。公办的农业旅游园最早出现在国家公园。目前，美国观光农业的主要形式是耕种社区或者市民农园。

日本国内在第二次世界大战后提出发展都市农业的设想，在20世纪六七十年代之后开始实施。1992年日本颁布了《新食品、农业、农村政策方向》，首次以政府正式文件的形式提出了观光农业旅游的概念。1994年以后，以观光农园、市民农园和农业公园为主要形式的绿色观光农业发展格局渐次形成。日本绿色观光农业大体可分为四大类型。一是农林业公园型，主要为都市近郊的农林主体公园，包括观光农业公园、林业体验和野营公园等。二是饮食文化型，即利用农林水产资源产品进行餐饮零售，使当地土特产品品牌化。三是农村景观观赏和山野居住型，主要是在山区和半山区的村落建造住宅区和附带农园的别墅，吸引城市居民来此购房居住和观赏山景。四是终生学习型，主要是从二三产业回归从事农业的城市居民，他们在农村相关设施中参加以农林水产品生产和农村环境保护为主题的农林水产业研修课程、体验农村生活和学习生态环境保护知识等。

新加坡的农业旅游是建立在农业园区综合开发基础上的复合型产业。在这些农业园区内，建有农业旅游生态走廊、水栽培蔬菜园、花卉园、热带作物园、鳄鱼场、海洋养殖场等，供市民观光，还相应地建有一些娱乐场所。经过多年的建设，新加坡农业园区已建成为高附加值农产品生产与购买、农业景观观赏、园区休闲和出口创汇等功能的科技园区，成为与农业生产紧密融合的、别具特色的综合性农业公园。

8.4.2　农业观光园的景观元素

农业观光园内景观要素的组成是多种多样的，主要有以下几方面。

（1）自然环境要素

自然环境是由地形地貌、气候、水文、土壤和动植物等要素有机组合而形成的自然综合体，是形成农业观光园景观的基底和背景。这些自然环境要素本身受地带分布的影响，呈现出明显的地域性，对农业观光园景观的形成发挥着各自不同的作用。

（2）生产景观要素

生产性是农业观光园不同于其它类园区的一个重要特征，这个特性也决定了观光园景观要素内容的特殊性和多样性。农业生产景观带来的田园风情也是农业观光园的魅力所在。生产景观要素包括生产用地、生产方式、生产设施、生产作物等。

农田、水塘、林地、草地等不同类型的生产用地满足了农、林、牧、渔行业生产的需要，形成了生产性景观的基底。生产方式的内容很多，包括原始的耕作、传统农业和现代农业等不同的耕作方式；是种植业还是养殖业；是单一农业还是多种经营；是旱作农业还是水田农业等。不同地域由于受自然资源、气候等影响，会产生独具地方特色的生产方式。生产设施也是影响生产景观的一个重要因素，根据生产方式的不同分为传统农业设施和现代农业设施。传统的农业设施主要服务于传统的农业，包括犁、锄、耙、锹、镰刀、碾、水车等。现代生产设施主要包括温室、大棚、农田水利设施等，这些现代农业生产设施展现了现代农业技术，不仅可以培育出优良的新、奇、特产品，而且高科技的景观也满足了游客参观、学习的需求（图8-48）。

图 8-48　现代农业技术的栽培方式

生产作物包括种植业、养殖业等产品。种植业的产品包括五谷、油料、蔬菜、瓜果、林木、花卉等；养殖业包括畜牧、家禽、水生动植物等，此外还包括农副产品加工、手工业为主的副业。多样的农作物种类为观光农业的开发提供了丰富的农业景观素材，不仅可以提供新鲜的绿色食品，而且可开展瓜果采摘、垂钓打捞等活动，使游客感受丰收的喜悦。在农业观光园的景观规划中，根据农作物的特点合理安排，可以形成季相丰富、形式多样的农业景观。

（3）人工景观要素

人工景观是指在自然环境景观的基底上进行改造形成的半人工景观或建设形成的人工景观。人工景观的类型、强度反映了人类对自然环境景观的干扰强度和干扰方式。这些要素包括建筑物、各种景观设施、道路，也包括农田基本建设、农业设施和水利设施等生产景观要素。

（4）文化要素

文化景观要素是指在与自然环境相互作用的过程中，在了解自然、利用自然、改造自然和创造生活的实践中，形成的历史遗存、文化形态、社会习俗和生产生活方式、风土民情、宗教信仰等，它是农业观光园景观中最为重要的文化特征，也是地域特征的重要体现。

（5）生活要素

生活景观要素主要是围绕人在园区内的活动展开的，它是观光园生活气息的体现。人在游览观光园的过程中，会有观赏田园风光、学习农业知识、体验农业生产劳动、休息等活动，这些活动或动或静，结合其它景观要素展开，形成各自不同的风景。

8.4.3 农业观光园景观规划设计

8.4.3.1 营建的条件分析

（1）背景条件

① 较好的区域经济水平　从以上国内外观光农业的发展过程不难发现，观光农业的发展和当地的经济发展水平关系密切。观光农业在传统农业生产经营的基础上，还要引进先进的技术来提高产品的质量和开发新品种，因此，经济发达地区具有雄厚的资金实力，也决定了农业观光园建设的水平。

② 良好的农业基础　观光农业发展的基础是农业，农业观光园的建设离不开一定的农业生产基础和农业资源的利用。良好的区域农业基础资源是农业观光园建设的基础条件，同时所在地域主要农副产品的种类和数量也会影响观光园产业的开发方向。

③ 丰富的旅游资源　丰富的旅游资源能够促进整个地区旅游业的发展，从而也会带动观光农业旅游的发展。一些观光园借助所在区域内丰富的旅游资源、较高的知名度、完善的基础设施和充足的客源，扩大市场影响。

④ 充足的客源市场　农业观光园要产生一定的经济效益，除了自身生产的收入外，还必须吸引一定数量的游客前来观光、旅游，带动经济效益。客源市场是农业观光园营建必须要考虑的因素，是项目开发实施的基础。

⑤ 便利的交通条件　观光园本身发展缓慢，距离城市的远近和交通的便捷性是农业观光园建设选址的关键。

首先交通条件会影响居民的出行，应考虑居民在精力、费用方面的支出。其次关系到相应配套设施的建设，如距离城市越近，交通条件越便捷，城市的各种资源如水、电、通信等各项基础设施的建设也较完善，为观光园的建设能提供相应的配套设施。

⑥ 地方政府部门的支持　农业观光园的建设符合国家的产业政策导向，地方政府部门在国家政策方向的指导下，可以在土地征收、科技的支撑、人才引进、税收优惠和资金扶持方面给农业观光园相关的优惠政策。另外政府可以发挥宏观调控能力，对于本地区观光农业的发展从宏观上把握，合理分配农业资源，调控农业观光园的数量、规模、结构，突出各自的发展特色，避免重复开发，浪费资源。

（2）自身建设的条件

农业观光园所在地的自然资源、人文资源、完善的基础设施以及科学合理的论证规划这些条件将直接影响到观光园的建设，具体表现如下。

① 优美的自然资源　优美的自然风光是发展旅游的前提条件，一般农业观光园都建在自然环境较好的区域，这为观光园后期的开发建设打下了良好的基础。

② 独特的人文资源　对久居城市的游客来讲，到农业观光园游玩除了欣赏自然田园风光外，更主要的是体验浓郁的乡土民俗风情，参与各种农事活动，感受在城市公园里不能领略到的风土人情，这就要求农业观光园的所在地区具有独特的民俗风情和乡土文化。当地的民间人文资源增添了观光园的文化价值，也提升了游客的文化品位。

③ 丰富的农业资源　场地内丰富的资源优势可以为观光产业的发展提供良好的产业资源，减少后期建设投资。

④ 完善的基础设施条件　观光农业园区内的水电、交通、通信等基础设施是否完善是观光农业开发不可缺少的条件，关系到开发建设的规模、投资和实施的难度。

⑤ 科学合理的论证规划　生态观光农业园的建设涉及生态、景观规划、农业、旅游等多个领域。开发建设前期，需要相关方面的专家学者就可行性方面充分论证，在明确可行性的基础上，经过相关规划设计部门对园区进行整体的规划布局，合理配置各种资源，明确开

发模式、管理机制后，才能开发实施。

8.4.3.2 规划的原则

（1）因地制宜，综合规划

规划以不妨碍农村自然生态、田园景观为前提，将观光农业园建设纳入所在城市的总体规划。

（2）可持续发展的原则

运用生态学理论，充分结合现状，合理运用各种景观要素，对环境进行保护、恢复与整治，尽量减少对自然环境的破坏。通过农业生态学、产业生态学促进园区生态农业生产，通过景观生态学研究农业景观的结构、功能和变化，促进整个园区的可持续发展。

（3）以农业为核心的规划布局

农业观光园脱离不了农业基础，规划的关键是在把握好整个园区布局的前提下，以农业为核心规划布局。根据不同园区的类型，结合园区的功能，合理布局各个景观分区等。采用农业高新技术，建立快速、低耗、高效的现代农业生产模式。

（4）突出产业特色

无论是偏重生产产业还是偏重旅游观光产业的园区，景观规划都不同于一般意义上的公园景观规划，规划时要突出产业特色，同时体现农业内涵，充分表现农业特征，有侧重地合理分区，满足生产和观光的不同需求。

（5）合理整合景观资源

景观资源种类很多，要结合当地的经济状况、基地的现状以及园区的类型和主题，从全局的角度综合考虑，研究各类要素的关系，筛选合适的资源结合生产、旅游观光开发，满足生产、示范、观光、游憩、体验、教育等多样的功能。同时注重当地的历史人文、农耕文化、民俗风情等文化氛围的营造，凸显观光园的文化品质，追求环境、社会和经济效益的同步发展。

8.4.3.3 景观规划的定位

理想的农业观光园的景观规划应该能为园区创造一个优美的生态环境，具有合理的空间结构和分区布局，整合利用各类景观资源，突出观光园的景观特色和产业特色。

景观规划的定位受到区位条件、环境资源条件、客源市场、产业内容等很多因素的影响。对景观规划的定位起决定性作用的还是农业观光园的产业内容，是偏重生产还是偏重旅游观光。

以产业生产为主的农业观光园，景观规划时要以农业生产、示范为重点布局，以农业生产带动观光旅游。例如，在南京溧水傅家边现代农业观光园项目规划中，定位就充分体现了主导产业。溧水曾是青梅的重要产地，而且现状已有的梅花园占地面积近 666.67hm^2，是国内最大的人工养护的梅花园，连续 6 年与南京市一起举办国际梅花节，具有良好的产业资源基础。规划重点结合梅产业，定位为"无想之境，万梅之约"，重点挖掘梅文化和无想文化。整体布局为"一核两带三主题"，一核就是指中华梅园，展示梅产业和梅文化，是整个园区着力打造的品牌和形象。

以旅游观光为主的生态农业园，景观规划时重点考虑如何利用各类农业资源创造优美的景观，丰富的活动和鲜明的特色，以旅游观光促进农业生产发展。例如，深圳青青世界就是以休闲度假为主题的观光农场，定位充分体现了园区休闲观光的特色，分为旅游服务区、农业旅游区、休闲别墅区，既考虑生产、观光和休闲度假之间的分割，又注重融合，重点突出旅游服务和休闲度假的景观功能。

8.4.3.4 分区规划

农业观光园的分区规划应该是建立在充分分析现状，整合利用场地内的各类资源、合理开发各类资源的景观功能，满足生产、观光等需求的基础上。由图 8-49 可见，每种类型的景观都具有多样的景观功能，并且相互之间有一定交集。同一种景观类型，会产生不同的活动类型；而同一种活动类型，会包含不同的景观类型。

农业观光园的分区没有固定统一的分类模式，不同的园子由于发展定位、资源类型等不同会有不同的分区类型。但是，就其本质来看，农业观光园的分区遵循观光农业的特性，主要有四大类型：景观观赏类、生产示范类、休闲娱乐类、服务管理类，每类下面包含更多的分区小类（表 8-6）。

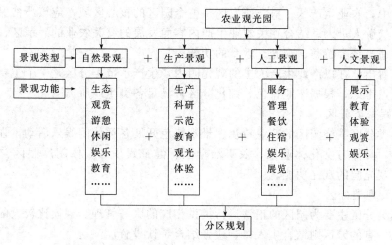

图 8-49　农业观光园的景观类型和功能

表 8-6　农业观光园的分区及景观特色

主要分区类型	具体分区举例	景观特色
景观观赏类	自然景观区 田园风情区 花木观赏区 文化展示区 ……	以自然景观和人文风情展示为主,强调景观的静态观赏
生产示范类	农业生产区 科技示范区 科技研发区 科普教育区 农业展示区 ……	围绕各类农业生产、示范,展开相应的研发、教育、文化、游憩活动,强调生产的各项功能
休闲娱乐类	文化体验区 农事活动区 健身娱乐区 休闲度假区 餐饮娱乐区 ……	围绕园区的产业特色、景观特色开展各类休闲娱乐活动,强调参与、体验的游憩功能
服务管理类	园务管理区 餐饮接待区 ……	为园区的正常运行提供相应的服务管理

（1）景观观赏类分区

景观观赏类分区主要包括一些以自然景观和人文景观为主的观赏区域，以维护生态环境和观赏为主，具体有自然景观区、田园风情区、花木观赏区等相关分区。

（2）生产示范类分区

生产示范类分区主要以各类农业的生产、示范为主，结合适当的研发、教育、文化、游憩活动内容，具体有农业生产区、科技示范区、科技研发区、科普教育区、农业展示区等相关分区，体现农业观光园的生产功能。

农业生产区、科技示范区、科技研发区主要以各类农业生产、示范、科研开发功能为主，可以集中为一个分区作为生产示范区，也可以根据产业的规模适当细分。在以产业为主的生态观光园中，农业生产区、科技研发区是整个园区的核心区域，应该严格保护，根据需要局部空间严禁游人进入。结合相关农业生产内容而发展的有关农业的展示区、体验区、科普教育区则应适当结合游憩、观光、教育的功能。

由此可以看出，在以产业生产为主的观光园内，生产示范类分区是一个主要的类型，分区规划时应重点考虑，根据产业特色，细化分区，满足各类生产所需。

（3）休闲娱乐类分区

休闲娱乐类分区围绕园区的产业特色、景观特色开展各类休闲娱乐活动，强调参与、体验的游憩功能，具体有文化体验区、农事活动区、健身娱乐区、休闲度假区、餐饮娱乐区等，体现农业观光园的观光功能。

（4）服务管理类分区

服务管理类分区主要为园区的正常运行提供相应的服务管理。规模比较大的园区会设有专门的管理区，有的园区则结合主入口，或者结合餐饮设置。

综合来看，农业观光园没有固定的模式，基本都会涉及这些分区类型，但具体到每个园子的分区，可根据自身的定位和发展目标，在分区内容上以及所占的面积方面会有所侧重，必须要选择适合的分区。

8.4.4　农业观光园产业规划

8.4.4.1　规划的原则

（1）因地制宜的原则

产业的发展和一个地区的资源基础、经济发展、政策等因素密切相关，因地制宜地结合当地的条件和市场优势，寻求环境保护、经济发展与可持续利用相协调的切入点，确定合适的产业项目，制定合理的发展规划措施。

（2）突出特色的原则

立足优势资源，充分挖掘产业自身特色，突出当地农业的特色，发展富有特色的产业项目和产品，促进经济收益和旅游观光的发展。

（3）生态、经济、社会效益协同发展的原则

在产业规划中，注重农业系统内部不同流程之间的横向耦合和资源共享，同时也注重产业链之间的纵向耦合，不断开拓、完善产业网，实现产品的多层增值，促进生态、经济、社会效益的协同发展和整体效益的最大化。

8.4.4.2　规划的措施

（1）充分的市场分析

产业规划是以市场的需求为导向的，市场的需求决定了产业的发展方向，在结合区位优势和资源优势的基础上，通过前期市场分析，可以选择适宜的产业来实现园区的产业化发展，选择重点行业、重点领域、重点产品进行专业化开发，因此充分的市场分析调研是非常重要的。

对于以产业生产为主的园区，比如农业科技园区，由于投资规模、产品产出量巨大，必须进行市场需求分析，市场分析主要包括相关产品的国际市场和国内市场以及周边地区的需求情况，为产业定位的准确和项目的选择提供依据。

　　（2）明确的产业定位

　　产业定位是指要确定园区发展何种产业，确定园区的主导产业。

　　在定位时需要结合园区的功能定位。园区的功能是园区建设的主要目的，决定着园区产业的发展方向。一般园区的主要功能包括生产加工功能、技术创新与科技成果转化功能、科技示范功能、科技培训功能、生态旅游观光功能、教育示范功能等，满足生产和旅游观光产业的不同需求。以产业生产、科技示范推广为主要功能的园区，产业定位主要以第一产业和第二产业为主；而以旅游观光功能为主的园区，产业定位主要以第三产业为主。

　　对于园区主导产业的选择，应该选择自身的优势资源，可形成生产规模大、经济效益好、发展前景高、并对园区内的其它产业有推动作用的产业。主要选择原则如下。

　　① 资源优势原则　主导产业是建立在相对集中的自然资源、良好的农业基础和社会经济条件的资源优势基础上，主导产业应该具有相应的资源、技术、市场等发展优势。

　　② 可持续发展原则　主导产业的发展应该是以不破坏生态环境为前提，应注重产业自身和园区环境的可持续发展。

　　③ 经济效益原则　主导产业应该能产生良好的经济效益，促进园区的良性循环发展。

　　④ 辐射带动原则　主导产业能辐射带动其关联产业和基础产业的发展，优化产业结构。

　　（3）合理的项目开发

　　园区的发展最终是要落实到具体的产业项目和产品选择上来，产业项目和产品是园区产业的具体体现。产业项目的选择是在园区产业定位的指导下，选择具有特色、生产潜力大、具有一定市场价值的项目，开发技术优势和资源优势产品。

　　产业项目在产出经济效益的同时，可以和环境与旅游相结合开发成为游人观光、休闲、活动的景点。例如，在以旅游观光为主的台湾宜兰县香格里拉休闲农场中，产业项目以旅游观光为主，主要有乡土餐饮、住宿度假、森林游乐、采果品农业体验、放天灯等民俗活动、自然知识教育等，项目丰富多彩。例如，珠海生态农业科技园在建设初始阶段，就融合旅游的理念，每建设一个温室或项目，都考虑到生态、环保、休闲观光、教育培训、商贸销售等因素。

　　（4）注重产品的生产和加工

　　产业的生产和加工过程直接决定了产品的品质，也是产业规划中最重要的环节，影响着市场销售以及经济收益。

　　① 选择合适的生态生产模式　种植、养殖等生产环节应当按照生态学原理和生态经济规律进行，运用现代科学技术进行生态农业生产设计，选择合适的生态农业生产模式，以此实现农业系统结构的合理，能发挥良好的生态效益和经济效益。

　　② 加强科技含量，提高产品品质　随着人们生活水平的提高，目前消费者对瓜果蔬菜的消费需求已由"数量型"转向"质量型"，如果对蔬菜瓜果污染物残留量不实施严格控制，不采用通行的无公害蔬菜生产技术标准，必然会影响产品的质量和经济效益。

　　依靠科技进步提高产品的品质，加大科技推广和技术创新，充分发挥高新技术在产品生产、加工过程中的主导作用。如农药残留检测与病虫害防治技术、土壤生态肥力与地力维持技术以及产品的加工、运输、包装、保鲜、运输等技术。

③ 开发产品的多种价值　产品具有多方面的价值，在产品生产和加工过程中，充分结合产品特性，开发产品的附加值，不仅开拓了产品内涵，而且丰富了园区的项目，带来一定的经济效益。

（5）制定营销策略，加强产品宣传

在销售阶段，根据市场需求定位，应该制定合适的营销策略，加强产业产品的宣传，让消费者和游客充分了解产品，最终实现产品的价值。在这个过程中，把实现自身利益、消费者利益、社会利益以及生态环境利益有效统一起来。

在以旅游为主的观光园，最终应该把产品的销售与旅游的各项活动的开发充分结合，实现产品多样化的价值。在以产业生产为主的园区，产品应该进行整合，树立品牌意识，提高市场竞争力，积极寻找市场，打开销路。

基于观光农业发展而成的农业观光园，具有不同于一般城市绿地的内容。它综合了生态、景观、产业、旅游等多个学科，不能仅从某一角度去研究。它具有一定的生产功能，注重营造园区优美的景观环境，景点的设置充分考虑和游憩活动的结合，并且集生态、生产、生活于一体。

8.4.5　案例分析

案例 1：溧阳玉枝农业生态示范观光园规划（生态农业观光园规划）（来源：南京林业大学风景园林学院）

溧阳玉枝农业生态示范观光园现状具有一定的生产茶和水果的资源条件，结合该优势，规划成集休闲、旅游、观光、农业生产、技术示范与推广于一体的农业观光园，是高科技农业和旅游农业相结合的典范。

（1）背景现状分析

园区位于国家 4A 级旅游度假区——天目湖景区的小岭至黄鳝夼，北与天目湖天然湖水相连，南侧有镇广公路贯穿其中，东西自然生态林纵深起伏。园区北侧为天目湖环湖东路，南侧为镇广公路平桥段，交通非常便利。园区总面积约为 2000 亩，规划总面积为 1200 亩。

该园被镇广公路分为东西两片，现状分为四个部分：一、西园入口地段的综合服务区，目前正在建设办公用楼及宿舍用楼；二、西园内的茶园及百果园的建设已经成形，大面积的梯田式茶园、果园已自成一景；三、东园内未开发的竹林区，也是此次的规划重点，将建成示范观光园的休闲度假区；四、园区内几个山头上以常绿（落叶）阔叶林与马尾松为主构成的生态保护林区（图 8-50、图 8-51）。

（2）总体规划构架

① 规划定位　"清风送茶香，沃土孕百果，温泉迎佳客，返朴归田园"。

农业示范观光园，集休闲、旅游、观光、农业生产、技术示范与推广于一体，是高科技农业和旅游农业相结合的典范。如特种白茶、水果的示范种植区，供游人种植茶果、采摘鲜果、观光游玩的采摘区，由科技推广中心、温泉、农家乐组成的供游人休息的休闲度假胜地。

② 总体构思　农业示范观光园区规划和经营发展的根本思路是高科技农业和旅游农业相结合，所谓高科技农业是顺应当前生产结构调整的宏观发展思路，在一定的地域范围内集中农业生产、科研、教育、技术推广等单位的有利因素，充分利用当地的自然和社会资源，发挥农业科技进步的优势，广泛应用国内外先进适用的高新技术，合理配置各种生产要素，

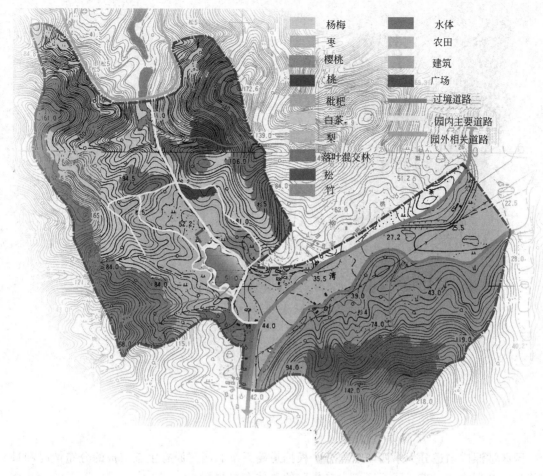

图例：

杨梅
枣
樱桃
桃
枇杷
白茶
梨
落叶混交林
松
竹

水体
农田
建筑
广场
过境道路
园内主要道路
园外相关道路

图 8-50　现状分析图

以新技术的集约化和有效转化为特征，以企业化管理为手段，进行农业科技研究、试验、示范、推广、生产、经营等活动。

在一定区域范围内，高科技农业示范观光园区带动和促进了本地区由传统农业生产过程转变成为生态旅游的重要组成部分，是现代旅游业向传统农业延伸的一种新尝试。随着社会的发展，旅游更加注重知识性、趣味性、参与性、专题性和特色性，旅游的发展非常迅速。

农业观光旅游是一种生产经营与观光休闲相结合的资源利用形式，为城市居民回归自然创造了一个理想之处。观光旅游农业在国外多以"乡村旅游""市民农园""绿色假期"等形式出现，最早可追溯到 19 世纪中期，目前已走上规范化发展的轨道，显示出极强的生命力和越来越大的发展潜力。

本规划将充分利用展示"示范休闲农业"的发展思路，一方面强调其示范带动作用，另一方面充分利用自然资源，开发观光旅游项目，如水果的采摘、登山、科普教育、农产品的制作工艺、白茶的制作工艺和茶艺表演、观光旅游等，走综合发展之路。

农业示范观光园区立足于农业生产为主体，讲求科技性，根据原有已经开发的项目和现有的自然环境条件，在布局上注重突出"宜"字，适地适用，合理安排功能分区。

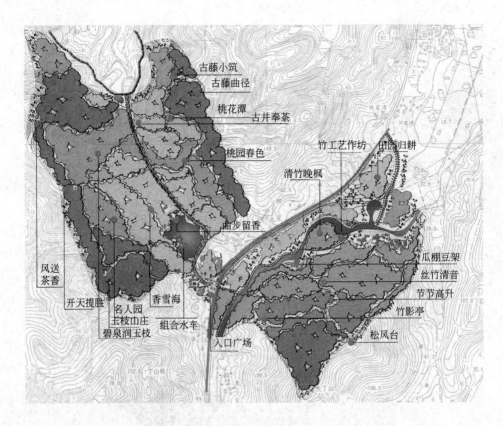

图 8-51　平面图

　　园区被溧广国道分为东西两个部分，根据道路系统和园区原有生态植被的分布情况和景观特色，规划为"一带二环五区二十二景"的总体布局规划。

　　西部是农业观光的重点所在，是农业生产较集中的地区，大量种植各种特色果树，供游人观赏和采摘。也大量分布着本园区特色白茶树，以及原有的植被，综合形成绿色梯田景观。

　　主要的综合服务性建筑也集中在园区的入口处，供园区日常办公、游人观赏农产品加工推广制作之用。

　　东部拥有本园区特色的地热资源，规划充分开发地热资源，建温泉浴场，以及修建集餐饮、住宿、会议等为一体的技术推广中心。同时为满足市民"当一天农民，干一天农活"的愿望，在竹林分散地建造具乡土气息的农家乐休闲建筑。

　　③ 总体布局结构

　　a. 规划结构　"一带、二环、五区、二十二景"（图 8-52）。

　　一带：一级主要游览路线，贯穿东西两园的一条景观带，连接两个园区的主要景点。

　　二环：园内道路在东西两园分别形成两条环路，故称二环。

　　五区：按照规划功能把整个园区分成五个功能区，即农业生产区、水果采摘区、生态林区、综合服务区、休闲度假区。

　　二十二景：园区东西两部分，根据植被、水系、建筑景观等总共分为二十二个景点（表 8-7）。

　　b. 景观结构　"一带、三涧、五园、二十二景"（图 8-53）。

表 8-7　景点分级一览表

编号	景点名称	景点分级	编号	景点名称	景点分级
1	入口广场	二级景点	12	古藤小筑	一级景点
2	组合水车	二级景点	13	古藤曲径	二级景点
3	曲步留香	二级景点	14	桃园春色	二级景点
4	香雪海	一级景点	15	田园归耕	二级景点
5	名人园	二级景点	16	竹工艺作坊	二级景点
6	玉枝山庄	二级景点	17	清竹晚枫	二级景点
7	开天揽胜	一级景点	18	瓜棚豆架	二级景点
8	碧泉润玉枝	二级景点	19	丝竹清音	一级景点
9	风送茶香	一级景点	20	节节高升	二级景点
10	古井奉茶	二级景点	21	松风台	一级景点
11	桃花潭	二级景点	22	竹影亭	二级景点

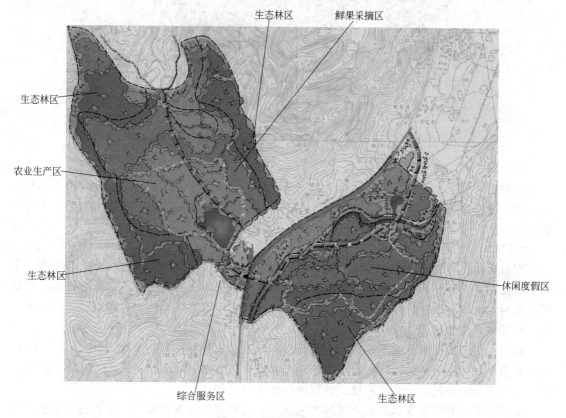

图 8-52　规划结构布局图

"一带"：一级主要游览路线，贯穿东西两园的一条景观带，连接两个园区的主要景点。

"三涧"：该园区天然泉水资源丰富，规划将其中三条连成体系，将有特点的溪涧开发利用，形成本园较有特色的景点。

桃花涧（潭）：位于果树采摘区的次生林坡地，由山顶跌落形成的一系列犹如翡翠念珠般的小水潭，水质清澈，清水汩汩，沿途灌溉滋润桃林，规划设置供游人亲水的平台和相应的简易古朴设施，使之成为该园的一条翡翠明珠。

清音涧：位于东部的丛丛毛竹深处，溪涧时隐时现，贯穿"丝竹清音"和"节节高升"，沿途设计石质的洗手水钵，供游人饮水、亲水之用，竹林幽幽，清泉汩汩伴有丝丝凉意，故

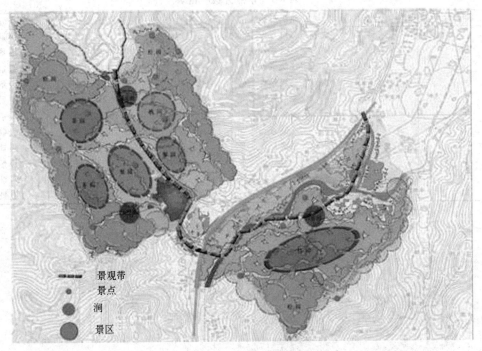

图 8-53　景观结构图

曰：清音涧。

玉枝涧：位于生态林区内沿路而设的一条溪涧，溪水常流，终年不涸，最后汇入玉枝山庄。去玉枝山庄参观的游客可以沿路听泉，其乐无穷，也给位于山谷之中的山庄增添了活力。

"五园"：

梨园：山庄种植的梨树面积非常大，三四月份梨树花期到来时，"忽如一夜春风来，千树万树梨花开"的壮观景象也会在梨园中得到重现。由于所种梨树的种类很丰富，所以在梨树结果时，也很有观赏价值。黄金梨，果实晶莹透亮；金珠果梨，外形美丽别致，色泽金红色，似腰鼓，又似鹅卵。

桃园：桃园的面积虽然不是很大，但是由于桃花色彩艳丽，在花期到来时，百花齐放，可以在整个以绿色为主的园区内起点缀作用，因而自成一景"桃园春色"。桃树品种非常丰富，如有天目湖圣桃、十月红仙桃、美国晚红蟠桃等品种。

茶园：茶是整个农业示范观光区的特色所在，面积占的比重也很大。玉枝白茶是农业生产区的主打产业，四季常绿的梯田茶园也颇具观赏价值。赏茶、种茶、采茶、炒茶、品茶也已经成为该园区的一条特色游览线路。

竹园：位于园区东片的休闲观光区内，是一片未经开发的毛竹林，走在林间小道，竹影摇曳，美不胜收。竹工艺作坊里的竹艺展示、竹艺制作、竹艺销售使游人们尽情感受竹海的乐趣。

松园：该园区的生态林区主要以马尾松为主，还夹杂了一些少量的落叶树种，所以命名为松园，由于松园的位置都位于山顶处，于是松园就成为游客们的观景胜地。

④ 功能分区　整个园区分成五个功能区：农业生产区、水果采摘区、生态林区、综合服务区、休闲度假区（图 8-54）。

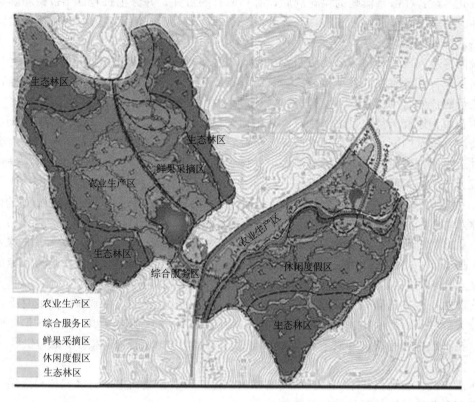

图 8-54　功能分区图

a. 农业生产区　该区位于园区西部，大面积种植各种特色果树和大量分布玉枝白茶田，是整个园区主要的水果和茶叶生产基地，规划将该区调整形成示范园——现代化水果生产基地，按照标准整地、区划和高水平管理，提高科技含量。在满足生产要求的同时，该区充分考虑了景观功能，依山势而建的果园和茶田，在春夏秋冬四季各具特色，特别是金秋时节山上红果挂满枝头，层林尽染，营造出一种迷人的气氛，同时又兼顾了山体的水土保持工作。该区在景观上主要考虑以水果和茶田造景，注重结合生产，采用大面积和局部小景点结合的处理手法，富有浓郁的乡土气息和茶田野趣。

碧泉润玉枝：设在绿色茶田中，与该地原有的一处泉眼结合形成一景点。该景点位于茶田较高处，玉枝白茶叶——张玉白，茎脉翠绿，光亮油润，清澈的天然泉水浸润其间。

名人园：修建于通车环路旁一处较平坦的区域，是专门为社会名流开辟的体验生活、种植茶树的景点。供名人种植茶树，并给已种植的茶树命名，成为自己所有，日常的养护由园区工作人员代为管理，每年茶叶丰收后由工作人员采摘制作后寄送到种植人手中，每年可以品尝新茶。规划以名人的效应来加强园区的知名度。

香雪海：该景点由成片的梨树种植而得名，春季雪白芬芳的梨花漫山遍野，似雪似海。秋季梨花变成香甜、多汁的黄金梨和水晶梨，在其间合理布置园路，适当设置简易的休憩设施，供游人赏花观梨。

b. 水果采摘区　位于园区西部，毗邻农业观光区，果树品种多样，成片种植如梨、桃、枇杷、樱桃、杨梅等水果，水果成熟季节游人可付费进入，在划定沿路 5m 的范围内游人可以自由采摘新鲜水果，并利用路边的洗手钵洗净后立即品尝，新鲜无比，富有吸引力，并结合原有的丰富植被和水系创造景点。

古井奉茶：在清泉流畅的桃花涧底，有一原有的古井，井旁生长着百年古树和藤蔓，集合古井、枯藤、老树和特色玉枝白茶，并设一茶肆，勾勒出一幅完美的农家画面，供游人休憩品茶。

桃园春色：成片种植著名的天目湖圣桃，春季妖娆的桃花展露枝头，"桃园春色"由此而得名。天目湖圣桃在九月下旬成熟，这时候市场上已百桃皆收，人称"数九寒冬品仙桃，天上王母赐佳肴"，成熟后硕大喜人的鲜桃隐现于绿色的桃叶中，吸引游人采摘。

桃花潭：原有天然水系之一桃花涧从山顶跌落形成的一系列犹如翡翠念珠般的小水潭，水质清澈，清水汩汩。规划整理这些天然资源，在不破坏原有景观的前提下，疏浚山涧和水潭，并适当用白色卵石填筑山涧和潭底，并设置供游人亲水的平台和相应的简易古朴设施，使之成为该区一条翡翠明珠。

c. 生态林区　该区成环状分布在观光园东西两个部分的边缘地带，是保留于山顶的以松杉次生林为主的生态涵养林，是全观光园主要的山涧、泉眼的水源涵养地。大部分制高点位于该区内部，是观赏全园以及天目湖景区的最佳视点。位于东部的大片竹林，绿荫婆娑和汩汩泉水天然成景；西部有一片区古藤缠绕，夏季绿荫蔽日，乱石遍布，极富野趣，是夏季避暑乘凉的好去处。该区规划以保护为主，在不破坏原有植被的情况下，开发具有潜力的景点。

古藤曲径：东北部有一区域古藤缠绕，乱石遍布，极富野趣，特别在炎热的夏季，古藤绿荫遮天蔽日，古朴凉爽。由于古藤区地势较为陡峭，为方便游客登山，设计S形曲线登山道路。在不破坏原有植被和特有的野趣的情况下，设计材质质朴的休憩设施，供游人停坐休息。

古藤小筑：设计修建于古藤区的木质休闲小屋，可供拾级而上的游客们休憩之用，夏日可使游人在此感受原始森林的丝丝凉意。

天开揽胜：西部园区西面边缘制高点，是观赏位于观光园北面天目湖和西部园区主要景点的最佳视点，规划一个登高望远平台。经过碧绿的茶田，穿过茂密的原生松林，爬上山顶地势豁然开朗，故曰："天开揽月生"。

玉枝山庄：位于林区山谷处的主人庄园，规划面积3亩左右，是观光园主人度假休息、退休归隐的自住山庄，成为景点可供游人参观。设计以当地农村建筑和院落风格形式为主，结合选址地丰富的植被和清泉资源，引水入院，并整理原有的一条山涧，创造幽美景观（图8-55）。

图 8-55　玉枝山庄平面图及景观示意图

松风台：是休闲度假区的一个登高远眺的景点，规划在保护原有的植被的前提下，辟一小块空地，设置简易的原木构件的休憩设施，供游人观赏林下依山而建的温泉浴场等建筑和竹林风光，并且正好在山坡上也有一竹影亭与之相呼应。

风送茶香：位于西部园区西面边缘至另一制高点，是观赏整个园区白茶田的最佳视点。规划设置古朴简易的休息设施，供游人登高远眺。清风徐来，茶叶飘香，故曰："风送茶香"。

d. 综合服务区　该区位于镇广公路北侧，包括生产管理区、农产品加工展示区、入口广场等。该区是整个农业示范观光园的核心管理区（图8-56）。

滨水茶楼示意图　　　　　　　　　　　　　　　　　组合水车示意图

滨水绿化示意图

入口大门示意图　　　　　　　　水上木栈道示意图　　　　　滨水绿化示意图

图 8-56　综合服务区及入口广场景观示意图

ⅰ. 生产管理区　生产管理区拟设置生产用房、经营用房、生活用房以及停车场。生产管理用房为砖混结构，矩形。外墙涂料的色彩应与周围环境相协调，并体现现代农业特色。

ⅱ. 产品加工展示区　从事农副产品加工，例如让游客参观茶从刚采摘下来到制作到成茶的过程，或是水果的加工过程，也可以让游客亲自感受炒茶的乐趣；从事农副产品的销售，让游客在尽兴游玩之余，还可以购买一些农产品带回家；从事茶艺展示，让游客们观赏茶艺、茶道表演，让游客感受中国茶文化的博大精深。

ⅲ. 培育中心　位于镇广公路南侧，培育中心分为3个区：白茶无性繁殖区、特种水果苗繁殖区及生产管理区。其中，白茶苗繁殖区占地30亩，特种水果培育区占地168亩，生产管理区占地2亩。在道路两侧及大棚附近植树种草，并以花丛点缀，草采用混播方法保证四季常绿，花则选择花期较长的品种，使培育中心大棚内外常年均充满生机。在管理用房的门前屋后亦栽花植树种草。培育中心建成后将对游客开放，供游客参观学习。

ⅳ. 入口广场　由木质结构构成的园区大门，质朴而又不失气派。入口设置花坛，色彩鲜艳的时令花卉给大门增色不少。

ⅴ. 组合水车　布置在中心湖泊边缘的一组造型水车，可供游客踩踏玩耍，也可拍照留念，作为园区内的特色景观小品，趣味十足。

ⅵ. 曲步留香 位于园内小湖泊旁边。有一小亭延伸于水中，由曲桥连接亭和岸边。水边种有菖蒲等水生植物。游客坐在亭中可以观看周边的丘陵山景与满山的茶色。岸上柳丝轻扬、燕语莺啼，水中波光映日、芦影微摇。

e. 休闲度假区 休闲度假区位于农业示范观光园的东部，环境优美清静，是游客休闲度假、娱乐放松的良好场所。该区自然风景非常秀丽，山体起伏，地形地貌变化丰富。现有植物以毛竹为主，山顶处还有一些马尾松与常绿落叶植物。该区是集娱乐、旅游、休闲度假等为一体的现代生态型综合休闲度假区。

温泉：在高科技发展的今天，人们要求回归大自然、拥抱大自然，返璞归真。现代人生活节奏快，工作紧张，闲暇之余进行温泉浴是一件对身体非常有益的事，所以休闲度假区的温泉浴将以它独特的魅力给我们的农业观光园添色不少。玉枝烟雨温泉正是一个含多种对人体有益的微量元素的温泉，它的开发必将为人们提供一个疗养保健的好去处。

花草药温泉：在温泉中加入各种名贵中药、精选花粉，能有效调节身体机能，对普通常见病有辅助治疗的作用。特殊的花粉药浴可以使游客浴后身体芳香四溢，精神爽快。

珍珠气泡浴：温泉水通过压泡喷射，使人体接受水流按摩刺激，可舒筋活血、松弛神经，并有一定的减肥功效。

技术推广中心：是小型的宾馆，包括以下几个功能区，即多功能区，兼有教学培训、报告、新产品展示交流的功能，即小型的会议中心；宾馆区，为远道而来的教授、学者、专家提供休息的场所；附房，包括餐饮、洗衣房（图8-57）。

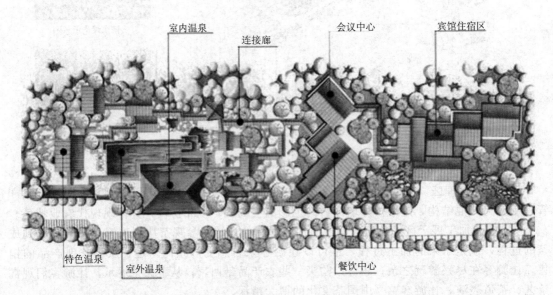

图8-57 温泉及技术推广中心平面图

农家乐：为休闲度假区内一处较大度假点，以竹林诗意与农家生活为主要特点，充分结合农家乐活动，如竹筒蒸饭、用竹笋制作各种菜肴及利用竹子制作竹椅、竹雕等各种竹制品，真实展现了农家人的居家生活。为久居城市中的游客提供一处到乡村寻梦的理想天地，游人可以在这里品尝到刚从田地采摘并以农家特有大锅烧制的正宗农家菜，还可以在瓜棚豆架下喝茶聊天，体验一次农家人劳作后的悠然自得。建筑周围结合现状条件设置诸如水车、古井等小品，使环境氛围更加突出（图8-58）。

水车：古老的水车置于入口附近的水边，由水力冲击水车板页汩汩转动，是体现农业

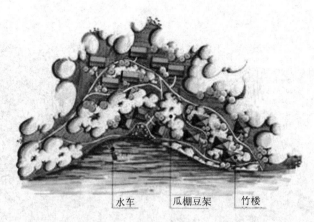

水车　　　瓜棚豆架　　　竹楼

图 8-58　农家乐规划平面图

区田园牧歌风光的标志性构筑物。水车由木质构成，整体造型古朴、美观，既能供游客观赏、娱乐，又能勾起人们对古代农业生产的回忆。

瓜棚豆架：木制材料，形式各异，夏天会爬满豆角、丝瓜或凌霄花等爬藤植物，游客可在棚架下休憩、喝茶、赏景，是农家乐中的一个别致的景点。

竹工艺作坊：由取材室、制作室、竹工艺品展示厅构成，游客能欣赏到竹艺制作的全过程，并可参与简单的竹艺制作。还可以进行竹雕、竹编、竹枝、竹根造型、竹食品的销售。

竹影亭：位于一处小山包上，被竹林包围，小凉亭采用木结茅草覆顶，古朴精致而富有农家意趣，与周围的环境很协调，游客可以在此休憩赏景。

清竹晚枫：在"一顷含绿秋，森风十万竿"的大背景下，为了丰富这一区的景观色彩，在绿色的竹林中加入色叶的红枫。

丝竹清音：在竹影摇曳中，聆听清悠之水声，再加上竹制小风铃的清脆悦耳之声以及竹制小品的古朴风情，可引起游客旷古的遐想。

节节高升：爬山中途休息处的竹林中，设一个小型饮水处，从古井中用竹桶打水，供游客饮水，感觉泉水的清凉与竹林的幽香。

田园归耕：在园区西北边缘临近高尔夫球场辟一较平坦区域，规划为专供游客租用、参与耕作的田地，为久居城市中的游客提供回归田园、自耕自足、体验农家生活的寻梦之地。

案例 2：金龙甸农业科技生态观光园规划设计（南京盖亚景观规划设计有限公司）

该项目基地位于南京市浦口区星甸镇的十里村，面积约 333333m²。园区内主要作物以杨梅、葡萄、樱桃、草莓、番茄、无花果等种类繁多、色泽鲜艳的果类植物为主，并围绕水果进行一系列现代农业体验活动，让游客吃得舒心、玩得开心（图 8-59、图 8-60）。

（1）场地背景

① 项目位置　项目位于南京浦口区西部星甸镇的十里村，地处星甸镇规划中部农耕文化休闲旅游区。基地距星甸镇 3500m，距何庄 1000m。东面与糟坊邹相邻，南面与小刘村相望，西邻 204 县道，交通较为便利。

② 自然条件　星甸镇为典型的丘陵山区，处于亚热带中部，属于北亚热带季风湿润气候区，四季分明，气候湿润。全镇山清水秀，闻名遐迩的国家级老山森林公园绵延数十里，物产丰富、品种繁多。种植类主要有苗木、茶叶、油料、粮食、经济作物、各类蔬菜瓜果；畜禽类主要有常规畜禽以及一些特种畜禽；水产类主要有鱼虾蟹类及贝壳类。农业发达，素有"南京市郊小粮仓"之称，广袤的腹地适宜进行种植业和养殖业。

1—园区主入口；   14—鸡舍；   26—林下养殖；   34—农家乐；
2—入口景门；   15—温室大棚；   27—经济林养殖区入口； 35—杨梅林小木屋；
3—雕塑小品；   16—猪舍旁休息亭；   28—生态园区景墙；   36—垂钓中心；
4—入口绿岛；   17—猪猪世界；   29—智慧农业展示大棚；
5—水果消消乐；   18—温室大棚；   30—办公楼；
6—观景亭；   19—荷塘；   31—杨梅林；
7—水车；   20—游客服务中心；   32—浆果连连看；
8—浆果乐园；   21—码头；   33—六五水库；
9—风车；   22—荷塘；
10—稻草人party；   23—亲水平台；
11—气象站；   24—龙虾塘；
12—农耕时代图腾柱； 25—浆果乐园入口；
13—蔬果小亭；

图 8-59 金龙甸农业科技生态观光园景观总平面图

图 8-60 金龙甸农业科技生态观光园景观鸟瞰图

③ 历史文化　浦口有丰厚的文化遗产，截至 2013 年，浦口区内有国家级保护单位 1 处，省级文化保护单位 3 处，市级文化保护单位 30 处，区级文化保护单位 24 处。

④ 基地现状分析　项目场地内部已存在有景观建设，但建设情况并不乐观，主要存在以下问题：绿化建设不够完善，绿化配置景观缺少层次，整体绿化效果不佳；主要景观节点入口缺少醒目标志；部分道路过长，缺少景观节点。

（2）设计理念

以"琼果琳琅，科技之光"为主题，园区内规划多处科技大棚，并结合智慧农业，打造精细化、集约化现代农业科技体验园，既能及时获得作物的生长信息，方便管理，又能让游客体验参观，领略现代化农业的魅力，打造集产品生产、农业科技、休闲体验为一体的现代化农业科技生态观光园。

（3）功能分区

金龙甸农业科技生态观光园总共分为六个功能区，分别为林下养殖区、综合休闲娱乐区、美味浆果乐园区、小鸡哼哼养殖区、景观苗木区、现代农业设施区（图 8-61）。

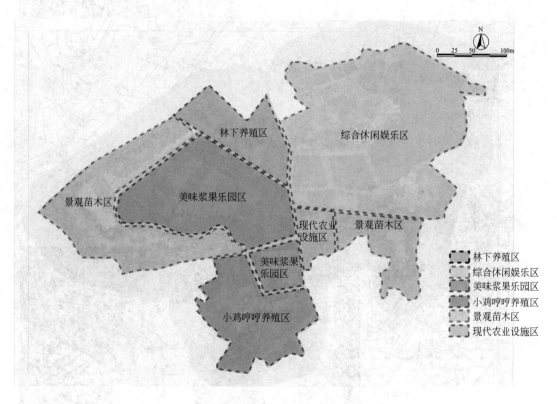

图 8-61　金龙甸农业科技生态观光园功能分区图

（4）特色景观

① 农家乐片区　片区设置炊烟农家、儿童活动场地、智慧农业展示大棚等景点（图 8-62～图 8-64）。

炊烟农家：提供农家食事的主要场所，以打造悠闲、放松的进餐环境为主，提供休闲交谈的场所。包含绿影长廊、入口标志（logo）墙等特色景观。

儿童活动场地：儿童活动场地的设置满足亲子活动需求，打造丰富趣味的空间。包含组合滑梯、跷跷板、卡通拍照墙等。

智慧农业展示大棚：以展现农业科技为主，提供游人参观游览。

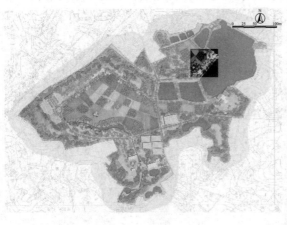 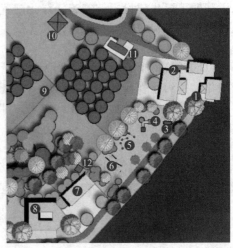

农家乐片区 ——

1—炊烟农家；	7—办公楼；
2—绿影长廊；	8—智慧农业展示大棚；
3—农家入口标志(logo)墙；	9—杨梅林
4—组合滑梯；	10—杨梅林小木屋；
5—跷跷板；	11、12—卫生间
6—卡通拍照墙；	

图 8-62 农家乐片区平面图

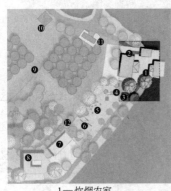

1—炊烟农家；
2—绿影长廊；
3—农家入口标志(logo)墙

炊烟农家平面图

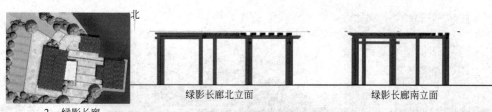

绿影长廊北立面   绿影长廊南立面

2—绿影长廊

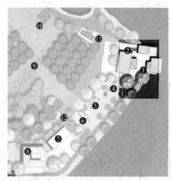

炊烟农家——

• 入口标志(logo)墙：以徽派风格为主，利用白墙黑瓦漏窗等徽派建筑风格元素，打造干净整洁文雅和谐的标志(logo)墙，与炊烟农家建筑风格保持一致。

1—炊烟农家；
2—绿影长廊；
3—农家入口标志(logo)墙

农家入口标志(logo)墙方案

图 8-63   炊烟农家设计

    ② 入口节点   入口节点作为园区内部交通的醒目标志，对园区景观提升具有重要意义，在园区重要景观节点如农家乐片区、养殖区、浆果种植区设置标志（logo）景墙，提升景观品质。园区内有城市公共交通道路，入口节点主要位于此条城市公共道路的两侧，引导游人驻足观光，同时设置应急门，方便园区管理（图 8-65～图 8-67）。

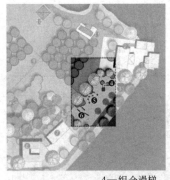

4—组合滑梯；
5—跷跷板；
6—卡通拍照墙

儿童活动区效果图

儿童活动场地——

•儿童活动区：根据不同年龄儿童的活动特点，设置相应的儿童活动设施，让孩子们在活动区玩得开心。

儿童活动设施意向1　儿童活动设施意向2　　　　儿童活动设施意向3

图 8-64　儿童活动场地设计

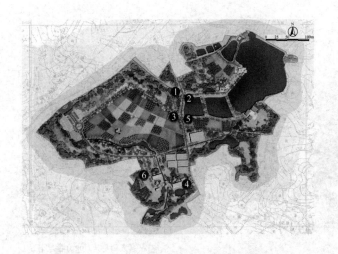

❶ 生态经济林养殖区标志(logo)大门；

❷ 金龙甸农业科技园标志(logo)大门；

❸ 浆果乐园标志(logo)大门；

❹ 小鸡哼哼标志(logo)大门；

❺ 龙虾塘处应急门；

❻ 养鸡场处应急门

图 8-65　入口节点分布图

③ 主入口区　主入口空间作为园区给游人的第一印象，其绿化空间也尤为重要。依据入口现状对其进行绿化改造，两侧增加开花、色叶树种，入口广场周边增加背景树，提升空间的围合感。广场中心花池主要种植花灌木，丰富空间色彩（图 8-68、图 8-69）。

④ 规划果园区　果园中的道路将果园划分成了不同片区，每一片区种植不同的水果，因此可结合道路的端头设计主题小广场，为前来采摘品尝水果的游客提供富有特色的休闲场所（图 8-70）。

入口节点——

· 生态经济林养殖区标志(logo)大门：生态经济林养殖区是园区内体现循环经济的重要节点，采取林下养鸡、循环农业的形式，展现现代农业科技。

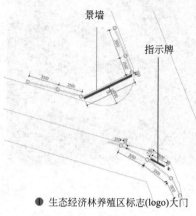

景墙

指示牌

● 生态经济林养殖区标志(logo)大门

生态经济林养殖区标志(logo)大门效果图

图 8-66　生态经济林养殖区标志（logo）大门平面图及效果图

入口节点——

· 规划果园标志(logo)大门：浆果是园区的果树种植主题，此门设置在通往果林区的道路上，指引游客前往采摘与游玩。

景观小品

景墙

● 浆果乐园标志(logo)大门

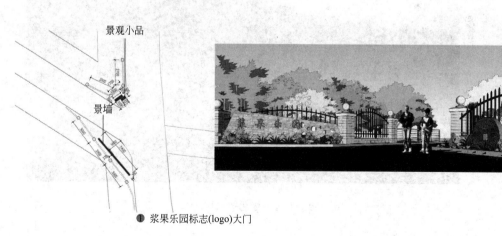

图 8-67　浆果乐园标志（logo）大门平面图及效果图

图 8-68　主入口平面图

图 8-69　主入口绿化效果图

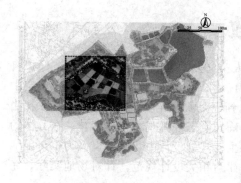

规划果园区——

    果园中的道路将果园划分成了不同片区，每一片区种植不同的果树，因此可结合道路的端头设计主题小广场，为前来采摘、品尝新鲜水果的游客提供富有特色的休闲场所。

1—水果消消乐；
2—稻草人party；
3—气象观测站；
4—农耕时代图腾柱；
5—蔬果小亭；
6—风车；
7—水车

图 8-70　规划果园区平面图

课程思政

习近平总书记指出："人与自然是生命共同体，人类必须尊重自然、顺应自然、保护自然。""我们要建设的现代化是人与自然和谐共生的现代化"。同时也指出："我们说要坚定中国特色社会主义道路自信、理论自信、制度自信，说到底是要坚定文化自信。"因此，在当前的风景园林规划设计教学中，需要培养学生树立正确的生态环境观和人本精神。在具体的教学方法与教学环节中，教师通过价值观引导，使学生在规划设计中，坚持以人为本与因地制宜的原则，强化规划设计的社会责任意识并遵守法律与相关设计规范，针对场地实际，完成人与自然相和谐的园林方案。

章节名称	教学内容	课程思政载体	思政元素	育人成效
第1章　绪论	园林的概念、园林规划设计的内容、范围与专业分工、园林规划设计相关法规与标准图集、园林规划设计的工作特点与学习方法、学习资料的收集	介绍行业相关法律规范和标准图集，如《中华人民共和国城乡规划法》《中华人民共和国环境保护法》《城市绿地分类标准》等	职业道德、法律意识	帮助学生了解相关专业和行业领域的国家战略、法律法规和相关政策，引导学生深入社会实践、关注现实问题，培育学生践行生态文明理念、以人为本、德法兼修的职业素养
第2章　风景园林规划设计的程序	规划设计前期阶段、规划设计阶段、后期服务阶段	系统介绍风景园林规划设计的三个阶段，并对各阶段的设计要求进行详细分析	职业道德	帮助学生在风景园林规划设计中更加规范合理，增强学生的制图能力，提升学生的专业素养
第3章　风景园林方案规划设计的方法	设计任务分析、利益与构思、功能布局与结构、快速设计的方法	对设计要求中的功能和形式特点进行详细阐述，如需要根据不同类型和使用人群进行合理设计	工匠精神、职业道德	了解园林规划设计手法与理念，增强专业素养，求真务实，精益求精，养成踏实认真、努力刻苦的学习精神
第4章　风景园林设计构成要素	地形、水体、植物、园林建筑小品	对不同的地形进行针对性的设计，比如凸地形可设计为观景之地，凹地形可设计为布置景物之地	可持续发展、人与自然和谐共生	根据不同场地进行设计的手法让学生理解因地制宜、因势利导的理念，从而体会到要对自然元素进行合理运用，从而促进自然资源的可持续发展；也可以更好地利用和保护自然资源，从而达到人与自然互惠共生，和谐共处
第5章　风景园林设计的基本原理	园林空间、园林审美与造景、可持续发展与生态设计、人性化设计	提出在设计中要尊重当地自然资源、传统文化，并且要保护与节约成本。要尽量减少设计对生态的影响，学会让自然做功。在无障碍设计中要考虑残疾人、老年人等特殊人群的使用需求	可持续发展、人与自然和谐共生、生态文明、人文关怀	让学生了解到生态的重要性，学会从大自然的角度进行风景园林景观设计，懂得合理开发利用和再生的设计理念。此外，增强学生对特殊人群的关注程度，加强学生的社会责任感
第6章　建筑外部环境规划设计	建筑外部环境概述、庭院景观、居住区环境、工矿企业环境、校园环境、办公及研发机构建筑外环境	详细介绍了南京名城世家小区景观设计、南京六十六中校园环境设计	人文关怀	提高学生的审美和人文素养，增强文化自信。在进行建筑外部环境设计时，不仅要注意外部环境与建筑相协调，更应明白建筑外部环境是一个以人为主体的有生物环境，设计时需以人为本

章节名称	教学内容	课程思政载体	思政元素	育人成效
第7章 城市公共空间园林规划设计	城市公共空间园林概述、城市道路绿地景观、街旁绿地、城市广场、滨水带状绿地、综合公园、专类公园	介绍南京曾水源墓绿地景观整治设计、海口市海甸溪北岸沿河景观规划带以及植物园、动物园、儿童公园专类园的设计要点	生态文明思想、社会主义精神文明、人文关怀	引导学生关注以人为本的原则与生态性原则。注重人在空间中的环境心理和行为特征，满足不同年龄、不同阶层、不同职业市民的多样化需求。同时，城市公共空间是城市整体生态环境的一部分，一方面要保持城市公共空间的植物配置等与城市的整体生态环境相协调，另一方面也要建立和保持城市公共空间内部的生态环境和微气候
第8章 城乡郊野园林规划设计	城乡郊野园林概述、森林公园、湿地公园、农业观光园	介绍了我国森林公园体系的发展概况、类型划分；湿地公园分类、生态营建技术、观光园的发展概况等；详细介绍了浙江长兴回龙山公园规划设计与溧阳玉枝农业生态示范观光园规划	生态文明思想、乡村振兴、社会主义精神文明、职业道德	加强生态文明教育，引导学生树立和践行"绿水青山就是金山银山"的理念。培养学生尊重自然、爱护郊野的情操。郊野园林的建设有利于提高城市生物多样性，同时其也是最佳的自然教育和环境保护教育的场所。 引导学生立足时代、扎根人民、深入生活，树立正确的创作观，树立把论文写在祖国大地上的意识和信念，增强学生服务农业农村现代化、服务乡村全面振兴的使命感和责任感。 通过项目的学习，提升技能，遵守规范，遵守职业标准，能够通过学习与实践，合理地进行郊野园林规划与设计

参 考 文 献

[1] 安树青. 湿地生态工程：湿地资源利用与保护的优化模式 [M]. 北京：化学工业出版社，2000.

[2] 北京市质量技术监督局. 园林设计文件内容及深度，2006.

[3] 曾伟. 浅析城市街旁绿地细部的"人性化"设计 [D]. 北京：北京林业大学，2004.

[4] 陈志青. 让医院融入环境，让患者感受自然——台州市中心医院设计 [J]. 新建筑，2002 (01) 35-38.

[5] 成玉宁. 现代景观设计理论与方法 [M]. 南京：东南大学出版社，2010.

[6] 董晓华. 园林规划设计 [M]. 北京：高等教育出版社，2005.

[7] 封云，林磊. 公园绿地规划设计 [M]. 2 版. 北京：中国林业出版社，2004.

[8] 国家林业局. 国家林业局关于做好湿地公园发展建设工作的通知（林护发 [2005] 118 号），2005.

[9] 国家林业局湿地管理中心. 国家湿地公园总体规划导则（林湿综字 [2010] 7 号），2010.

[10] 韩玲. 医院建筑绿色设计研究 [D]. 合肥：合肥工业大学，2006.

[11] 胡先祥，肖创伟. 园林规划设计 [M]. 北京：机械工业出版社，2007.

[12] 黄东兵. 园林绿地规划设计 [M]. 北京：中国科学技术出版社，2006.

[13] 黄东兵. 园林规划设计 [M]. 北京：中国科学技术出版社，2003.

[14] 贾茜. 医院绿地景观设计研究 [D]. 南京：南京艺术学院，2010.

[15] 建设部. 园林基本术语标准（CJJ/T 91—2002），2002.

[16] 凯瑟琳·迪伊. 景观建筑形式与纹理 [M]. 周剑云，唐孝祥，侯雅娟译. 杭州：浙江科学技术出版社，2004.

[17] 兰芳芳. 街头小游园设计 [J]. 甘肃科技. 2007, 23 (8)：3.

[18] 李冬雪，尹洪妍. 宜居城市公共空间规划设计对策研究 [J]. 山西建筑，2008 (25)：178-179.

[19] 李文，金洋. 城市街旁绿地设计探讨 [J]. 安徽农业科学，2009, 37 (21)：192-193.

[20] 李铮生. 城市园林绿地规划与设计 [M]. 北京：中国建筑工业出版社，2006.

[21] 梁明，赵小平，王亚娟. 园林规划设计 [M]. 北京：化学工业出版社，2006.

[22] 梁树柏. 湿地文献学引论 [M]. 北京：中国农业科学技术出版社，2003.

[23] 刘骏. 城市绿地系统规划与设计 [M]. 北京：中国建筑工业出版社，2002.

[24] 刘斯萌. 城市街旁绿地设计研究 [D]. 北京：北京林业大学，2010

[25] 宁妍妍，刘军. 园林规划设计 [M]. 河南：黄河水利出版社. 2010.

[26] 上海市绿化行业协会. 风景园林工程设计文件编制深度规定，2007.

[27] 同济大学建筑城规学院. 城市规划资料集第七分册 [M]. 北京：中国建筑工业出版社，2005.

[28] 汪辉，曹绪峰，冷金泽. 让百年古墓中的主人与当下老百姓欢歌共舞——曾水源墓的保护与景观整治 [J]. 中国风景园林学会年会论文集，2010.

[29] 王胜永，王晓艳，孙艳波. 对湿地公园分类的认识与探讨 [J]. 山东林业科技，2007 (04)：281.

[30] 王植芳. 城市公共空间的人性化设计 [J]. 武汉生物工程学院学报，2010 (01) 179.

[31] 韦爽真. 园林景观快题设计 [M]. 北京：中国建筑工业出版社，2008.

[32] 扬·盖尔. 交往与空间 [M]. 何人可 译. 北京：中国建筑工业出版社，2008.

[33] 赵慧蓉. 城市街旁绿地景观空间设计研究 [D]. 长沙：中南林业科技大学，2006.

[34] 重庆市园林局，重庆市风景园林学组织. 园林景观规划与设计 [M]. 北京：中国建筑工业出版社，2007.

[35] 王晓俊. 风景园林设计. 南京：江苏科学技术出版社，2009.

[36] 谷康. 园林设计初步. 南京：东南大学出版社，2003.

[37] 唐学山. 园林设计. 北京：中国林业出版社，1997.

[38] 汪辉，刘晓伟，薛峰. 居住小区售楼处景观设计浅析——以南京名城世家小区售楼处花园为例. 住宅科技，2012 (3)：7-10.

[39] 汪辉，曹绪峰. 让百年古墓中的主人与当下老百姓欢歌共舞——曾水源墓的保护与景观整治. 建筑与文化，2011 (6).

[40] 汪辉，吕康芝. 浙江长兴回龙山公园生态规划. 西北林学院学报，2008 (5).

[41] 李晓颖，林庆贵. 现代工业企业景观规划设计——以宝胜电缆城景观规划为例. 福建林业科技，2007 (4)：143.

[42] 汪坦，诺伯特·舒尔茨. 场所精神——关于建筑的现象学 [J]. 世界建筑，1986 (06)：68-69.

[43] 乔迁. 城市商业步行街景观设计的研究 [D]. 山东轻工业学院，2010.

[44] 曹洪虎. 园林规划设计. 3 版. 上海：上海交通大学出版社，2016.

[45] 诺曼·K·布恩. 风景园林设计要素. 北京：中国林业出版社，1989.

[46]　成玉宁．园林建筑设计．北京：中国农业出版社，2009.

[47]　刘敦帧．苏州古典园林．北京：中国建筑工业出版社，2005.

[48]　建设部．城市绿地分类标准（CJJ/T 85—2017），2017.

[49]　建设部．城市湿地公园　设计导则（建办城［2017］63号），2017.

[50]　建设部．城市绿地设计规范（GB 50420—2007）（2016年版），2016.

[51]　建设部．风景名胜区总体规划标准（GB/T 50298—2018），2018.

[52]　建设部．城市居住区规划设计标准（GB 50180—2018），2018.

[53]　建设部．公园设计规范（GB 51192—2016），2016.

[54]　建设部．风景园林基本术语标准（CJJ/T 91—2017），2017.

[55]　建设部．动物园设计规范（CJJ 267—2017），2017.

[56]　建设部．植物园设计规范（CJJ/T 300—2019），2019.

[57]　王浩，汪辉等．园林规划设计［M］．南京：东南大学出版社，2009.

[58]　首都儿科研究所生长发育研究室．中国7岁以下儿童生长发育参照标准，2009.

[59]　芦原义信．外部空间设计．南京：江苏凤凰文艺出版社，2017.

[60]　乔迁．城市商业步行街景观设计的研究——以威海为例［D］．济南：山东轻工业学院，2010.